U0233999

纪念"北京空间机电研究所建所 60 周年"丛书

航天技术先锋

——北京空间机电研究所火箭和航天器技术的发展与成就

李颐黎　著

北京理工大学出版社
BEIJING INSTITUTE OF TECHNOLOGY PRESS

内 容 提 要

本书详细介绍了北京空间机电研究所的发展历程和以该所为主线在探空火箭、长征 1 号运载火箭、返回式遥感卫星及其回收技术、神舟号载人飞船及其应急救生技术和回收着陆技术等方面的技术发展史及取得的成就。

本书属于高级科普类图书，适合航天工程技术人员、管理人员和从事中国航天史研究的相关人员阅读。

图书在版编目（CIP）数据

航天技术先锋：北京空间机电研究所火箭和航天器技术的发展与成就/李颐黎著 . —北京：北京理工大学出版社，2019. 12

ISBN 978 – 7 – 5640 – 8839 – 2

Ⅰ. ①航…　Ⅱ. ①李…　Ⅲ. ①火箭 – 技术史 – 中国②航天器 – 技术史 – 中国　Ⅳ. ①V47 – 092

中国版本图书馆 CIP 数据核字（2018）第 267930 号

出版发行/北京理工大学出版社有限责任公司

社　　　址/北京市海淀区中关村南大街 5 号

邮　　　编/100081

电　　　话/（010）68914775（总编室）

　　　　　　（010）82562903（教材售后服务热线）

　　　　　　（010）68948351（其他图书服务热线）

网　　　址/http：//www. bitpress. com. cn

经　　　销/全国各地新华书店

印　　　刷/北京地大彩印有限公司

开　　　本/787 毫米×1092 毫米　1/16

印　　　张/21　　　　　　　　　　　　　　　　责任编辑/王俊洁

字　　　数/390 千字　　　　　　　　　　　　　　文案编辑/王俊洁

版　　　次/2019 年 12 月第 1 版　2019 年 12 月第 1 次印刷　　责任校对/周瑞红

定　　　价/158.00 元　　　　　　　　　　　　　　责任印制/王美丽

图书出现印装质量问题，请拨打售后服务热线，本社负责调换

纪念"北京空间机电研究所建所 60 周年"丛书
编委会

顾　问：王希季　戚发轫　杨长风　陈世平　马世俊
主　任：陈　虎　李　扬
副主任：范　斌　高树义　王小勇　徐　鹏　杨　军
委　员：陈晓丽　杨秉新　王怀义　张邦宁　张国瑞　王立武
　　　　陈国良　李颐黎　黄　伟　荣　伟

纪念"北京空间机电研究所建所 60 周年"丛书
审查委员会

主　任：陈　虎　李　扬
委　员：赵小兵　李潞东　范　斌　高树义　王立良　李　天
　　　　孙　昕

著者简介

李颐黎，1935 年 11 月生，辽宁省沈阳市人，现任北京空间机电研究所研究员、北京航空航天大学兼职教授、哈尔滨工业大学兼职教授。1991 年荣获"航空航天工业部有突出贡献专家"称号，从 1992 年起享受国务院颁发的政府特殊津贴，1985—2004 年先后获得部级科技进步奖二等奖 7 项，2004 年荣获国家科学技术进步奖特等奖。

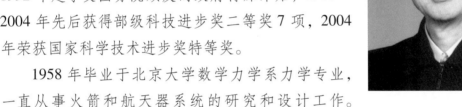

1958 年毕业于北京大学数学力学系力学专业，一直从事火箭和航天器系统的研究和设计工作。1958—1960 年从事探空火箭空气动力设计工作。1961—1963 年，担任工程组副组长，从事探空火箭轨道设计与计算工作。1963—1964 年在钱学森教授的指导下进修星际航行技术。1965—1967 年在七机部第八设计院担任工程组组长，从事长征 1 号运载火箭和返回式卫星设计工作。1974—1978 年担任工程组副组长，从事我国返回式卫星回收系统的研制。1979—1984 年先后担任研究室副主任、主任，主持运载火箭总体设计。1986—1992 年任研究所飞船论证组副组长、组长，从事中国载人航天技术发展途径研究和多用途飞船概念研究。1992—2002 年担任神舟号飞船总体副主任设计师兼应急救生分系统主任设计师、研究员。2002—2003 年任神舟号飞船主任设计师顾问、研究员。2004—2006 年任研究员、飞船工程专家组成员。2007—2014 年任研究员、研究所技术专家委员会委员、神舟 7 号飞船专家组成员、探月工程三期"再入返回"专家组成员。2015—2018 年任火星任务降落伞攻关专家组专家，是"航天科普大讲堂讲师团"特聘讲师。

1991 年出版《航天器进入与返回技术》（李颐黎任副主编），2003 年出版《载人航天器技术》（李颐黎任副主编），2011 年出版《巡天神舟——揭秘载人航天器》（李颐黎任主编），2013 年出版《中国载人航天技术发展途径研究与多用途飞船概念研究文集（1986 年至 1991 年)》（李颐黎任主编），2015 年出版《航天器返回与进入的轨道设计》（李颐黎著），2016 年出版《遨游天宫：载人航天器》（李颐黎著）。

总　序

2018 年 8 月 21 日是北京空间机电研究所成立 60 周年纪念日，以此为契机，我们组织出版了纪念"北京空间机电研究所建所 60 周年"丛书，彰显了 60 年研究所在火箭和航天器技术、航天器回收与着陆技术以及空间光学遥感器技术方面的发展历程和取得的成就。

北京空间机电研究所是我国最早从事空间技术研究的单位之一，目前隶属于中国航天科技集团有限公司下属的中国空间技术研究院，主要从事航天器回收与着陆技术、空间光学遥感器技术、空间激光探测技术、航空光学遥感技术、空间复合材料结构成型技术和航天器火工装置技术的研发。

研究所从建所之初的中国科学院 1001 设计院到上海机电设计院，从第七机械工业部第八设计院（以下简称七机部八院）到北京空间机电研究所，尽管其隶属关系、领导体制、名称、地点、研制任务和专业发展几经调整，但研究所发展航天、富国强军的历史使命没有变，敢想敢为、争创一流的创新精神没有变。在中央领导的亲切关怀和上级的正确领导下，研究所紧跟时代步伐，开拓进取、顽强拼搏，取得了举世瞩目的成就。

研究所在火箭和航天器技术方面开展的研究，为我国成为航天大国奠定了坚实的基础。1960 年 2 月，研究所研制了我国第 1 枚液体探空火箭 T-7M，并成功地飞上蓝天，揭开了我国空间探测活动的序幕。毛泽东主席视察时称赞它的发射成功是一项"了不起"的成就。至 1987 年，研究所共研制了 3 代 16 种型号近 200 枚探空火箭。1965—1967 年，研究所提出了我国第 1 枚卫星运载火箭"长征一号"的技术方案并完成了初样研制。为"长征一号"首次发射成功奠定了坚实的基础。研究所于 1960—1968 年提出了返回式卫星总体技术方案，承担并圆满地完成了返回式卫星回收系统的研制，为我国成为世界上第 3 个掌握卫星回收技术的国家提供了重要的技术基础。1986 年 3 月，我国启动国家"863"计划航天领域项目研究时，研究所凭借着敢为人先的精神，主动承担了中国载人技术发展途径研究和多用途飞船概念研究工作，成立了直属所领导的飞船论证组。飞船论证组在全面深入总结研究国外载人航天技术发展经验和教训的基础上，结合我国国情，论述了我国载人航天应以飞船起步的技术发展途径，提出了多用途飞船的初步设想，这些研究成果对我国载人航天技术发展途径的选择起了重要的作用，为我国载人飞船工程的立项提供了科学依据，对"神舟号"飞船的发展产生了深刻的积极影响。1992—2007 年，飞船论证组的航天技术专家参加了"神舟号"飞船的总体设计工作，对"神舟号"载人飞船的成功起到了重要的作用。

研究所是我国唯一从事航天器回收与着陆系统研制的单位，引领我国回收与着陆技术发展。1960 年 4 月，研究所首次成功地回收了 T-7M 火箭的箭体，截至 1987 年探空火箭研制任务结束，研究所先后完成了 13 种型号 23 种状态探空火箭有效载荷的回收任务。研究所还解决了"东方红一号"卫星在轨飞行时"看得见"的问题。1976 年 12 月 10 日，研究所首次成功完成科学实验卫星回收舱的回收任务，截至目前，研究所共承担了 25 颗返回式卫星回收系统的研制，确保了 23 颗返回式卫星实验载荷安全返回。自 1992 年开始到现在，研究所已完成"神舟号"飞船 6 次载人回收与着陆任务，将 14 人次航天员安全带回地球，圆了中华民族载人航天的梦想。

研究所作为中国空间光学遥感事业的主力军，不断刷新中国空间光学研制的高度，推动我国空间光学遥感器技术迈入国际先进行列。研究所从 1967 年开始承担空间光学遥感器的研制任务。1975 年，研究所研制成功我国第一代胶片型航天光学遥感相机，获取了有价值的空间遥感资料，使我国成为世界上第 3 个掌握空间光学遥感器技术的国家。1987 年，研究所又成功研制了我国第一台航天测绘相机系统。1999 年，中巴地球资源卫星发射，这是我国发射的第一颗传输型对地观测资源卫星，星上装载的多光谱 CCD 相机、红外多光谱扫描仪均由研究所研制。2000 年，研究所又成功研制了我国"资源二号"卫星对地观测相机，使我国对地观测迈上了新台阶。从 2007 年开始，研究所参与了"高分专项"的论证和实施，承担了 11 型高分光学卫星中 8 型卫星的光学载荷研制任务，占高分光学载荷研制任务总数的 81%，负责研制的"高分一号""高分二号""高分四号""高分五号"卫星光学载荷均成功在轨运行，为国民经济建设做出了重要贡献。

这套丛书以北京空间机电研究所发展历程为主线，比较全面地介绍了研究所从事的航天工程的相关系统或分系统发展经历、各系统的工作原理、相关技术的攻关过程及取得的成就。从中可以看到，各项航天工程意义重大且充满挑战、成就举世瞩目而来之不易，研究所各阶段各方面的成就都是 60 年来在党中央及各级党委的领导下，广大航天工作者满怀爱国情怀，自力更生，艰苦奋斗，勇于创新和严谨务实取得的。

这套丛书作为航天科技发展史的高级科普类读物，有许多突出的特点：一是鲜明的系统性和专业性。丛书中的三本书分别从火箭和航天器技术、航天器回收与着陆技术以及空间光学遥感器技术三方面加以论述，既重点突出又相互衔接。二是广泛的知识性和普及性。这套丛书突出读者感兴趣的知识点，满足社会公众对相关航天科技知识的渴求，语言流畅，深入浅出、图文并茂、通俗易懂。三是高度的科学性和权威性。这套丛书编写人员既有在相关领域工作的专家，又有在科研一线工作的技术骨干，他们大多亲历了相关航天领域的任务研制，是各自领域及专业的权威人才，可以使编写内容概念正确、数据科学准确。

相信这套丛书的出版发行，对于宣传我国相关航天系统和航天专业的伟大成就，大力弘扬航天精神、"两弹一星"精神和载人航天精神，增强民族自信感和创新精神将起到一定的促进作用，也将激励更多的青年及航天界职工热爱航天、投身航天，在习近平新时代中国特色社会主义理论的指导下，为建设航天强国，做出新的、更大的贡献。

北京空间机电研究所所长　　　北京空间机电研究所党委书记

二〇一八年七月二十一日

今年是北京空间机电研究所建所60周年纪念日。60年来，该所在火箭技术和航天器技术方面取得了举世瞩目的成就。

研究所在火箭技术方面取得了突出的成就。1960—1987年，研究所共研制了3代16种型号近200枚探空火箭（包括核试验取样火箭），飞行高度从8km至320km，为火箭探空、火箭核试验取样、火箭气象探测、火箭生物飞行试验、长征1号末级火箭高空点火试验等作出了贡献，并为研制长征1号运载火箭奠定了技术基础。

1965—1967年，七机部第八设计院（现北京空间机电研究所前身）在王希季总工程师的领导下，创造性地把探空火箭技术和导弹技术结合起来，提出了我国第1枚运载火箭的技术方案并完成了初样研制，为长征1号首飞发射我国第1颗卫星——东方红1号的成功奠定了坚实的基础。王希季总工程师由于在长征1号运载火箭和核试验取样火箭研制方面取得的杰出成就，1999年被中共中央、国务院、中央军委授予"两弹一星"功勋奖章，这是王希季院士的光荣，也是北京空间机电研究所的光荣。

1966—1968年，七机部第八设计院提出了我国返回式卫星技术方案，为返回式卫星的成功发射、运行和回收奠定了技术基础。

1970年至今，该研究所承担了我国所有返回式卫星回收系统的研制任务。1976—2016年，在我国发射成功的23颗返回式卫星中，除1颗因其他系统故障未能返回外，其余22颗返回式卫星都成功地返回和回收，回收系统圆满地完成了预定的任务。

1967年3月—1968年4月，七机部第八设计院提出了曙光1号载人飞船方案论证报告，为后续的神舟号飞船回收着陆打了一定的基础。

1986—1991 年，北京空间机电研究所勇敢地、主动地承担了中国载人航天技术发展途径研究与多用途飞船概念研究任务。他们提出的多用途飞船方案是返回舱居中的三舱方案，对以后神舟号飞船的发展产生了积极的影响；他们提出的中国载人航天应以飞船起步的技术发展途径，被国家高技术领域中的航天领域专家委员会和航空航天工业部所采纳，为中国载人飞船工程的立项作出了重要贡献。

1992 年中国载人飞船工程立项后，中国空间技术研究院决定把北京空间机电研究所李颐黎等 13 名同志借调至北京空间飞行器总体设计部参加载人飞船总体室的研究工作。李颐黎等 13 人积极服从组织安排，和总体室的同志一道发扬"特别能吃苦、特别能战斗、特别能攻关、特别能奉献"的载人航天精神，圆满地完成了"飞船的返回总体技术与返回轨道技术"和"飞船应急救生轨道与接口分析"两项院级关键技术的攻关任务，为飞船的研制作出了贡献。他们与总体部的同志一道优化了神舟号飞船的总体方案和返回方案，为神舟 5 号到神舟 7 号飞船的圆满成功作出了贡献。

北京空间机电研究所从 1992 年至 2018 年承担了神舟号载人飞船回收着陆分系统的研制任务。他们攻克了"神舟号飞船特大型降落伞技术""神舟号飞船着陆缓冲技术"等关键技术，研制出高可靠性的神舟号载人飞船回收着陆分系统。在神舟号飞船的 6 次载人航天飞行任务中，回收着陆分系统工作正常，使 14 人次的航天员安全着陆。

我相信《航天技术先锋——北京空间机电研究所火箭和航天器技术的发展与成就》一书的出版，对于宣传我国火箭和航天器技术取得的伟大成就，大力弘扬载人航天精神，增强"四个自信"，将起到一定的促进作用，对中国航天技术和航天史的普及也将起到一定的积极作用。

中国工程院院士

神舟号载人飞船首任总设计师

二〇一八年八月十日

前　言

2018 年 8 月 21 日是北京空间机电研究所建所 60 周年的纪念日，以此为契机，北京空间机电研究所组织出版了"纪念北京空间机电研究所建所 60 周年"丛书。本书作为该丛书中的一本，如实生动地记录了北京空间机电研究所 60 年来在火箭和航天器技术方面的发展历程和取得的成就。

随着我国航天技术的发展，公众、媒体和关心中国航天事业发展的朋友，对中国航天事业发展史中的诸多问题产生了浓厚的兴趣：为什么中国发展航天要从发展探空火箭起步？我国在探空火箭发展中取得了哪些成就？为什么北京空间机电研究所前所长王希季院士在 1999 年被评为"两弹一星"功勋奖章获得者？王希季和他的团队在长征 1 号运载火箭研制中作出了怎样的贡献？中国返回式卫星研制攻克了哪些技术难关才取得 1976 年返回式卫星的圆满回收成功？中国载人航天为什么选择以载人飞船起步的技术发展途径？神舟号飞船总体方案是怎样确定和优化的？神舟号飞船的应急救生分系统和回收着陆分系统是怎样进行关键技术攻关的……

为了回答公众提出的这些问题，系统地普及火箭和航天器的科学知识，北京空间机电研究所组织编写了这本书，本书以北京空间机电研究所在火箭和航天器技术上的发展为主线，比较全面地介绍了研究所在火箭和航天器相关系统或分系统方面的研究经历、各系统的工作原理、相关技术的攻关过程及取得的成就。

我早在 2016 年 12 月就提出撰写和出版本书的选题申请，得到了北京空间机电研究所的大力支持。经过多年的努力，终于出版，在此，对支持本书出版的研究所领导及相关同志表示衷心的感谢。

书中如有错误和不妥之处，敬请读者批评指正。

著　者

二〇一八年十月三十日

目　录

第 4 章 中国卫星工程的准备及长征 1 号运载火箭 / 121

第 5 章 中国的返回式卫星及其回收系统 / 156

第1章 中国第一个航天团队的组建及取得的成就概述

1999 年 9 月 18 日，中共中央、国务院、中央军委联合召开的"表彰为研制'两弹一星'作出突出贡献的科技专家大会"在庄严雄伟的人民大会堂隆重举行。

作为 23 位"两弹一星"功勋奖章获得者之一，佩戴着由江泽民同志亲自颁授的奖章的王希季心情非常激动。

王希季能够获此殊荣，与被他亲切地称为"母亲所"的北京空间机电研究所及其前身——中国第 1 个航天团队的奋斗和业绩是分不开的。在这次受勋中，领导充分肯定了王希季在长征 1 号火箭和核试验取样火箭系列中的重要作用，在中国科学院的介绍材料中说："他创造性地把我国探空火箭技术和导弹技术结合起来，提出我国第 1 枚卫星运载火箭的技术方案。主持长征 1 号火箭和核试验取样系列火箭的研制。"[1] 而王希季表示，这个荣誉是对他和一起工作的团队过去所作贡献的肯定和嘉奖。

本章介绍了杨南生、王希季等率领的中国第 1 个航天团队的组建及取得的主要成就。

1.1 苏联第 1 颗人造地球卫星上天引发了中国的"卫星热"

1957 年 10 月 4 日，社会主义国家苏联把第 1 颗人造地球卫星（以下简称人造卫星或卫星）送上天，在国际社会引起了强烈震动。该卫星重 83.6 kg，近地点高度 228.6 km，轨道运行周期 96.17 min，轨道倾角 65°。当时世界上分为两个阵营，作为社会主义阵营的中国人民无不欢欣鼓舞。

党中央对此很重视，分管科学技术的聂荣臻副总理向时任中国科学院党组书记、副院长的张劲夫交代，要科学院密切关注有关情况。[2]

1957 年 10 月 13 日，中国科学院、中华全国自然科学专门学会联合会、中华全国科学普及学会组织召开了"关于苏联成功发射第 1 颗人造地球卫星的座谈会"，与会者有许多在京的各领域的著名科学家。在会上，科学家们就苏联成功发射人造地球卫星的意义、影响及需要解决的重大问题各抒己见。

中国科学院力学研究所所长钱学森在会上对苏联成功发射世界上第 1 颗人造地球卫星给予了高度评价。钱学森说："这一颗卫星的重量和体积看来并不惊人，但是，作为一个科学技术工作者来说，我们必须把注意力转到发射这颗卫星的工具上去……火箭连续将卫星送入近圆形轨道，可以看出来，这一工作有非常精确的控制和遥测系统。所以苏联发射人造地球卫星的成功，也标志着苏联的科学技术工作者在自动控制和计算技术方面的高度成就。"

中国科学院地球物理研究所所长赵九章以《苏联人造地球卫星是在宇宙空间升起的一颗福星》为题发言，他说："正当全世界劳动人民及进步人士准备欢庆伟大的十月革命 40 周年之际，传来了人类征服星空的福星——人造地球卫星发射的消息，这是苏联的卓越科学家们继和平利用原子能和洲际导弹发射以后又一项伟大的科学成就。它标志着人类认识自然领域的扩大，它为人类凿开了宇宙空间活动的第一关。"[3]

中国著名力学家郭永怀在座谈会上也发了言。他说："我觉得这件事是在进入原子能时代以后的第二件大事，对整个人类都有影响。人类一向是在第 2 度空间活动的动物，现在有了人造地球卫星的成就，就如同爬高有了梯子一样，以后去宇宙活动已经不是梦想，可以实现了。"[3]

钱学森还在位于中关村的中国科学院作了《喷气技术与人造卫星》的科普报告，接着又在政协礼堂和一个剧场各作了一次规模更大的报告，报告通俗易懂，形象生动，听者众多。他先讲了发射人造卫星的重大意义，讲社会主义的优越性，然后讲航天知识。

钱学森的报告引起了轰动，北京好多单位，特别是各军兵种，都想请钱学森去做报告，纷纷来人、来信、来电话。他分身无术，于是力学所赶紧招募志愿者，一批年轻研究人员报了名，组成了以林鸿荪为首的庞大报告团，去各部门作报告。这项活动搞得轰轰烈烈，影响很大。在北京和周边地区基本上做到了家喻户晓。[2]

钱学森、赵九章等人还向中国科学院副院长张劲夫、裴丽生建议，人造卫星应该列入《1956—1967年科学技术发展远景规划纲要》，这将会使力学、自动化、喷气技术、地球物理、天文、应用数学、高能燃料、高温合金等一系列科学技术被带动起来。

中国科学院应苏联科学院的要求，从1957年10月起，由中国科学院地球物理研究所等单位在全国范围内组织对苏联卫星进行观测，并成立了人造卫星光学观测组和射电观测组，两个组分别由紫金山天文台台长张钰哲和中国科学院电子研究所筹备委员会副主任陈芳允担任召集人，负责组织、指导北京、南京、上海、昆明等地人造卫星的观测和研究工作。按照中国科学院吴有训副院长的要求，由筹备电子研究所的陈芳允等几位科技人员做了一个卫星无线电信号接收装置，可以对卫星的无线电多普勒频率进行测量，并和紫金山天文台的同志一起计算出卫星的轨道参数。该方法成为以后我国发射人造卫星所采用的跟踪测轨主要技术之一，陈芳允于1999年成为"两弹一星"功勋奖章获得者，[4] 如图1-1所示。

北京大学周培源教授组织北京大学、北京师范大学等学校的地球物理系、地理系的师生，利用现有的教学仪器以及中国科学院器材局提供的秒表、经纬仪、计时仪、旧望远镜等，集中在北京天文馆广场进行人造卫星观测，并进行轨道计算和轨道预报。

图1-1 "两弹一星"功勋奖章获得者
陈芳允20世纪50年代的照片

上述活动是我国第一次有关人造卫星的有组织的、大规模的科研活动，上述台站的观测数据一方面送往苏联，另一方面送往紫金山天文台进行轨道数据分析。

为了帮助中国进行卫星观测，苏联专家谢戈洛夫专程来到中国，在北京举办为期一个多月的人造卫星光学观测训练班，参加人员都是各高等院校的地理系讲师，共计40余人，谢戈洛夫还帮助中国专家编写了一本有关人造卫星知识的讲义。后来，苏联又赠送给中国一架天文望远镜。

一位曾经参加过卫星观测的中国专家后来回忆说，每当静静的夜晚，我们举起望远镜看到苏联卫星经过北京上空时，心就扑通扑通跳个不停。星空好像有一股巨大的吸引力，既使我们激动，又使我们为没有自己的卫星着急。

苏联的人造卫星很快点燃了中国人的激情，成为社会上最时髦的话题。报刊纷纷登载有关人造卫星的文章，广播电台经常广播有关人造卫星的稿件，北京天文馆编排了"人造地球卫星"节目，用星象仪演示了人造卫星的运行，许多青少年前往观看。

自此，中国掀起了一股"卫星热"。

1.2　1958 年中国科学院的"头号任务"

1958 年年初，国防部五院正在全力以赴研制国防急需的导弹，没有精力考虑研究卫星的事，这个研究卫星的任务就责无旁贷地落在了作为科学研究国家队的中国科学院身上。国家分管科学技术的聂荣臻副总理向中国科学院副院长张劲夫交代，要密切关注有关情况。

1958 年春，新的力学所（即中国科学院力学研究所）大楼建成，按照钱学森的意见将纱窗和窗框全部漆成绿色。从此力学所告别了三层的临时小楼，搬进了新落成的力学楼，条件好多了。钱学森的办公室设在该楼的 305 ~ 306 套间。此后，2009 年力学所的领导和研究人员为了追忆该所第一任所长钱学森和副所长郭永怀，将他们在力学所的办公室恢复并保留至今。图 1 - 2 和图 1 - 3 为办公室门口。

图 1 - 2　本书著者重访中国科学院力学研究所钱学森所长办公室
（2017 年 4 月 28 日北京空间机电研究所综合档案室摄）

图 1-3　本书著者重访郭永怀副所长办公室

（2017 年 4 月 28 日北京空间机电研究所综合档案室摄）

就在 1958 年春，中国科学院副院长、气象和地理学家竺可桢、力学所所长钱学森、地球物理所所长赵九章等人联名建议中国也要开展人造卫星的研制工作。在 1958 年 5 月 5—23 日在北京举行的中共"八大二次"会议上，身为中共第八届候补中央委员的张劲夫向党中央反映了科学家们的建议，这个建议受到中央领导的重视。5 月 17 日，中央书记处研究后表示同意。毛泽东在这次会议上两次提到人造卫星，同日，他说："我们也要搞人造卫星。要搞就要搞大的，不要搞小的。"又说："不搞美国鸡蛋大的。"[2]

于是，"我们也要搞人造卫星"这一号召传遍了中华大地。"八大二次"会议后，聂荣臻副总理责成张劲夫、钱学森和王诤等人组织有关专家拟订卫星规划。

1958 年 6 月 3 日，科学院召开"大跃进"动员大会，科学家们积极主张研制人造卫星。

1958 年 7 月 6 日，星期日，力学所的钱学森所长、3 月才正式上任的郭永怀副所长和刚上任不久、尚未正式任命的杨刚毅"副所长"（人称力学所"三巨头"）一起来到颐和园开务虚会。主要结果有三条：一是马上组织一次主题为"上天、入地、下海"的办所方向现场会；二是建议尽快成立一个从事火箭、卫星研制的设计院；三是关于加速培养从事尖端技术工作的人才问题，也提到开办一所星际航行学院。设想从重点院校抽调二年级下学期的学生，到该院直接上三年级，这样可以早

出人才，到 1960 年或 1961 年就有大批学生毕业，从事火箭、导弹和卫星的研制工作。后来考虑到筹建中的中国科技大学已进入实质阶段，开办星际航行学院一事未被领导采纳。[1]

接着，杨刚毅把孔祥言叫到办公室，简单讲了讲务虚会的情况，然后主要是交代布置"上天、入地、下海"现场会的情况。

7 月，中国科学院还向聂荣臻副总理报告，建议我国卫星规划分三步走：第一步，发射探空火箭；第二步，发射小卫星；第三步，发射大卫星。任务的分工是：运载火箭的研制工作由国防部五院负责，探空火箭头部和卫星以及观测工作由科学院负责，研制单位要相互配合。要求苦战三年（1958—1960 年），使我国第 1 颗人造地球卫星上天。

7 月 25 日，王净、裴丽生在地球物理所召集负责卫星规划的专业人员会议，讨论利用探空火箭进行探测的具体项目。

8 月初，钱学森代表力学所领导小组起草了《关于高速地发展我国火箭技术的报告》，领导小组讨论后呈送给中国科学院党组。报告提出成立火箭设计院和星际航行委员会等建议和措施。中国科学院党组研究后同意了这个报告。

8 月，中国科学院召开会议，决定由钱学森、赵九章、郭永怀、陆元九等负责拟订发展人造卫星规划草案，并把卫星研制任务定为中国科学院 1958 年的第一项重大任务，成立了卫星研制任务组，钱学森任组长，赵九章、卫一清（时任地球物理所党委书记）任副组长；成员有杨刚毅、武汝杨、顾德欢、华寿俊等，负责研究、组织、协调科学院的卫星研制任务。另设一个技术小组，由钱学森和赵九章主持。

这次会议决定中国科学院成立三个设计院：第一设计院负责卫星总体与运载火箭的设计，由力学所负责承办筹建，钱学森负责全面指导工作；第二设计院负责控制系统的研制，由自动化所承办筹建，吕强任主任，陆元九、张翰英、屠善澄为技术领导；第三设计院负责空间探测仪器的研制与空间物理研究，由地球物理所承办筹建，赵九章、钱骥为技术负责人。卫星研制任务组的成立，标志着中国初期卫星的研制进入了组织实施阶段。当时这项工作抓得很紧，1958 年的 8、9 两个月，卫星研制任务组每周都要开 2～3 次会议，经常参加会议的还有陈芳允、杨嘉墀、陆元九、吕保维、马大猷、孙湘、孙健等，张劲夫、裴丽生、杜润生和王净等也多次出席会议。

1.3 中国科学院第一设计院
（1958 年 8 月至 1958 年 11 月）

在中国科学院决定筹建的三个设计院中，第一设计院由力学所承办筹建，力学所任务最重，行动最快，第一设计院于 1958 年 8 月 21 日在力学所正式成立，该院的代号为 1001 设计院。力学所的副所长郭永怀兼任第一设计院院长，力学所塑性力学组副研究员杨南生任第一设计院副院长。

杨南生于 1921 年 12 月生于缅甸仰光，1943 年毕业于西南联大机械工程系，1947 年赴英国曼彻斯特大学攻读固体力学专业，1950 年获博士学位。同年 10 月回国后，历任重工业部汽车工业筹备组材料实验室工程师、长春第一汽车制造厂中央实验室主任、工程师；1956 年到中国科学院力学研究所任副研究员。图 1-4 是杨南生等在 1960 年的照片，图 1-5 是杨南生等在 1962 年的照片。

图 1-4　杨南生（右三）和艾丁（左二）陪同张劲夫（右二）、钱学森（左三）等领导
现场查看 T-7M 试验探空火箭及发射前准备场景

图 1 - 5　杨南生（左一）陪同粟裕将军参观探空火箭产品时回答有关提问（1962 年摄于上海）

　　虽然第一设计院在力学所成立，但第一设计院没有独立的设计办公地点，刚开始工作，人员就分散在原力学所的各个研究室。1958 年 9 月初，由于在中关村实在找不到设计办公用房，就租用了北京动物园南面的北京市西苑大旅社 10 号楼的第二、第三层（即现今北京西苑饭店 1 号楼的第二、第三层），作为设计、计算、绘图和办公的场所，如图 1 - 6 和图 1 - 7 所示，并租了一部分客房作为工作人员的宿舍。

图 1 - 6　现今北京西苑饭店门前（本书著者 2018 年摄）

图 1-7　本书著者重访北京市西苑大旅社 10 号楼

（现今北京西苑饭店 1 号楼）原 1001 设计院旧址

　　中国科学院第一设计院的人员组成来自五湖四海，是逐步增加的。主要由四部分人员组成：第一部分人员来自以杨南生为代表的力学所，包括 1958 年毕业分配和协作来力学所的大学生；第二部分人员来自清华大学工程力学班和自动化班已学一年半而提前结业的学员；第三部分人员来自中国科学院的各分院。当时听说要搞卫星，一些科学院分院的科技大省都争着要做这项工作，科学院就对各有关省做思想工作，说明搞卫星需要大量的人力、物力、财力，只能是全国统一搞。分院可以派一些人参加，共同完成这项任务。最先来的有广州分院、武汉分院的科研人员，后来成都分院又来了一批人员；第四部分人员是从全国各地动员来的，为了壮大设计队伍，做到各部分工作都有人干，力学所副所长杨刚毅以中国科学院的名义到各处招兵买马。他先后到天津、沈阳、长春、哈尔滨、西安等地，向各省市有关负责人游说，希望各地支持这项关乎我国国际地位和国防安全，并能带动各项科学技术发展的新兴事业。这一行动得到各有关省市委、高等院校的积极响应，天津大学、南开大学、哈尔滨工业大学、西北工业大学等高校以最快的速度借调了部分青年教师和大三、大四的学生来到设计院，后来又从各技术兵种和复员军人中吸收了一些人才。

第一设计院在成立初期（1958 年 8 月底）只有 50 余人，主要是上述的第一部分人员和第二部分人员。到了 10 月，又陆续增加了第三部分人员和第四部分人员，到了 11 月初，设计人员增加到 100 余人。

第一设计院分成四个部：总体设计部、发动机部、非标准设计部和风洞部。总体设计部由郭永怀负责；发动机部由杨南生负责，下设推进剂组、燃烧室组、涡轮泵组；非标准设计部由周丽珍负责，后来被撤销；风洞部由林同骥负责，后来划归力学所；另有一个行政系统，由杨毅芳负责。

第一设计院与国防部五院不同，从成立开始就完全依靠自己的力量，走自主设计、试验、制造和发射的道路。该院没有一个外国专家，也没有买来的技术资料，只参考了国际上公开发表的有限的科技图书和论文。

第一设计院的工作任务是设计可发射卫星的运载火箭。该运载火箭是两级卫星运载火箭：第 1 级是 T–3 火箭，第 2 级是 T–4 火箭。T–3 火箭和 T–4 火箭也可作为单级火箭，独立作为探空火箭使用，其 T–3 和 T–4 中的"T"字即为探空火箭中"探"字汉语拼音的字头。T–3 火箭的推进剂采用的是甲醇—液氟，即以甲醇为燃烧剂，以液氟为氧化剂。T–4 火箭的推进剂采用的是酒精—液氧，即以酒精为燃烧剂，以液氧为氧化剂。T–3 火箭设计采用燃气舵控制火箭飞行的稳定。

中国科学院党组书记兼副院长张劲夫对工作抓得很紧、很具体，不时到西苑大旅社设计场所检查工作，发现问题及时设法解决，并多次召开有力学所、自动化所、地球物理所相关人员参加的专题会议，组织协商人造卫星和运载火箭的有关工作。作为 T–3 火箭推进剂中的氧化剂的液氟是剧毒物质，空气中最大允许含量为二百万分之一，超过这个值，人就会中毒，一旦发生泄漏，其后果是非常严重的，张劲夫还专门请防化兵负责的同志一起研究。钱学森和郭永怀也经常到设计院的办公室来，指点设计人员如何具体搞设计工作，设计人员也时常向他们请教一些问题。

在那个"大跃进"的年代，全民"大跃进"，上下干劲高，大家工作起来不分昼夜。我曾在一篇文章中回忆了那时的工作情况，现摘录如下：

"1958 年 8 月，我从北京大学毕业，但是北京的毕业分配方案还没定下来。北京大学就安排我到中国科学院 1001 设计院协作工作，搞设计卫星运载火箭的任务。8 月 28 日，我到 1001 设计院报到，该院副院长杨南生接待了我，向我交代了要保密的事项，然后就安排力学所的林鸿荪副研究员指导我进行 T-3 火箭发动机的热化学计算，我们当时的计算条件很差，只能用手摇计算机计算，开始在力学所计算，9 月初就搬到西苑大旅社继续计算，当时加班加点是常态，我们每天吃四顿饭，因为晚上加班到 11 点左右还要吃顿夜宵，真是干劲十足啊！"

经过一个多月的日夜奋战，第一设计院完成了 T-3 火箭总体结构包括发动机的布置总图，同时卫星研制任务组通过与中科院院内外 31 个单位通力合作，搞出来载有科学院的探测仪器和两个探空火箭箭头的模型，为自力更生发展我国的探空事业迈出了可喜的第一步。

1958 年 10 月初，中国科学院在中关村举办了"自然科学跃进展览会"，将 T-3 火箭图纸和探空火箭箭头模型放在一个保密展室里展出。中央领导人毛泽东、刘少奇、周恩来、朱德、邓小平、李富春、聂荣臻等先后到展览会观看 T-3 火箭图纸和探空火箭箭头模型。10 月 25 日，毛泽东主席在参观结束时对张劲夫、钱学森、赵九章等人说："你们今天展出的科学成果很好。"停了一会又对他们说："你们科学工作者，一定要自力更生，艰苦奋斗，敢于走前人没有走过的道路。"张劲夫等人点头称是。

中央领导同志看了展览以后都称赞科技工作者自力更生的精神和大家的辛勤劳动。同时也指出，还要进一步努力，把火箭真正送上天。

到 1958 年 10 月底，中国科学院第一设计院又完成了 T-3 火箭的一些部件和组件图纸。

1.4　上海机电设计院（1958 年 11 月至 1965 年 8 月）

到 1958 年 10 月底，中国科学院第一设计院除了完成上述的 T-3 火箭总体结构图，包括发动机的布置总图外，又完成了 T-3 火箭的一些部件和组件的图纸。

图纸出来后，接下来就要解决生产加工的问题。由于中华人民共和国成立前北京完全是一个消费型城市，中华人民共和国成立后几年来，虽然工业有所发展，但要生产像运载火箭这样的尖端产品，还是相当困难的。中国科学院的领导和卫星研制任务组成员想到当时上海工业基础相对较好，就想将第一设计院南迁至上海，就地解决火箭的生产和加工问题。

张劲夫通过电话与中共上海市委第一书记柯庆施商量此事，希望上海市和中国科学院共同促进和完成卫星上天任务，柯庆施对此表示欢迎。张劲夫的照片如图1-8所示。

1958年10月底到11月初，卫星研制任务组组长钱学森和第一设计院副院长杨南生等带领几个年轻人来到上海，和上海有关部门谈具体落实的事情。他们参观了一些工厂，落实了搬来以后的工作场所和住宿安排问题。然后，在一个下午，柯庆施召集了上海上百家大厂的党委书记和厂长开会。钱学森看到上海空军第13修理厂、上海机床厂、上海柴油厂、上海四方锅炉厂、上海市仪表局等单位排在一长串工厂、企业名单的前列。他心潮澎湃，滔

图1-8　张劲夫的照片

滔不绝地作了一下午的报告，动员上海与会的工厂和技术人员都来搞火箭，把卫星送上天。他讲了生产制造火箭和卫星上天的意义、对促进工业现代化的作用；也讲了加工尖端产品的精度要求、卫生条件，还表达了对上海市委、市政府和在座的工厂、企业领导的感谢，受到听众的热烈欢迎。

上海方面原先打算把毕卡地公寓（今衡山宾馆）作为第一设计院的工作场所，面商以后，上海市委了解到人员不算太多，就决定将位于淮海中路1146号（今1162号）的淮中大楼拨给第一设计院使用。淮中大楼当时是淮海路上的一座七层高的标志性建筑，如图1-9所示，而大部分人的住宿都安排在衡山路一幢宿舍楼里。

中国科学院第一设计院于1958年11月迁到上海，改名为上海机电设计院（以下简称设计院）。

上海机电设计院受上海市和中国科学院双重领导。党组织由上海市委领导，业务行政管理以中国科学院为主，中国科学院委托力学所代管。上海市委立即从上海市部分院校和机关事业单位选调了即将毕业的大学生和中专生344名和党政干部20余名，迅速充实到机电设计院，使设计院生机勃勃，科研生产充满了活力，形势十分喜人。

图1-9 上海机电设计院的最初办公楼——位于上海淮海中路1146号（今1162号）的淮中大楼

上海机电设计院的副院长仍为杨南生，郭永怀因在北京身兼其他重要职务，没有随迁。为了加强设计院的领导力量，1958年12月，原上海机床厂厂长艾丁被调到设计院任党委书记；上海交通大学副教授王希季被调到设计院任上海机电设计院总工程师（保留上海交大职务）。当王希季拿着介绍信到淮中大楼上海机电设计院报到时，意外地发现副院长杨南生是他大学同系的同学。

王希季，白族，1921年7月生于昆明，1942年毕业于西南联大机械系，1948年赴美国弗吉尼亚理工学院动力及燃料专业学习，1949年获硕士学位，1950年回国。先到大连工学院（今大连理工大学）任教；1955年1月，王希季所在的大连工学院造船系调整到上海交大，他也随同前往，任副教授，1960年晋升为教授。图1-10为王希季与徐向前元帅在1960年的照片。鉴于王希季在北京空间机电研究所（及其前身）为长征1号运载火箭研制及核试验取样火箭研制所做的贡献，1999年，国家授予他"两弹一星"功勋奖章。

到1958年年底，设计院人员迅速增加到600多人。院下设四个研究室：一室为总体设计室，二室为结构设计室，三室为自动控制设计室，四室为发动机室，后来又增设了五室（发射室）。

1959年6月，为了适应工作需要，上海机电设计院由淮中大楼迁往上海虹口公

图 1-10　1960 年徐向前元帅视察探空火箭，王希季（左一）介绍情况

园附近位于四达路上的原华东财经学院的校园内。开始集中精力搞 T-5 探空火箭，1959 年 8 月，上海机电设计院开始研制 T-7 气象火箭，1959 年 9 月，上海机电设计院又开始筹划和设计 T-7M 火箭。

1960 年 7 月 1 日，上海机电设计院的领导体制作了微调，行政业务脱离中国科学院力学研究所，由中国科学院新技术局归口管理，仍实行由中国科学院和上海市的双重领导。

1961 年 7 月 1 日，国防部五院副院长、三机部副部长刘秉彦在上海调研以后向贺龙和聂荣臻副总理提交了一份《关于上海建立新技术产品研究试制基地的调查报告》，提出将上海机电设计院与上海新技术设计室合并的建议。1961 年 8 月初，上海市正式成立了一个火箭与某项任务的归口管理机构——上海市第二机电工业局（简称上海机电二局）。10 月 1 日上海机电设计院划入机电二局建制。11 月 20 日，上海市科委副主任萧卡兼任上海机电二局局长，他在全院大会上宣布，上海机电设计院与上海新技术设计室正式合并，成立新的上海机电设计院。11 月 29 日新的上海机电设计院正式成立。艾丁任上海机电二局党委书记兼任上海机电设计院党委书记，于志任设计院党委副书记兼副院长；除杨南生继续任副院长外，又任命原新技术室副主任郝振广为设计院副院长，印均田为总设计师，王希季仍为设计院总工程师。[2]

合并后的上海机电设计院实行"一套机构、两个任务、两个业务领导、统一组织、统一安排的运作模式"。"两个任务"是指某项任务和探空火箭。"两个业务领导"是指某项任务以三机部为主要业务领导，T-7探空火箭以中国科学院为主要业务领导。在合并之初，对该院做具体工作的科研人员的工作没有什么影响，1962年1月上海机电设计院268名科技骨干到上海市第二机电工业局下属工厂工作。[5]

1960年，正值我国连续发生严重自然灾害的时间，国家在财政十分困难的情况下，为了发展我国的空间技术，拨款人民币800万元，在上海市松江县（今上海市松江区）建设上海机电设计院新院址。因为随着工作的进展，原华东财经学院的旧址已不够用，特别是在繁华的市区进行有些带有爆炸性的试验也不妥。经上海市领导人陈丕显认真地考察，最后选定在上海市松江县西南、横潦泾以北的一处三面环水的区域作为新院址（现今为上海市松江区贵德路76号，上海航天精密机械研究所）。1960年4月破土动工，作为上海市的重点建设项目。这一年完成土建5万平方米，1961年国庆节前又完成土建2万平方米，1961年国庆节前建成并交付使用。1961年国庆节前上海机电设计院全部迁入松江县新址，该新址的办公大楼主楼和东配楼如图1-11~图1-13所示。同时，在该县佘山山麓建成一个发动机试车台，从此，上海机电设计院在松江新址开展了多种探空火箭的研制任务和人造地球卫星的预研任务，一直到1965年8月迁到北京。

图1-11　上海机电设计院松江县新址主楼（摄于1962年，北京空间机电研究所综合档案室董济泽提供）

图 1－12　上海机电设计院松江县院址主楼

（今为上海航天精密机械研究所地址，北京空间机电研究所综合档案室摄于 2018 年 5 月）

图 1－13　上海机电设计院松江县院址的东配楼（东翼）的外貌（李颐黎摄于 2018 年 10 月 11 日），
上海机电研究院松江县时期的一室（总体设计室）和二室（结构设计室）在此楼内办公

　　1962 年 9 月，国防部五院副院长王诤率领工作组来到上海，调查上海基地的领导体制和任务方向，通过一个多月的调研，经领导研究后，国防部五院于同年 11 月 2 日向贺龙、聂荣臻副总理和罗瑞卿总参谋长提交了《关于接收上海基地和建议中国科学院上海机电设计院建制隶属关系划归五院的报告》。报告中明确建议：上海机电设计院自 1963 年 1 月起划归国防部五院，对外仍保持上海机电设计院名称；其方向任务改为探空火箭（包括将来的人造卫星总体）设计和探空火箭工程（包括探空火箭有效载荷、探空火箭发射场和探空火箭的跟踪测量）的抓总单位，人造卫星运载火箭利用现有的导弹改装；箭头和卫星内部仪器设备的研制、生物高空研究等工作由中国科学院有关研究所承担。设计院根据上天仪器设备和生物试验的要求，负责箭头的仪器舱、生物舱的总体设计和结构设计。设计院当前的任务，可以让大部分技术人员继续进行 T-7 气象火箭的修改设计，做到善始善终，以便取得比较完整的经验。另外，让少数技术骨干到国防部五院了解某型号的资料和实物，以便利用某型号的技术，设计出高一级的探空火箭。

聂荣臻副总理和罗瑞卿总参谋长先后批准了王净代表国防部五院提出的报告。于是，从 1963 年 1 月 1 日起，上海机电设计院划归国防部五院建制。[2]

经过国防部五院王秉璋、钱学森等人的研究，1963 年年初国防部五院向上海机电设计院下达的当年的研制工作任务如下：

a）继续研制 T-7A 探空火箭；

b）着手开展固体推进剂气象火箭的研制工作；

c）将某型号改装为和平 1 号地球物理火箭；

d）开展人造地球卫星研究的准备工作。

从 1963 年起，上海机电设计院在上述四项任务工作任务方面做了大量工作。[2]其中，就包括上海机电设计院应国防部五院钱学森副院长之邀于 1963—1964 年派遣由孔祥言、朱毅麟、李颐黎、褚桂柏组成的四人小组赴京，在钱学森的指导下进修星际航行技术，并制定中国科学院星际航行技术发展规划，协助制定上海机电设计院的发展规划。之后，上海机电设计院于 1964 年 5 月成立了以四人小组为骨干的上海机电设计院卫星研究室。

1.5　七机部八院（1965 年 8 月至 1971 年 2 月）

为了使上海机电设计院这支我国航天技术的开创团队更好地参加中国运载火箭和人造地球卫星的研制工作，经国防部五院党委讨论，上海市委同意，并经中央军委批准，上海机电设计院于 1965 年 7—8 月全部迁至北京，院址在今北京丰台区南大红门路 1 号院，迁京后更名为第七机械工业部第八设计院，简称为七机部八院。原上海机电设计院副院长杨南生已于 1964 年 8 月调往同年 4 月 4 日成立的国防部第五研究院四分院（今航天动力技术研究院）担任技术领导工作。七机部八院的党委书记兼副院长为于志，党委副书记为洪大风，副院长有郝振广、林艺圃，总工程师仍为王希季。[2]图1-14为七机部八院办公楼（36号大楼），拍摄时已更名为北京空间机电研究所。

图1-14　七机部八院办公楼（36号大楼，摄于2015年）

七机部八院除了继续承担探空火箭的研制任务外，还在王希季总工程师的主持下，于1965年8月—1967年11月提出了我国第1颗人造地球卫星运载火箭（即长征1号运载火箭）的技术方案并完成了初样研制；在王希季总工程师的主持下，于1966年1月至1968年2月提出了我国返回式卫星的技术方案，并承担了返回式卫星回收系统的研制。为我国"两弹一星"事业和航天事业作出了杰出的贡献。

1.6　北京空间机电研究所（1971年2月至今）

1967年9月，聂荣臻副总理向中央提出了《关于国防科研体制调整改组方案的报告》，建议把国防科研方面的研究力量进一步集中起来，成立18个研究院，其中，第五研究院名称为人造卫星、宇宙飞船研究院，即空间技术研究院。10月25日，毛泽东主席在报告上批示："此件压了很久……照办。"

1968年2月，中国人民解放军国防科学技术委员会根据中央军委的批复授予第五研究院番号——中国人民解放军第五研究院，印章于 1968 年 2 月 20 日启用。1973 年 7 月 24 日，中共中央、国务院决定将第五研究院正式划归七机部建制，名称改为第七机械工业部第五研究院，原中国人民解放军第五研究院的名称及部队番号撤销。

七机部八院原来搞返回式卫星和载人飞船设计的 100 余人于 1968 年 4 月被调往中国人民解放军第五研究院北京空间飞行器总体设计部，1971 年 2 月将七机部八院更名为中国人民解放军第五研究院探空火箭技术与回收技术研究所，1988 年 12 月 29 日，中国空间技术研究院下文正式启用北京空间机电研究所的名称。[2]

在 1971 年 2 月至 1980 年这 10 年间，在探空火箭技术方面，北京空间机电研究所完成了挺进 1 号甲试验取样火箭的研制，并在多次试验中取得了样品，挺进 1 号甲火箭在 1978 年召开的全国科学大会上被作为重大科技成果受到表彰。在回收技术方面，北京空间机电研究所的返回式卫星回收技术团队成功地将我国 1976 年发射的返回式卫星回收，使我国成为继苏联和美国之后世界上第三个掌握卫星回收技术的国家；[6] 1980 年 5 月 18 日，我国向南太平洋第一次发射第一代远程火箭，北京空间机电研究所研制的数据舱在溅水前可靠地弹出并成功开伞、标位和打捞，为中国第一代远程火箭飞行试验的成功作出了贡献。[7] 此外，北京空间机电研究所还承担了我国试验通信卫星的太阳电池壳等复合材料结构件的试制和生产任务，以及长征 3 号第 3 级的液氢液氧储箱共底的椭球形玻璃钢蜂窝夹层结构的研制，全部以优质产品交货并成功地经受了飞行试验的考验，为我国卫星通信工程作出了贡献。

在 1981 年至 1990 年这近 10 年间，北京空间机电研究所在运载火箭、多用途飞船概念研究及空间相机研制方面作出了杰出贡献。

1978 年 12 月，七机部确定由北京空间机电研究所承担卫星新技术试验火箭（当时定名为新长征 11 号运载火箭，1981 年年初改称为长征 1 号丙运载火箭）的研制工作。长征 1 号丙运载火箭可用于发射多种小型应用卫星及第二代洲际弹道导弹弹头的再入试验。该火箭由北京空间机电研究所完成了方案设计，并完成了关键技术攻关，取得了多项科研成果。1984 年 10 月该研制任务停止，但该任务为北京空间机电研究所培养了从事中国载人航天技术发展途径研究及多用途飞船概念研究的技术人才。

1986 年 3 月，我国启动国家"863"计划航天领域研究项目，北京空间机电研究所勇敢地、主动地承担了中国载人航天技术发展途径研究与多用途飞船概念研究工作，成立了直属研究所领导的飞船论证组，最多时该组人员达 25 人，从 1986 年到 1990 年，该组成为我国航天界中国载人航天技术发展途径研究的主力军之一，成为受"863"计划航天领域专家委员会和其他专家组资助的多用途飞船概念研究的唯一单位。该项研究成果对确定中国载人航天从飞船起步的决策起了重要的作用，[8]该研究成果提出的"三舱一段"的飞船构型（如图 1-15 所示），被后来的神舟号载人飞船（神舟 1 号至神舟 11 号）采纳。

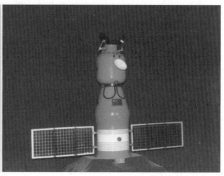

图 1-15　1989 年 4 月北京空间机电研究所飞船论证组提出的多用途飞船方案

（1:10 模型，左为侧视图，右为俯视图）

为了铭记这段历史，由钱振业、董世杰、李颐黎、李惠康主编的《中国载人航天技术发展途径研究与多用途飞船概念研究文集（1986 年至 1991 年）》一书于 2013 年由中国宇航出版社出版，如图 1-16 所示。该书是参加中国载人航天技术发展途径研究与多用途飞船概念研究的 25 名同志和多个协作单位共同努力的劳动结晶。

1986 年 6 月，有关领导将中国空间技术研究院的空间光学遥感器的研制任务调整到北京空间机电研究所，1975 年，该研制团

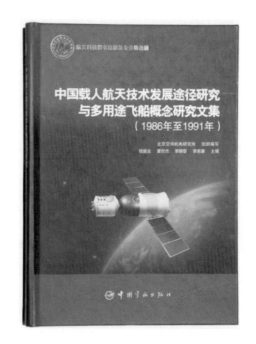

图 1-16　《中国载人航天技术发展途径研究与多用途飞船概念研究文集（1986 年至 1991 年）》

队研制的我国第一代航天摄影系统随返回式卫星做轨道飞行，获取了有价值的空间

遥感资料。这一成果使我国成为世界上第三个掌握空间光学遥感技术的国家。北京空间机电研究所至今已研制成功涉及多个系列、应用于数十颗卫星的近百台空间光学遥感器，在不断创新的基础上成功率达到了100%。

从1991年至今，这27年间，中国载人航天工程和空间遥感技术已取得了举世瞩目的成就。

2003年，中国发射了第一艘载人飞船神舟5号，航天员杨利伟遨游太空，安全返回，圆了中华民族千年的飞天梦。北京空间机电研究所研制的神舟号飞船回收着陆分系统对保证航天员和返回舱安全着陆起了重要作用。之后，从神舟6号到神舟11号飞船，北京空间机电研究所的神舟号飞船回收着陆分系统精益求精，不断进行技术改进，连续取得了圆满回收的佳绩。[9]

1992年神舟号载人飞船立项后，中国空间技术研究院决定由该院的北京空间飞行器总体设计部（以下简称"总体设计部"）承担载人飞船系统总体室工作。1992年11月18日，中国空间技术研究院发出《关于下发"关于李颐黎等十三名同志参加飞船系统总体室工作有关问题"的会议纪要的通知》（以下简称《通知》）（五计〔1992〕827号文件），该《通知》说：为加强载人飞船系统工作，院决定北京空间机电研究所李颐黎等13名同志参加总体设计部载人飞船系统总体室工作。该《通知》附件中说：13名同志自1987年以来承担了"863"计划航天高技术"飞船天地往返运输系统""载人飞船（兼空间站救生艇）"的概念研究工作，并参加了院"载人飞船系统技术、经济可行性论证"工作，尤其是在概念研究阶段，他们不辞辛苦，在有限的经费支持下，做了大量的论证工作，为载人飞船立项论证作出了重要贡献，同时对他们今后参加总体设计部飞船系统总体室工作寄予厚望。在1992年以后的几年间，李颐黎等13名同志每天早出晚归（因为他们的家在丰台区东高地，上班在位于海淀区知春路82号院的总体设计部）、加班加点，完成了方案论证阶段、方案设计阶段和初样阶段的繁重任务，突破了各自负责的关键技术攻关项目，获得了多项科研成果奖，和总体设计部的同志一道完成了神舟号飞船的总体研制任务。[10]其中李颐黎、徐焕彦、陈灼华同志后来还被总体设计部返聘，一直工作达10余年之久。2009年载人航天总体设计部从总体设计部分出来，至今（2018年）载人航天总体设计部的前厅仍展示着由包括李颐黎、徐焕彦在内的中国空间技术研究院神舟号载人飞船第一代开创者的照片，如图1-17所示（李颐黎曾任北京空间飞行器总体设计部载人航天总体室副主任，徐焕彦曾任该室总体组副组长）。李颐黎等13位同志没有辜负中国空间技术研究院对他们寄予的厚望。

（a）

（b）

（c）

图 1-17　在载人航天总体设计部前厅的中国空间技术研究院神舟号
载人飞船第一代开创者照片（摄于 2012 年）
（a）第一代开创者照片组成的"921"字形；（b）李颐黎照片；（c）徐焕彦照片

　　正如北京空间机电研究所原所长岳涛 2015 年 2 月 26 日在为李颐黎著《航天器返回与进入的轨道设计》一书的序中所说的那样，目前北京空间机电研究所已发展成包括空间遥感技术、空间激光探测技术、航空遥感技术、航天器回收与着陆技术、空间复合材料结构技术和航天器火工品装置技术在内的多学科的实力雄厚的研究所。

1.7　关于中国科学院卫星设计院和七机部八院

　　中国科学院卫星设计院是中国科学院在 1965 年 9 月开始组建的卫星设计院，

而七机部八院是在1963年1月划归国防部第五研究院建制的搞探空火箭及未来卫星的设计院（当时叫上海机电设计院），简单地说，前者是中国科学院卫星的设计单位，后者是国防部五院（1965年1月国防部五院改为七机部）的探空火箭及卫星设计单位。让我们以时间顺序来看看两个单位承担卫星工程任务的情况。

a）1964年5月，在钱学森的安排下，上海机电设计院成立了卫星研究室，该研究室考虑较多的是运载火箭的运载能力以及发射返回式卫星的可能方案。

b）1964年12月29日，中国科学院地球物理所所长赵九章向周恩来同志报告，提出中国研制人造卫星时机已到，建议把人造卫星研制列入国家计划。1965年1月，钱学森分别向周恩来总理和聂荣臻副总理提交报告，"建议国家早日制定我国人造卫星研制计划，列入国家任务，促进这项重大国防科学技术的发展。"聂荣臻副总理批示："只要力量有可能，就要积极去搞。"

c）1965年1月，周恩来总理指示中国科学院提出研制人造卫星的方案。张爱萍主任召集张劲夫、钱学森、孙俊人等负责人对中国人造卫星研制规划方案进行讨论，并于1965年4月29日以国防科委的名义向中央专委提出《关于研制人造卫星方案的报告》，提出初步设想争取1970年或1971年发射我国第1颗人造地球卫星（100kg左右）。

d）1965年7月1日，中国科学院提出了《关于发展我国人造卫星规划方案建议》，并将该建议呈报中央专委。

e）1965年8月，周恩来总理主持中央专委第十二次会议，批准了《关于发展我国人造卫星规划方案建议》；1965年8月，上海机电设计院迁京，更名为七机部八院。

f）1965年8月9—10日，中央专委召开了第十三次会议，明确了由中国科学院负责研制卫星本体和地面跟踪系统；七机部八院负责研制运载火箭；酒泉卫星发射中心负责地面发射设备。中央专委同意中国科学院在院内设立一个卫星设计院。

g）1965年8月，钱学森向七机部八院总工程师王希季布置任务：尽快组织力量拿出第一个卫星运载火箭方案。1965年9月中旬，在王希季领导下，朱毅麟、倪惠生、李颐黎等带领一批科技人员苦干一个月，提出了卫星运载火箭的三个方案，10月14日，七机部八院选择了把探空火箭技术和中远程火箭技术相结合、可靠性较高、能按时完成发射卫星任务的第一方案，即中远程火箭1、2级加上直径为770mm的固体发动机为第3级方案。在1965年10月20—30日召开的我国第1颗人造地球卫星方案论证及工作安排会议上，这一方案得到了认可，[11]如图1-18和图1-19所示。上述提到的火箭的第1级、第2级、第3级的定义可参阅本书的附录。与人造卫星相接的那级火箭又称末级火箭。

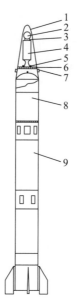

图 1-18　1965 年 10 月 16 日七机部八院提出的我国卫星运载火箭

（即长征 1 号运载火箭）方案简图

1—整流罩；2—人造卫星；3—弹射机构；4—末级火箭；5—旋转火箭；

6—旋转平台及连接分离机构（分离器）；7—反推火箭；8—第 2 级火箭；9—第 1 级火箭

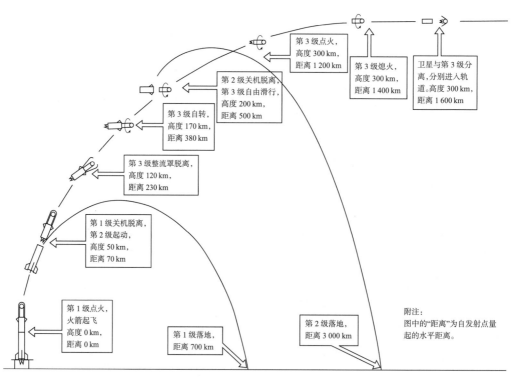

图 1-19　1965 年 10 月 16 日七机部八院提出的我国卫星运载火箭

（即长征 1 号运载火箭）发射程序

h）1965 年 9 月，中国科学院从力学所、自动化所、地球物理所等单位抽调干部开始组建卫星设计院。1966 年 1 月 25 日，中国科学院经报聂荣臻同意后正式成立了中国科学院卫星设计院，对外的公开名称为科学仪器设计院。由赵九章任院长，杨刚毅任党委书记，钱骥任副院长。

i）1965 年 9 月到 12 月初，七机部八院的技术人员在院领导的支持下，深入各用户单位调研对卫星的需求，发现许多用户对返回式遥感卫星都有强烈的需求。结合七机部八院在卫星设计和探空火箭研制中积累的飞行器总体设计、结构设计、遥测系统设计、回收系统设计的经验，他们提出由七机部八院承担返回式卫星和载人飞船的总体设计，此建议受到领导的重视。

j）1965 年 12 月中旬，七机部副部长钱学森在听取七机部八院工作汇报时说："国防科委罗舜初副主任对我说，科学院搞 4 个卫星系列、20 颗卫星是力不胜任的。4 个系列怎么搞，让七机部准备个意见，具体就是让你们八院准备意见。"1966 年 1 月 4 日，副主任罗舜初在中国科学院党委会为成立中国科学院卫星设计院向国家科委党组（抄报国防科委）的请示报告上批示："卫星设计不是一个院所能承担的，同时应发挥七机部八院的作用，请考虑两个院分工的意见。"

k）根据上述上级领导的意见，七机部八院在王希季总工程师的领导下，于 1966 年 1 月开始了中国返回式遥感卫星总体方案的论证工作。1966 年 5 月，在王希季总工程师向七机部领导汇报卫星系列工作的情况时，钱学森副部长指示："如果用这种火箭发射返回式卫星，那么返回式卫星应结合远程火箭的研制搞……返回式卫星工作要迅速做，飞船以后再考虑，八院现在有多大劲，就用多大劲。"

l）1966 年 5 月 17 日，七机部召开部党组会议，钱学森副部长在会上发言，极力主张返回式卫星和载人飞船任务由七机部承担。后来，部党组统一了思想，并在征得国防科委的意见后，同意由七机部八院承担我国返回式卫星的研制。

m）返回式卫星在技术上远比我国第 1 颗卫星要复杂得多，它有 11 个分系统。遵照钱学森副部长的指示，在王希季总工程师的领导下，在吴开林、李颐黎等技术骨干的带动下（吴开林当时任七机部八院卫星研究室总体组组长，李颐黎当时任七机部八院卫星研究室参数组组长），经过一年多的努力，技术人员对卫星的气动力外形、轨道参数、总体布局、气动加热和防热结构以及各分系统进行了详细分析和论证，并在 1967 年 7 月提出了《返回式卫星总体方案论证报告》。[12]

n）1967 年 9 月 11 日，国防科委在北京召开了返回式卫星方案论证会议。七机部钱学森副部长等领导参加了会议，七机部八院吴开林、李颐黎等参加了会议。会议审查了七机部八院提出的中国返回式卫星总体方案，认为总体方案可行，可以往下进行设计，会后七机部八院根据会议提出的建议和修改意见，进一步完善了返回式卫星的总体方案。[12]

o）1968 年 2 月 20 日，中国人民解放军第五研究院成立，中国科学院卫星设计院从事东方红 1 号卫星的总体技术人员、七机部八院从事返回式卫星和载人飞船总体设计的技术人员和从七机部一院调往五院的孙家栋等 18 人成为中国人民解放军第五研究院北京空间飞行器总体设计部的基本技术力量，实现了把中国航天器总体设计力量集中起来的目标。

第 1 章　参考文献

［1］ 中国科学院.“两弹一星”功勋奖章获得者——王希季［EB/OL］.［2018 - 06 - 01］. http：//www. 60yq. cas. cn/zgkxyyldyx/gxjzhdz/wxj/.

［2］ 孔祥言. 钱学森的科技人生［M］. 北京：中国宇航出版社，2013：256 - 259.

［3］ 石磊，王春河，张宏显，等. 钱学森的航天岁月［M］. 第 2 版. 北京：中国宇航出版社，2012：159.

［4］ 胡士弘. 陈芳允［M］. 石家庄：河北少年儿童出版社，2001：102 - 103.

［5］ 李东宁. 星火思源——纪念六〇三中国探空火箭发祥地文集汇编［M］. 上海：上海航天技术研究院，2018：204.

［6］ 林华宝，李颐黎. 返回式遥感卫星［M］//张钧. 当代中国的航天事业. 北京：中国社会科学出版社，1986：289 - 316.

［7］ 朱晴. 林华宝院士传记［M］. 北京：中国宇航出版社，2017：170 - 183.

［8］ 钱振业，董世杰，李颐黎，李惠康. 中国载人航天技术发展途径研究与多用途飞船概念研究文集（1986 年至 1991 年）［M］. 北京：中国宇航出版社，2013：214 - 218.

［9］ 林斌，李惠康. 飞船的回收着陆［M］//戚发轫，李颐黎. 巡天神舟——揭秘载人航天器. 北京：中国宇航出版社，2011：180 - 194.

［10］ 李颐黎，戚发轫. 神舟号飞船总体与返回方案的优化与实施［J］. 航天返回与遥感，2011（6）：1 - 13.

［11］ 李颐黎. 我国第一个卫星运载火箭总体方案的优化［J］. 航天器环境工程，2015（2）：130 - 134.

［12］ 张钧. 当代中国的航天事业［M］. 北京：中国社会科学出版社，1986：290 - 291.

第 2 章　探空火箭与气象火箭

1958 年，上海机电设计院的成立，使我国有了一个专门承担探空火箭设计的单位，设计院初步形成了一支从事探空火箭技术研究的科技队伍。这支队伍尽管十分年轻，大多数人缺乏火箭方面的专业知识和实践经验，在试验设备、加工条件、技术资料等方面都存在很多困难，但他们以投身我国空间科学技术发展事业为荣，朝气蓬勃，不畏艰难地踏上了攻克探空火箭技术的征途。

他们先是研制一种技术指标先进的有控制的探空火箭——T-5 探空火箭，初战遇阻后，T-5 火箭下马。后来他们选择以技术难度比较小的无控制火箭（T-7 无控制火箭）为突破口，同时选择以更小的 T-7M 模型探空火箭作为技术试验火箭。1960 年 2 月 19 日，T-7M 模型探空火箭发射成功，这是我国探空火箭技术取得的第一个具有工程实践意义的成果。[1]接着，我国第一代气象火箭的率先型号 T-7002 于 1960 年 9 月 13 日首次发射成功。1963 年 12 月 22 日性能更先进的 T-7A 气象火箭首次发射成功。1967 年 1 月和平 2 号固体气象火箭首次发射成功。1979 年 12 月在云南昆明地区进行的和平 6 号固体气象火箭第 6 批次飞行试验中，9 枚和平 6 号固体气象火箭均获得圆满成功，达到了预定的设计指标。

2.1　探空 5 号火箭的初探[2]

探空 5 号火箭为单级有控制液体火箭。火箭代号 T-5。

T-5 火箭拟用于探测中层大气结构和各种地球物理现象。由于研制条件距要求甚远，该火箭未走完研制全过程。

　　T-5 火箭总体设计单位为上海机电设计院（现北京空间机电研究所前身），总装单位为空军第 13 修理厂。1958 年 11 月开始研制，1959 年 12 月总装出 1 枚火箭产品。

　　T-5 火箭研制在杨南生、王希季领导下进行。

2.1.1　任务由来

　　1958 年中国科学院把研制发射人造卫星列为该院当年第一项重点任务，组建了三个设计院。其中，负责人造卫星和运载火箭总体设计的第一设计院的总体设计部和发动机设计部于 1958 年 11 月从北京搬迁到上海，成立上海机电设计院，由上海调集人员予以增强研制力量，并依靠上海的工业基础进行制造。

　　上海机电设计院成立之初，物质和技术条件都很困难；研制队伍大多数为刚出校门的大学和中专生，缺乏火箭技术的专业知识和实践经验。为了积累研制大型运载火箭的经验和锻炼火箭技术队伍，上海机电设计院决定先设计一个推力较小、采用常规液体推进剂的 T-5 火箭，并于 1958 年 12 月完成了第一套设计图纸的绘制。

　　1959 年 1 月 6 日，中国科学院副院长张劲夫在上海机电设计院全体职工大会上作报告。报告根据邓小平总书记关于现在发射卫星与国力不相称、要调整空间技术研究任务的指示，对上海机电设计院提出了"边战、边练、边建"的发展方针，要求上海机电设计院把基础打好，于 1959 年完成以 T-5 火箭为中心的几项研制任务。

　　1959 年 1 月 14 日，上海市科委召集上海机电设计院和承担火箭加工、研究协作任务的 9 家工厂、5 个有关局和 2 所大学的负责人开会研究探空火箭工作，要求与会单位积极协助和支持上海机电设计院研制探空火箭。由此，一个以上海机电设计院负责进行设计、试验、试制、发射和有关单位（包括空军第 13 修理厂、上海柴油机厂、上海四方锅炉厂、上海汽轮机厂、上海机床厂、上海江南造船厂等）承担生产协作的探空火箭研制体系开始形成。

2.1.2　方案制定

　　T-5 火箭方案是以德国 V-2 火箭为蓝本提出来的，经过了由粗到细、由浅入深的演变过程。1958 年 12 月完成的火箭初步设计只是一个纸上谈兵的产物，设计图纸也简单粗糙。为此，设计院于 1959 年第 1 季度修改设计，并确定了火箭方案。T-5 火箭起飞质量（2.62t）、地面稳态推力（49kN）约为 V-2 火箭的 1/5。T-5

火箭直径 0.85m、长度 10.37m；采用挤压式液体推进剂发动机做动力装置，氧化剂为液氧，燃烧剂为甲醇。为保证火箭能稳定地以垂直于地面的姿态向上飞行，箭体内装有航向自动控制系统，用自动操纵推力室摆动的办法纠正航向偏差；同时，为保证航向控制系统正常工作，箭体内还装有自转控制系统，用自动操纵副翼的方法控制火箭自转。火箭尾部装有互成 90°的 4 片尾翼，其中一组相对称的 2 片尾翼带有副翼。火箭头部用于装载探测高空大气结构和各种地球物理现象的仪器。

2.1.3 技术攻关

T-5 火箭设计受"大跃进"的影响，技术指标定得较高，与主客观条件的差距较大，因而在研制过程中遇到不少困难。

1959 年 3 月，确定 T-5 火箭需解决下列 10 项关键技术：推进剂贮箱的设计、计算和制造，尾翼的设计、计算及副翼控制，推进剂输送系统软管和管道的保温、绝热，推力室壁面冷却和热应力，发动机点火，火箭运动方程和数学模拟，火箭蒙皮温度计算，结构动力学特性，推进剂混合比调节，推力室摆动设计、制造及控制。随着研制工作的深入，这些关键技术大多数在理论上获得初步解决，一些项目还取得了工程研制的成果。

推进剂贮箱（以下简称贮箱）直径约 0.77m，选用厚度 2mm 的铬锰矽钢板材制造。当时国内尚无这类钢材，上海第五钢铁厂根据上海冶金局和材料研究所确定的配方，冶炼并轧制出合格的产品。材料问题解决后，这种大直径薄壁贮箱的封头冲压成形、箱体焊接、整箱热处理成为加工中的三大工艺难关。

（1）封头冲压成形

开始由于钢板薄、塑性变形差以及冲床吨位不够，整件冲压起皱现象严重；后来改用先分块冲压、分瓣手工成形，再拼焊的方法获得成功。

（2）箱体焊接

原拟采用电弧焊，因铬锰矽钢焊接性能差，致使焊缝气孔多且容易产生裂纹，只得另辟新途；后改用电焊加气焊的方法（即先对钣材进行电焊，再用气焊对气孔进行补焊）才得以解决。

（3）整箱热处理

经过直接淬油、喷水淬火、喷雾淬火等多次失败后，最后采用喷水"淋浴"方法才取得突破。

为了实现这种热处理工艺方法，研制人员专门设计制造了喷水"淋浴"设备。

它是一个由 16 根空心直管和 2 只空心圆环构成的直径 1.5m、高 3.5m 的鸟笼式构件，其上有 25 000 多个直径 1mm 的小孔。当炽热的贮箱从热处理炉吊出、由车间里的行车把它送入"淋浴"设备后，冷却水从小孔喷出，使贮箱温度均匀地迅速降低，从而使贮箱的变形量和强度性能达到了设计要求。

在探空火箭尾翼和副翼气动外形设计与气动计算方面，1958 年 11 月至 1960 年 12 月，由总体设计室空气动力设计组李颐黎负责。在该组工程组长孔祥言的带领下，全组同志共同努力，完成了《T-5 探空火箭尾翼及副翼气动外形设计和气动力计算》技术报告，攻下了尾翼及副翼气动外形设计和气动力计算的技术关键。

火箭弹道计算于 1959 年 3 月确定了运动方程，4—10 月利用电动计算机求出了一条完整的飞行轨迹，累计计算工作量达 50 万人次。

推进剂输送系统中有 18 套高精度阀门。其中的电磁阀开始参照德国 V-2 火箭产品设计，结构庞大、性能不良；后又参照飞机上用的产品设计，性能仍不理想，也不符合火箭要求；研制人员经多次试验后，又对设计做了修改，才研制出结构简单、性能稳定的产品。

2.1.4　产品总装

T-5 火箭于 1959 年 12 月初完成尾段组装，12 月 15 日高压气瓶和液氧贮箱、甲醇贮箱交付合格产品，12 月 29 日结束第 1 枚火箭总装工作，如图 2-1 所示。在

图 2-1　T-5 探空火箭（北京空间机电研究所综合档案室董济泽提供）

总装中，由于推进剂输送系统软管未研制成功，用常温软管代替；航向控制系统中的测量元件（陀螺）精度不符合需要，也未安装。刘少奇主席、邓小平总书记、李富春副总理、陈毅元帅等党和国家领导人曾于1959年12月视察了T-5火箭产品的试制生产情况。

T-5火箭虽然完成了总装工作，但离进行飞行试验还有相当大的差距。其中发动机系统因为缺少试验条件，未进行整体水压试车和热试车；自动控制系统虽经动作演示表明方案可行，但还有少数部件未达到设计要求，多数部件和整个系统也没有进行动态试验，整个系统尚不能按预定的要求连续运动。因此，该火箭产品只能用于地面参观。

研制T-5火箭起到了练兵的作用。研制人员取得了研究、设计、制造探空火箭的初步知识，认识到发展火箭技术的艰巨性和必须把火箭研制作为一项系统工程来组织实施的重要性。特别是认识到在研制经验缺乏、技术储备不足、国家投资有限的情况下，要使探空火箭在短时期内取得实用性成果、满足火箭探空事业的需要，应选择技术难度比较小的无控制火箭作为突破口。

2.2 探空7号模型火箭[2]

探空7号模型火箭为探空7号气象火箭的模型火箭，是由第1级火箭（固体发动机）、第2级火箭（液体发动机）与箭头组合而成的两级无控制火箭。火箭代号T-7M。

T-7M火箭能携带15kg遥测仪器飞达10km高空。主要用来对探空7号气象火箭运载系统采用的主要技术途径进行可行性试验。

T-7M火箭的总体设计单位为上海机电设计院，总装单位先是上海柴油机厂，后为上海机电设计院。

1959年8月开始研制，1960年2月完成第1枚火箭发射试验，1963年12月进行最后一次飞行试验。总共生产火箭14枚，其中13枚用于飞行试验。

T-7M火箭技术负责人为王希季、杨南生，行政负责人为杨南生。杨南生主要负责工程系统的研制，王希季主要负责火箭型号的研制。[3]

2.2.1 任务由来

1959年7月10日，上海机电设计院业务领导单位——中国科学院力学研究所钱学森所长根据中国的国情以及火箭技术发展的现状和需要，建议上海机电设计院改变原定设计运载火箭发射人造卫星的计划，改组成为一个设计和试制小型火箭的单位，以研制气象火箭为具体任务之一。

1959年8月4日，上海机电设计院向国家科委和中国科学院呈报了"发展探空火箭技术的计划任务书"，建议把该院建设成为一个和平利用火箭技术的中心，1960年以试制1~2种无控制的探空火箭作为中心任务。该计划任务书得到中国科学院的批准。

1959年8月，上海机电设计院在制定探空7号（T-7）气象火箭设计任务书的同时，为响应党中央提出的开展增产节约运动的号召，决定在1959年增加一项探空7号模型火箭（T-7M）的设计任务。研制T-7M火箭的目的在于对T-7气象火箭运载系统上采用的主要技术途径进行可行性试验，以加速T-7火箭的研制进程；同时通过该火箭的设计、制造、试验和试射，训练和培养火箭技术队伍。

2.2.2　方案制定

1959年9月提出T-7M火箭初步设计方案。而后，经地面试验、不同状态的飞行试验，不断改进和完善了设计方案，于1962年年底确定了该火箭的最终技术状态。它为两级无控制火箭，由有效载荷、液体火箭（主火箭，即第2级火箭）和固体助推器（第1级火箭，即发动机加尾段加级间连接分离器）串联组合而成，依靠尾翼保证火箭稳定飞行。在助推器工作结束后，主火箭在空中自动点火。当主火箭飞行到弹道顶点附近时，箭头与箭体自动分离。分离后的箭头和箭体均用降落伞进行回收。

主火箭直径0.25m，长度4.21m，如图2-2所示。发动机采用挤压式输送系统，推进剂为硝酸（氧化剂）和苯胺、糠醇混合液（燃烧剂）组成的自燃推进剂，地面稳态推力2.2kN；在推进剂加注容量达到设计值（即推进剂贮箱中的推进剂体积达到设计容量，简称全容量加注状态）时，起飞质量为122kg，海平面发射时的最大飞行海拔高度（海拔高度是从海平面或其延伸面计算的高度，下同）为8km（如果推进剂加注容量只有设计值的3/4，简称3/4容量加注状态，最大飞行海拔高度为5km）。助推器（连同分离器）的起飞质量为68kg，直径0.25m，长度1.14m，地面平均推力17.5kN（装药初始温度25℃）。加助推器后，主火箭（全容量加注状态）的最大飞行高度为 10km。

图 2－2　T－7M 主火箭的上段（左）、中段（中）和下段（右）

（2014 年 8 月 19 日李颐黎摄于中华航天博物馆）

2.2.3　技术攻关

T－7M 火箭研制的关键课题为主发动机技术（主火箭发动机技术）、头体回收技术和级间分离技术。

（1）主发动机技术

主发动机技术中的突出问题是如何保证发动机可靠和迅速启动。启动控制最先提出的方案是借助贮箱中的气垫容积（贮箱容积与贮箱内推进剂加注容量之差）来使增压气体进入贮箱后，贮箱内部压力能缓慢上升，以实现控制推进剂流量、安全启动的目的。这种方案的推进剂输送系统通过气体管路中的常开式减压阀将高压气瓶中的空气减压到额定值后流入贮箱，给贮箱内的推进剂增压；当推进剂压力达到一定值时，液体管路中的爆破薄膜受压自动破裂，随即推进剂就流入推力室内燃烧。为了使爆破薄膜能在预定的压力下均匀破裂并达到控制精度的要求，研制人员选用化学腐蚀的加工方法。两位女青年经过一个半月，做了几十种方案、700 多次试验后，才确定出薄膜材料和腐蚀图案以及适用的保护剂和腐蚀剂、进行腐蚀的温度和时间，并制作出合格的产品，及时满足了发动机试验的需要。

1959 年 12 月 27 日，主发动机首次热试车（推进剂加注容量为设计容量的 1/5），点火启动正常。此后，于 1960 年 1 月 5—23 日，主发动机又进行了 9 次热试车，推进剂加注容量从 1/2 全容量逐步增加到全容量。这 10 次热试车表明，主发动机在 3/4 全容量加注状态时，借助贮箱内的气垫容积来控制启动是成功的。然而，全容量加注状态的 2 次热试车，燃烧室均于启动阶段发生爆炸，其原因为：在全容量加注状态时，贮箱内的气垫容积小，当增压气体进入贮箱后，贮箱内的压力迅速升到额定值，但燃烧室内尚未建立压力，从而造成推进剂流量过大，致使燃烧室因起燃压力过大而炸裂。

为了解决主发动机在全容量加注状态时的启动爆炸问题，研制人员提出了在液体管路中加节流孔板来控制推进剂起始流量和将气体管路中的减压阀由常开式改成半开式来控制增压气体起始流量进行二级启动的两种方案，并于 1960 年 2—7 月对这两种方案进行了 5 次热试车。其中，节流孔板方案的 2 次热试车，1 次成功，1 次失败；半开式减压阀二级启动方案 3 次热试车均获成功。此后，研制人员又对推进剂输送系统和燃烧剂的组合配比进行了改进和调整，包括将液体管路上的主控制元件由爆破薄膜改为气动阀，并令气体管路中控制氧化剂管路的气动阀比燃烧剂管路的气动阀稍先打开，使氧化剂早于燃烧剂进入燃烧室；把燃烧剂中的苯胺含量由 80% 调整为 65%，糠醇含量由 20% 调整为 35%。经采取这些措施后，燃烧过程中的爆燃现象得以避免，主发动机的工作可靠性和迅速启动性能进一步提高，二级启动方案更趋完善。

（2）头体回收技术

头体回收是指把主火箭箭头与主火箭箭体用降落伞回收。头体回收采用的技术方案是在弹道顶点附近将主火箭箭头和主火箭箭体分离后，先打开各自的减速伞，待它们乘减速伞下降到一定高度，再由时间控制器或高度控制器控制开伞螺栓工作，使各自的主降落伞张开，最后箭头和箭体乘主降落伞安全着陆。为了掌握火箭回收这门新技术，研制人员勇于探索，经过多次地面试验、几架次飞机空投试验，以及 2 次因火箭在飞行试验中头体未分离而导致回收系统无法工作后，于 1960 年 4 月连续 2 次获得箭体回收成功的初步胜利。

头体分离原先设想在弹道回落段利用箭头自重使箭头沿锥形配合面滑脱箭体。这种无动力分离的方法，从原理上不适用于飞行情况，因而在 2 次火箭飞行试验时均告失败。后来，改用爆炸螺栓做分离元件，进行有动力分离。研制人员因陋就简，自行研制出这种点火装置。他们先将手电筒上的小灯泡上的玻璃轻轻敲碎，取其灯丝加少量硝化棉制成点火装置，再利用黑火药做主装药，制造出第一批爆炸螺栓。

用于控制爆炸螺栓和开伞螺栓点火时间的延时机构（时间控制器），最初由工农牌小台钟改装而成。它利用康铜丝将其摆轮拴住，一经通电，康铜丝就被烧断，随之钟表启动，同时，将钟表去掉时针和分针，并将秒针改装成控制触头，当秒针走到预定在表盘上的触点时，触头接触触点，控制电路便接通，使螺栓内的火药点燃。这种延时机构利用发条的松弛进行工作，时间控制精度不高，加上这种小台钟停产，为此又研制出无回力的调速式延时机构，并于 1962 年 12 月首次用于 T-7M 回收系统的飞行试验，并取得成功。

降落伞的设计图纸是研制人员通过学习降落伞知识和向跳伞运动教练请教后完成的。而后由服装厂的缝纫师傅在家用缝纫机制作出首批降落伞。

为了表彰火箭回收技术工程组这些年轻人不怕困难、敢想敢干、顽强拼搏的精神，1960 年年初，共青团上海市委授予火箭回收技术工程组"青年红旗战斗队"的光荣称号。

（3）级间连接分离技术

级间连接分离机构既要确保组合火箭（即整个火箭）飞行期间主火箭和助推器连接可靠，又要在助推器熄火后能使两者迅速分离。研制人员对 4 种方案进行了比较，通过 20 多次地面模拟试验后，选择了直接利用主发动机火焰将连接机构锁紧元件——燃烧带烧断来解除主火箭和助推器之间的连接约束，并依靠主发动机的燃气压力将助推器抛掉的技术方案。该方案在地面热分离试验以及组合火箭历次飞行试验中均获得成功（主火箭空中点火由过载开关控制）。

第 1 枚用于飞行试验的主火箭于 1959 年年底总装完毕，首次用于飞行试验的组合火箭于 1960 年年底交付使用，整个研制工作于 1963 年年底结束。

2.2.4　配套设施

为了对火箭进行地面试验和飞行试验，上海机电设计院提出建立相应的回收、主发动机系统和部件试验室以及江湾热试车台、南汇火箭发射场等配套设施。

（1）江湾热试车台

江湾热试车台用于 T-7M 和 T-7 火箭主发动机热试车。该试车台从 1959 年 9 月 22 日上海机电设计院提出筹建报告，到同年 12 月 27 日首次启用进行 T-7M 火箭主发动机热试车，整个过程只有 3 个多月的时间。该试车台利用江湾机场内的一座废旧碉堡作为安全屏障，在碉堡的夹道中间浇上水泥台安装发动机，测试仪表和控制设备安装在碉堡内。这座简易试车台在 1961 年 2 月撤销前，曾进行了 T-7M 火箭主发动机近 30 次热试车和 T-7 火箭主发动机 14 次热试车。

（2）南汇火箭发射场

南汇火箭发射场是 1959 年 10 月由研制人员经两次骑自行车沿上海市川沙县

（今属上海市浦东新区）和南汇县（今属上海市浦东新区）滨海地区进行实地勘察后确定的。它位于南汇县老港人民公社西湖生产队的杨家浜（今上海浦东新区东河村火箭路235号），距东海约3km。发射场内有一座高度20m的燕尾槽形单轨发射架，并配有简易发电站、指挥间、发射控制间（简称发控间）、仓库等平房设施。这座简易发射场自1960年1月投入使用至1961年6月停止作业，总共进行了T-7M火箭12次发射，而后于1963年1季度撤销。（T-7M火箭总共进行16次发射，最后的4次是在安徽省广德探空火箭发射场利用T-7火箭发射架完成的。）图2-3为张劲夫、钱学森等人在南汇火箭发射场观看T-7M火箭发射前在指挥间前小憩。图2-4为T-7M火箭在南汇火箭发射场用草包和泥土堆积而成的发控间。

图2-3　张劲夫（左二）、钱学森（左一）在南汇火箭发射场观看T-7M火箭发射，这是发射前在指挥间前小憩[4]

图 2-4 T-7M 火箭在南汇火箭发射场用草包和泥土堆积而成的发控间[4]

2.2.5 飞行试验

T-7M 火箭进行的 16 次发射，大致可分为 3 个阶段：第 1 阶段（1960 年 1—4 月）进行主火箭（3/4 容量加注状态）飞行试验；第 2 阶段（1960 年 9—11 月）进行主火箭（全容量加注状态）飞行试验；第 3 阶段（1960 年 11 月—1963 年 12 月）进行主火箭（全容量加注状态）加助推器的组合火箭飞行试验。

（1）主火箭（3/4 容量加注状态）飞行试验

试验目的为考验主发动机（3/4 容量加注状态）启动和工作可靠性、主火箭飞行稳定性、发射架工作可靠性和回收装置工作可靠性等。共进行 6 次发射，发射概况如表 2-1 所示。

表 2-1 T-7M 主火箭（3/4 容量加注状态）发射概况

总序号*	火箭编号	发射日期	主要状态	发射概况
1	001	1960.1.25	由贮箱内气垫容积控制发动机启动	发动机点火时，发射失败。更换推力室，供下次发射
2	001	1960.2.11	同第 1 次发射	加料阀失灵，无法加注推进剂，未发射。调换加料阀，供下次发射

总序号*	火箭编号	发射日期	主要状态	发射概况
3	001	1960.2.19	由贮箱内气垫容积控制发动机启动。箭头不回收，箭体装有回收装置，头体分离采用无动力的锥面滑脱方式	发射成功，飞行稳定，发动机工作正常，弹道顶点海拔高度 4～5km。头体未分离，箭体回收系统未工作
4	002	1960.3.18	同第3次发射	发射成功，弹道顶点海拔高度3km。头体未分离，箭体回收失败
5	003	1960.4.17	由贮箱内气垫容积控制发动机启动。头体分离采用爆炸螺栓进行动力分离方案。箭头不回收，只要求箭体回收。箭头内装有遥测系统，测量大气静压	发射成功，弹道顶点海拔高度5km。爆炸螺栓工作，头体实现分离。箭体降落伞张开，回收成功
6	004	1960.4.29	同第5次发射	弹道顶点海拔高度 5～6km，其他情况同第5次发射

＊表示按照发射日期排序。

在这一阶段的飞行试验中，发射场设施非常简陋，发射作业条件十分艰苦。最初，既无步话机，甚至连电话、广播喇叭这些最简单的通信工具都不具备，发射指挥员靠大声喊叫或做手势来下达操作指令。在第1～4次发射时，由于气瓶压气式加注设备和高压气瓶充气自动脱落机构研制较晚，赶不上发射进度，只得用自行车打气筒作为压力源来加注推进剂，如图2-5所示；还要在高压气瓶充气结束后，由操作人员冒险跑到处于待发射状态的火箭近旁去拆下充气阀。直到第5次发射，

图2-5 T-7M火箭发射前，技术人员用自行车打气筒为火箭加注推进剂[4]

（北京空间机电研究所综合档案室董济泽提供）

才改用气瓶压气式设备进行推进剂加注作业，如图2-6所示，给高压气瓶充气时，采用电磁式自动脱落机构。

图2-6　T-7M火箭发射前技术人员用高压气瓶为火箭加注推进剂[4]
（北京空间机电研究所综合档案室董济泽提供）

1960年4月29日T-7M004火箭发射和箭体回收成功后，钱学森、杨南生、王希季等在火箭发射架前与参试人员合影，如图2-7所示。

图2-7　1960年4月29日T-7M004火箭发射和回收成功后，钱学森（二排左六）、杨南生（二排右三）、王希季（二排左五）、艾丁（二排右五）、潘先觉（二排右四）等在火箭发射架前与参试人员合影[3]

毛泽东主席曾于 1960 年 5 月 28 日在上海新技术展览会尖端技术展览室视察了 T-7M 主火箭产品，对研制人员依靠自己的力量取得火箭技术方面的进展给予充分肯定，称赞 T-7M 火箭发射成功是一项"了不起"的成就，指示探空火箭"应该 8km、20km、200km 地搞上去"。详情如下：[5]

1960 年 5 月 28 日晚七时半左右，毛泽东主席在杨尚昆同志（时任中共中央办公厅主任）等随同、柯庆施同志（时任中共中央政治局委员，上海市委第一书记）等陪同下，莅临位于上海市延安西路 200 号的上海市新技术展览会，在参观了超声波技术展览后，毛泽东主席一行走进尖端技术展览室。在那里，毛泽东主席视察了参展的 T-7M 主火箭。当时在上海机电设计院工作的潘先觉同志（T-7M 主火箭发动机系统负责人）承担了毛泽东主席这次视察的讲解任务。根据潘先觉同志当年所写的汇报材料，毛泽东主席视察 T-7M 主火箭主要有以下 4 个情节：[6]

a）仔细阅读产品介绍。

在听到潘先觉同志介绍说 T-7M 主火箭是"小型液体探空火箭"后，毛泽东主席马上阅读介绍 T-7M 主火箭的材料。他一边仔细地看，一边一字一句地读，从"这种小型火箭"读起，一直读到"上海机电设计院负责研制"为止。

b）赞扬自力更生自主创新。

在听到潘先觉同志介绍说"这种火箭我们已成功地发射了 4 枚"和"我们搞这个（指火箭）没有苏联专家，没有现成数据，搞技术设计的人是平均年龄在 25 岁以下的大学、中专学生"后，毛泽东主席连声说："好！好！"

c）勉励新生事物。

在听到潘先觉同志回答 T-7M 火箭可发射（指最大升高）8km 后，毛泽东主席意味深长地说："8km 那也了不起呀！"

d）鼓励大家循序渐进地勇攀高峰。

在听到潘先觉同志介绍说"现在我们已经在搞更大的火箭（指 T-7 火箭），可以发射 20km 到 80km"后，毛泽东主席指示说："应该是 8km、20km、200km 地搞上去。"

这是毛泽东主席一生中对我国航天系统负责研制的产品所进行的唯一一次视察。对一代代航天人给予了很大的鼓舞。

（2）主火箭（全容量加注状态）飞行试验

试验目的为考验主发动机（全容量加注状态）启动和工作可靠性、主火箭飞行稳定性和回收装置工作可靠性等。共进行了 3 次发射试验，发射概况如表 2-2 所示。

表 2 - 2　T-7M 主火箭（全容量加注状态）发射概况

总序号	火箭编号	发射日期	主要状态	发射概况
7	006	1960.9.29	用推进剂输送系统气体管路中的半开式减压阀控制发动机二级启动（推进剂输送系统液体管路主控制元件为爆破薄膜），其他同第 5 次发射	由于电路故障，爆炸螺栓于火箭发射时动作，致使箭头和箭体在火箭起飞前脱开，但尚未完全分离。发动机启动和工作正常。火箭飞行极不稳定，飞达 1km 高度后反冲着地爆炸
8	005	1960.2.11	同第 7 次发射	未能试射成功。调换有关管路供下次发射
9	005	1960.10.23	将推进剂输送系统气体管路中有关铝管更换成铜管，提高其强度和塑性。其他同第 7 次发射	发射成功，弹道顶点高度 5.1km。头体分离，爆炸螺栓工作，但开伞螺栓未工作，主降落伞没有张开，箭体乘减速伞着陆

（3）组合火箭飞行试验

试验目的为考验助推器点火和工作可靠性、发射架适用性、组合火箭飞行稳定性、级间连接分离机构可靠性、利用过载开关实现主火箭空中点火的可靠性、主发动机（全容量加注状态）用推进剂输送系统气体管路中的半开式减压阀控制二级启动（推进剂输送系统液体管路主控制元件改用气动阀）的可靠性、主发动机经长途运输后在发射场不进行水压试车（仅对推进剂输送系统气体管路的减压阀做气体稳压检验和对部件做气密检验）就用于飞行试验的可靠性、箭头和箭体回收装置的可靠性，用于验证 T-7 发射架发射 T-7M 火箭的适用性以及考验将用于探空 7 号甲（T-7A）气象火箭主发动机的 Ⅱ 型推进剂输送系统启动可靠性等。共进行 7 次发射，发射概况如表 2-3 所示。

表 2 - 3　T-7M 组合火箭发射概况

总序号	火箭编号	发射日期	主要状态	发射概况
10	Z*	1960.11.30	助推器加级间连接分离机构和主火箭模拟件（假火箭）	发射成功，助推器工作正常，弹道顶点高度 1km。假火箭、分离器和助推器三位一体的箭体完整回收
11	Z001	1960.12.5	组合火箭首次飞行试验，主火箭状态同第 9 次发射	发射成功，飞行情况良好，弹道顶点高度 10 ~ 11km。头体分离正常。因回收控制电路失灵，箭体开伞螺栓未工作，主降落伞未打开，回收失败

总序号	火箭编号	发射日期	主要状态	发射概况
12	Z002	1961.5.24	主火箭箭头和箭体均要求回收，箭头内装有遥测系统，测量火箭轴向过载系数。其他同第11次发射	发射成功，弹道顶点高度10km。头体分离正常。因开伞螺栓未工作，箭头和箭体主降落伞均未打开，回收失败
13	Z003	1962.10.30	主发动机调整燃烧剂配比，改用气动阀做推进剂输送系统中液体管路的主控制元件，在发射场不做水压试车。利用高度控制器代替延时机构控制箭体在低空打开主降落伞。箭头内装有2路遥测系统，测量大气静压和轴向过载系数。其他同第12次发射	发射成功，弹道顶点高度9.5km。头体分离正常，箭体高度控制器动作。因开伞螺栓未工作，箭头和箭体主降落伞均未打开，回收失败。从这次发射开始，T-7M火箭的发射由南汇发射场转到广德发射场进行
14	Z004	1962.12.17	回收系统首次采用尤回力的调速式延时机构，其他同第13次发射	发射成功，弹道顶点高度10km。箭头和箭体均回收成功
15	Z005	1963.7.30	主发动机采用T-7A火箭Ⅱ型推进剂输送系统。箭头也增设高度控制器来控制在低空打开主降落伞。其他同第14次发射	发射成功，弹道顶点高度11.2km。箭头和箭体均回收成功
16	Z006	1963.12.18	主发动机燃烧剂改用航空煤油（非自燃燃料），由偏二甲基肼做启动点火剂。其他同第15次发射	发射成功，弹道顶点高度11km。箭头和箭体均回收成功

＊火箭编号中的"Z"代表有助推器。

T-7M火箭的研制实践，为研制T-7火箭提供了经验。

2.2.6 永远的纪念

为了纪念T-7M火箭的发射成功，由上海市科学技术协会、上海航天局和上海南汇县人民政府在上海南汇老港（今上海市浦东新区老港镇）T-7M火箭发射场的原址竖起了一座T-7M试验探空火箭发射成功纪念碑，1998年2月19日中国第一枚试验探空火箭发射成功纪念碑落成仪式隆重举行。石碑面朝东海，傲向苍穹，向世人讲述着30多年前那个惊天动地的壮举——1960年2月19日，我国第一枚试验探空火箭T-7M在这里发射成功！

在这历史的丰碑上赫然铭记着——

"一九六〇年二月十九日十六时四十七分，中国第一枚试验探空火箭（T-7M）在此发射成功，T-7M火箭由上海机电设计院杨南生副院长、王希季总工程师等百名科技人员自行设计、制造，历时三月，艰苦创业，以此为志。"

1998年2月在上海南汇老港竖起的"中国第一枚试验探空火箭发射成功纪念

碑"的全景如图 2 – 8 所示。

图 2 – 8　1998 年 2 月在上海南汇老港竖起的"中国
第一枚试验探空火箭发射成功纪念碑"的全景[4]

2010 年 10 月 12 日上海市浦东新区人民政府将中国第一枚自行设计制造的试验探空火箭 T – 7M 发射场遗址（以下简称 T – 7M 发射场遗址）作为浦东新区文物保护单位，如图 2 – 9 所示。

图 2 – 9　中国第一枚自行设计制造的试验探空火箭 T – 7M 发射场遗址标牌
（李颐黎摄于 2018 年 10 月 13 日）

在确定 T-7M 发射场遗址为浦东新区文物保护单位后，上海市浦东新区人民政府加紧对该遗址的重新修建工作，并于 2014 年 1 月落成了"中国第一枚试验探空火箭发射成功纪念碑"，如图 2-10 ~ 图 2-16 所示。

图 2-10　T-7M 发射场遗址中的中国第一枚试验探空火箭发射
成功纪念碑远眺（李颐黎摄于 2018 年 10 月 13 日）

图 2-11　"中国第一枚试验探空火箭发射成功纪念碑"中景
（李颐黎摄于 2018 年 10 月 13 日）

图 2 – 12　2014 年 1 月落成的中国第一枚试验探空火箭发射成功纪念碑

（以下简称纪念牌）全貌（顶部为 T – 7M 主火箭模型，李颐黎摄于 2018 年 10 月 13 日）

图 2 – 13　纪念碑碑名（李颐黎摄于 2018 年 10 月 13 日）

图 2-14　纪念碑铭文（李颐黎摄于 2018 年 10 月 13 日）

图 2-15　北京空间机电研究所"不忘初心　牢记使命　寻根溯源　航天报国"主题党性锻炼与研究所历史教育培训班（以下简称北京空间机电研究所培训班）的共青团员与研究所原党委书记李扬（二排右三）、党委副书记赵小兵（二排右五）和建所元老李颐黎（二排右四）在纪念碑前合影（2018 年 10 月 13 日）

图 2-16　北京空间机电研究所培训班全体学员在纪念碑前合影（2018 年 10 月 13 日）

2.3　探空 7 号气象火箭[4]

探空 7 号气象火箭为中国实用探空火箭中的第一种火箭。它是由第 1 级火箭（固体发动机）、第 2 级火箭（液体发动机）与箭头组合而成的两级无控制火箭。火箭代号 T-7。

T-7 火箭能携带 25kg 气象探测设备飞达 60km 的高空，用于探测距地面 30～60km 高度大气层内的风速、风向、大气压力和大气温度等气象参数。

T-7 火箭运载系统的总体设计单位为上海机电设计院（现北京空间机电研究所），探测系统的总体设计单位为地球物理研究所，总装单位为空军第 13 修理厂。从 1959 年 8 月开始研制，1960 年 7—9 月完成第一枚火箭发射试验，1963 年 8 月进行最后一批次飞行试验。总共生产火箭 11 枚，其中 9 枚用于飞行试验。

T-7 火箭系统技术负责人为王希季，T-7 火箭工程和行政负责人为杨南生。

2.3.1 任务由来

上海机电设计院于 1959 年 8 月 4 日向国家科委和中国科学院呈报了"发展探空火箭技术的计划任务书"后，就开始 T-7 气象火箭的初步设计，拟定分两步实施研制任务。第一步先研制液体火箭（主火箭）；第二步增加固体助推器，提高探测高度。同年 12 月中国科学院批准上海机电设计院 1960 年的中心任务为研制 T-7 火箭，并决定在上海兴建探空火箭研制基地。国防科委于 1961 年 3 月 6 日下达 T-7 火箭改型任务后，又在 1961 年 4 月 28 日召开的 T-7 火箭研制工作会议上决定，以当年完成高度指标 50～60km 作为阶段任务。1963 年，研制单位商定用 T-7 火箭进行测风试验。

2.3.2 方案制定

T-7 火箭为中国第一种实用探空火箭，该火箭初步方案于 1959 年 8 月提出。与 T-7M 火箭相同，T-7 火箭也是由有效载荷、液体火箭（主火箭，即第 2 级火箭）和固体助推器（第 1 级火箭，即发动机加尾段加级间连接分离器）串联而成的两级无控制火箭，依靠尾翼保证火箭稳定飞行。

带有助推器的 T-7 火箭飞行程序如下：助推器地面点火后，火箭沿发射导轨起飞，助推器熄火，由过载开关控制主火箭在空中自动点火，时间控制器启动，随即助推器和分离器一起脱落。主火箭熄火，弹出测风装置；当主火箭飞行到弹道顶点附近时，箭头与箭体通过爆炸螺栓实现分离。分离后的箭头和箭体分别利用降落伞进行回收。T-7 火箭的主火箭构型如图 2-17 所示，带助推器的 T-7 火箭典型飞行程序如图 2-18 所示。

图 2 - 17　T - 7 火箭的主火箭构型（T - 7 主火箭在广德探空火箭发射场待吊装上架）[7]

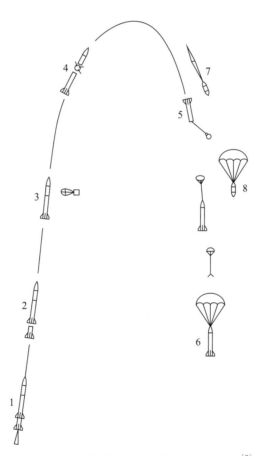

图 2 - 18　带助推器的 T - 7 火箭典型飞行程序[8]

1—助推器点火，火箭起飞；2—主火箭点火，时间控制器启动，助推器分离；3—主火箭熄火，
弹射测风装置；4—箭头与箭体分离；5—箭体横向弹射减速伞；6—箭体脱掉减速伞，
拉出主伞；7—箭头轴向弹射主伞；8—箭头乘主伞稳态下降

T-7火箭的主火箭直径0.45m，箭头内装有气象探测仪器（中国科学院地球物理研究所负责研制）；发动机采用挤压式推进剂输送系统，推进剂为硝酸（氧化剂）和苯胺、糠醇混合液（燃烧剂），地面稳态推力13.2kN；在推进剂加注容量达设计值（全容量加注状态）时，起飞质量为818kg（包括气象探测仪器质量25kg），海平面发射时的最大飞行海拔高度为30km。助推器（连同分离器）的起飞质量320kg，直径0.45m，内装14根管状双基药柱，地面平均推力78.5kN（装药初始温度20℃）。加助推器后，主火箭（全容量加注状态）的最大飞行海拔高度为60km。另外，用于火箭沿发射架上作导向运动的滑块（火箭出架后自行脱落）质量总计为22kg。

T-7火箭方案经过T-7M火箭进行的可行性验证以及自身的地面试验和主火箭飞行试验、主火箭加助推器的组合火箭飞行试验，于1961年达到阶段定型要求，并在1963年8月用于执行测风试验任务。

2.3.3 技术攻关

T-7气象火箭研制的关键课题为主发动机技术、头体回收技术及尾翼设计技术。

（1）主发动机技术

为了使主发动机启动安全、工作可靠和发射场准备工作简便，研制人员从设计到试验做了大量工作。

主发动机自1960年4月2日进行首次热试车以来，至1961年6月，共进行了24次热试车并执行了3次飞行试验任务。其中，前14次热试车在江湾热试车台进行，1960年4月18日，聂荣臻、张劲夫、钱学森、杨南生等在江湾热试车台观看了T-7火箭主发动机热试车情况。后10次热试车在佘山发动机试验基地进行，3次飞行试验于1960年7—12月在安徽广德探空火箭发射场进行。针对这些试验中曾出现启动爆炸、燃烧室内壁失稳、喷管内壁烧穿、喘息性燃烧振荡、推力低于设计值等问题，采取了多项改进措施，包括改进和完善启动控制方案（具体同T-7M主发动机，参见2.2节），增加燃烧室内壁刚度，提高喷管内壁冷却性能，改进燃烧室头部和喷嘴设计。经过这些改进后，主发动机的设计方案得到完善，工作性能基本稳定，推力达到设计指标。

在T-7火箭在1960年7月—1961年12月进行的前8次飞行试验中，主发动机均在发射场再次经水压试车（冷试车）后才用于发射。这种方法利用水代替推进剂对发动机进行全面试验，具有能检验和调整各部件功能和协调相互关系以及可测定出贮箱内部压力、推进剂流量、推进剂两组元（即氧化剂和燃烧剂）进入燃烧室的时间差等参数的优点，但工作量大，花费时间长。为了简化发射场的准备工作和提高火箭的使用性能，根据全箭于 1962 年经长途运输试验（上海到广德公路往返）和贮存试验（一般库房条件下存放 1 年）后产品性能正常这一结果，研究组提出并探讨了不经水压试车来检查发动机的方法。经过一系列研究试验工作（包括 1962 年 10—12 月利用 T－7M 火箭进行的 2 次飞行试验）后，发展了一种称为"气体稳压试验"的验证方法。这种"气体稳压试验"方法只用高压气体对推进剂输送系统的气体管路部分进行试验，重点考察减压阀的稳压特性和各部件的气密性能，由此来推算发动机的工作参数。T－7 火箭于 1963 年 8 月进行的最后 3 次（即第 9～11 次）发射实践表明，这种方法行之有效、简便可靠，从而使发动机在发射场的准备工作时间缩短将近一半（由原来的 5～6 天变为 3 天）。

（2）头体回收技术

头体回收方案为：在箭头与箭体在弹道顶点附近分离后，箭体采用减速伞和主降落伞进行二级减速，即先横向弹出减速伞，下降到一定高度后再脱掉减速伞，拉出主伞。箭头采用主降落伞一级减速，如图 2－18 所示。由于当时还没有多触点的时间控制器，所以在制定控制方案时采用串联的方法，即前一个控制信号也是下一个信号控制器的启动信号，经过飞行试验后的改进和完善，该方案在弹道顶点高度小于 60km 时已有较高的回收成功率，箭头着陆速度约为 10m/s。

（3）尾翼设计技术

上海机电设计院一室 12 组（火箭总体设计室空气动力设计组）的同志团结一致、刻苦钻研、艰苦奋斗，先后摸索出整套探空火箭尾翼设计方法，包括 T－7 主火箭的尾翼设计和气动计算。

1960 年年初，12 组接到了为 T－7 主火箭设计尾翼的任务。他们分析了其尾翼设计要求，根据设计任务，T－7 火箭为无控制的液体推进剂火箭，完全靠尾翼保持飞行稳定。因此，尾翼设计应使火箭有足够的稳定力矩，也就是说，要为火箭提供足够的稳定储备（稳定储备的定义为火箭头部顶端至压力中心的距离减去火箭头部顶端至质心的距离后除以火箭的总长）。经查资料，在克拉斯诺夫著的《旋成体空气动力学》中应按超声速时稳定储备为 8%～10% 确定尾翼面积，《火箭技术导论》指出稳定储备一般为 5%～15%，日本探空火箭稳定储备在 20% 以上。这些数据为 12 组设计尾翼提供了参考。[6]

12 组成员选用了方案Ⅰ～方案Ⅶ共 7 种外形进行计算，计算后经过讨论确定选

用尾翼面积为 $0.75m^2$ 的方案Ⅶ作为 T－7 主火箭尾翼的方案，并由李颐黎执笔于 1960 年 2 月编写了《T－7 主火箭尾翼设计报告》，12 组成员还与结构室成员商量，共同确定了尾翼的翼型（剖面的形状）。为了保证提供给弹道组和结构室气动参数的准确性。1960 年该组李颐黎和芦云寿同志接受了赴南京航空学院（以下简称南航）进行 T－7 火箭低速风洞试验任务，如图 2－19 所示。除了他们自己设计的风洞模型参加试验外，为了进保证风洞试验数据能用于飞行试验，李颐黎每天晚上都去南航图书馆，查阅和学习了查克斯著的《实验空气动力学》、波普著的《风洞试验技术》以及南京航空学院的讲义《风洞试验技术》，研究消除风洞壁、风洞紊流度的影响方法。在南航的大力支持下，他们于 1960 年 4—5 月在南京航空学院圆满地完成了 T－7 主火箭及带助推器的 T－7 火箭的空气动力试验，为 T－7 火箭设计提供了有价值的资料，保证了 T－7 火箭飞行的稳定性。[6]

图 2－19　1960 年 4—5 月，李颐黎（右）和芦云寿赴南京航空学院进行 T－7
火箭低速风洞试验任务（这是他们二人于 3 月在南京中山陵合影）

1960 年 4 月 21 日中国共产主义青年团上海市委员会授予上海机电设计院一室 12 组为"上海市红旗青年突击队"称号。

2.3.4 配套设施

为了促进火箭探空事业的发展,中国科学院于1959年12月决定建立上海探空火箭研制生产基地,1960年2月又决定筹建华东区气象火箭探空基地。上海机电设计院会同有关单位经实地勘察后,确定了上述两个基地的地点。1960年4月这两个基地开始兴建。

(1) 上海探空火箭研制生产基地

上海探空火箭研制生产基地位于上海市松江县,由地处城西人民公社的上海机电设计院新址(现为上海市松江区贵德路76号上海航天精密机械研究所)和地处佘山人民公社的发动机热试车基地组成,1961年9月基本建成,其中佘山热试车基地1961年4月交付使用。

1961年10月1日,上海机电设计院划归上海机电二局建制。同年11月29日,上海机电设计院和新技术设计室合并,成立新的上海机电设计院。与此同时,上海机电二局决定将上海机电设计院全部厂房和部分试验室、办公室划给上海新江机器厂。这样,用于研制探空火箭的配套设施只剩下上海机电设计院新址内的结构、回收、发动机等系统和部件的试验楼以及1个实验工厂。

佘山热试车基地备有2座卧式试车台以及相应的推进剂输送系统和发动机性能参数测量系统。如图2-20和图2-21所示。2座试车台可分别用于进行推力4.9kN和49kN的常规液体推进剂发动机研究试验。该热试车基地自1961年3月29日首次进行发动机燃烧室热试车以来,至1965年8月止,共进行158次试验。其中T-7M火箭主发动机44次(1961—1963年),T-7火箭主发动机38次(1961—1962年),T-7A火箭主发动机76次(1963—1965年)。

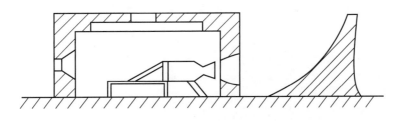

图2-20 小型液体发动机的卧式试车台示意图[8]

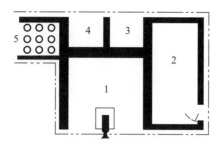

图 2 - 21　小型液体发动机热试车基地平面布置示意图[8]

1—试车间；2—操纵与测量间；3—氧化剂间；4—燃料间；5—高压气瓶间

（2）华东区气象火箭探空基地

华东区气象火箭探空基地［又称安徽广德 603 探空火箭发射场（叙述习惯中，一般"安徽"二字略去）、广德探空火箭发射场、603 发射场］位于安徽省广德县誓节渡镇以南（现宣城市广德县茆林村），三面环山，1960 年 3 月决定兴建，故代号 603，称作 603 发射场。从筑路兴建到 1960 年 7 月 1 日首次执行探空火箭飞行试验任务，只用了 3 个月的时间。该基地发射场海拔高度只有几十米，发射场内拥有一座 52m 长的直导轨桁架式发射架（竖立状态总高度 54m）以及发射控制室、气象观察室、液体发动机测试间、助推器装药间、推进剂加注房等设施。在该基地进行了探空 7 号气象火箭的发射任务，进行了 2 枚探空 7 号甲生物Ⅱ型试验火箭的发射任务。

至今广德 603 探空火箭发射场仍保留着探空火箭发射架及 1960 年建成的其他发射设施，它已成为上海航天技术研究院大型航天产品试验场和安徽省重点文物保护单位，如图 2 - 22 ~ 图 2 - 26 所示。

图 2 - 22　广德 603 探空火箭发射场旧址[9]（2018 年 6 月，研究所综合档案室摄）

图 2-23　广德 603 探空火箭发射场旧址中的探空火箭发射架[9]（2018 年 6 月，研究所综合档案室摄）

图 2-24　"中国探空火箭发祥地"石碑上的铭文的开始部分（李颐黎于 2018 年 10 月 12 日摄）

图 2 – 25　"中国探空火箭发祥地"发射架的下部（李颐黎于 2018 年 10 月 12 日摄）

图 2 – 26　北京空间机电研究所培训班的团支部书记等在"中国探空火箭发祥地"
重温航天"三大精神"（2018 年 10 月 12 日李颐黎摄）

2.3.5 飞行试验

T-7 火箭共进行了 11 次发射，大致可分为 3 个阶段：第 1 阶段（1960 年 7 月—1961 年 7 月）进行主火箭飞行试验；第 2 阶段（1961 年 6—12 月）进行 T-7 主火箭（全容量加注状态）加助推器的组合火箭（即整个火箭）飞行试验；第 3 阶段（1963 年 8 月）进行火箭测风试验。

（1）主火箭飞行试验

试验目的为验证主发动机启动和工作可靠性、主火箭飞行稳定性、箭头和箭体回收装置可靠性、发射架适用性以及考验地面发射设备的完备程度和发射组织工作的完善性。共进行 4 次发射，飞行试验情况如表 2-4 所示。其中 1960 年 9 月 13 日的 T-7002 主火箭发射成功，飞行情况良好，弹道顶点高度达 19.2km。

表 2-4   T-7 主火箭飞行试验情况

总序号[*]	火箭编号	发射日期	主要状态	发射概况
1	002	1960.7.1	推进剂全容量加注	发射时燃烧室在发射架上爆炸。调换燃烧室，供下次发射
2	002（修复）	1960.9.13	推进剂 3/4 容量加注。燃烧室头部结构和内、外壁连接进行了加强。用贮箱中气垫容积控制发动机启动	发射成功，飞行情况良好，弹道顶点海拔高度[**] 19.2km。箭头回收成功。箭体减速伞未起作用，主降落伞因开伞动载过大，伞绳拉断，伞衣破损，回收失败
3	004	1960.12.28	推进剂全容量加注，用推进剂输送系统气体管路中的半开式减压控制发动机二级起动（推进剂输送系统液体管路主控制元件为爆破薄膜）	发动机启动并工作正常，但火箭在主动段结束前已转入朝地飞行。估计这是因风速太大，且没有助推器，致使出架速度过小而造成的
4	006	1961.7.12—13	推进剂输送系统液体管路主控制元件改为气动阀，其他同第 3 次发射	12 日凌晨加注推进剂，由于当天风速超过发射限制条件，推迟发射。13 日发现硝酸贮箱泄漏（密封圈全部腐蚀），现场不能修复，中止发射

＊表示按发射日期排序。

＊＊表示本书所述的弹道顶点高度均指弹道顶点海拔高度，即以海平面高度为零或海平面延伸高度起算的弹道顶点高度。

由表 2-4 可见，T-7 火箭在研制初期经历了挫折，4 次发射中仅有 1 次成功，3 次发射失败或中止发射。

（2）主火箭加助推器的组合火箭飞行试验

试验目的为考验主发动机（全容量加注状态）空中点火时启动和工作可靠性、弹道顶点高度在 $40 \sim 60$ km 范围内箭头和箭体回收装置可靠性、助推器点火可靠性和工作性能、主火箭和助推器连接及分离性能、火箭飞行稳定性和结构强度，并进一步完善发射程序。共发射 4 枚火箭，飞行试验情况如表 2-5 所示。

表 2-5　T-7 主火箭加助推器的组合火箭飞行试验情况

总序号[*]	火箭编号	发射日期	主要状态	发射概况
5	Z	1961.6.16	单级固体火箭，由助推器加主火箭舱段组成	发射成功，飞行情况良好，弹道顶点高度 4.5km。箭头和箭体均顺利开伞
6	005	1961.9.17	用推进剂输送系统气体管路中的半开式减压阀控制发动机二级启动（推进剂输送系统液体管路主控制元件为气动网）。箭头内装有膜盒气压计及雷达应答器	发射成功，弹道顶点高度 45.7km。箭头与箭体均回收成功。膜盒气压计测到 35km（达到仪器的工作量程）以下的高度数据
7	003	1961.11.23	箭头内装有膜盒气压计、热丝气压计、电阻温度计等气象探测仪器以及无线电遥测系统和雷达应答器。主发动机状态同第 6 次发射	发射成功，弹道顶点高度 58km。箭头和箭体均回收成功。气象探测仪器测到数据，并达到原定的设计指标
8	006	1961.12.9	箭头内装有遥测火箭轴向过载系数的仪器。主发动机状态同第 6 次发射	发射成功，弹道顶点高度 57.5km。箭头和箭体均回收成功。遥测到火箭飞行全过程的轴向过载系数

＊表示按发射日期排序。

由表 2-5 可见，T-7005、T-7003、T-7006 弹道顶点高度均达到了预计的要求，且箭头、箭体都回收成功，T-7 气象火箭已达到了阶段定型的要求，火箭总体设计室的各分系统研究人员都写了火箭定型报告及相应的分析报告，如负责 T-7 火箭轨道设计的李颐黎在 1962 年就负责撰写了《T-7006 气象火箭发射现场的轨道计算和发射后的验算分析总结》，并提出改进轨道计算和预报精度的建议，即建议提高测风精度并在发射前后都测风，圆满完成任务。轨道设计组部分同志合影如图 2-27 所示。

图2-27 1961年上海机电设计院火箭总体设计室轨道设计组部分同志合影

（后排右二为李颐黎）

（3）火箭测风试验

T-7火箭阶段定型后，上海机电设计院与地球物理研究所于1963年6月商定利用T-7火箭进行测风试验。试验目的为考验地球物理研究所研制的锌丝云-雷达测风技术（即由安装在箭头上的锌丝弹从箭头上弹出，再从锌丝弹中撒出锌丝，锌丝在空中随风飘移形成锌丝云。以地面雷达测量锌丝云的移动速度，即得到风的速度，这种技术被称作锌丝云-雷达测风技术）和测风装置的弹射撒丝技术以及雷达应答器的工作性能，进行已发射过的火箭产品经回收修复后重新使用的试验，以及进行主发动机在发射场不做水压试车、只做气体稳压试验就用于发射的试验。共发射3枚火箭，试验情况如表2-6所示。这几次发射取得良好的成绩，获取到高空风资料，使中国火箭测风工作有了一个良好的开端。

表2-6 T-7火箭测风试验情况

总序号	火箭编号	发射日期	主要状态	试验概况
9	009	1963.8.4	箭头增加测风舱，舱内装有测风锌丝弹和弹射机构。箭头内还装有雷达应答器。箭体采用高度控制器控制低空开主降落伞（时间控制器做辅助的保险装置）的方案	发射成功，飞行情况良好，弹道顶点高度65km。箭头回收成功。箭体主降落伞伞绳拉断，回收失败。利用反射雷达跟踪测量到距地面43.4～46.4km高度层的风数据

总序号[*]	火箭编号	发射日期	主要状态	试验概况
10	006（回收复用）	1963.8.8	主火箭除回收系统外，其他系统大多利用006火箭发射回收后经修复的产品。箭头内装有测大气静压和轴向过载系数的2路遥测系统。箭头减速伞伞衣套内装有测风锌丝	发射成功，弹道顶点高度65km。利用反射雷达跟踪测量到距地面53.8～60.4km高度层的风数据。箭头回收成功。箭体主降落伞伞绳断裂，伞衣破损，回收失败。遥测系统测量到数据
11	010	1963.8.12	箭头增加测风舱，并装有2路遥测系统。箭体采用时间控制器控制开主降落伞（高度控制器做辅助的保险装置）的方案	发射成功，弹道顶点高度64km。利用反射雷达跟踪测量到距地面36.4～41km高度层的风数据。箭头回收成功。箭体回收失败。遥测系统测量到数据

* 表示按发射日期排序。

2.4　探空7号甲气象火箭[2]

探空7号甲气象火箭是探空7号气象火箭的改进型。主要改进点为：第2级火箭采用铝蜂窝尾翼等新型结构以减轻结构质量，加长推进剂贮箱长度以增加推进剂贮量，改用高空喷管、提高推进剂混合比（氧化剂流量与燃烧剂流量之比值）来增加主发动机的比冲，改进主发动机推进剂输送系统以缩短启动时间，增大第1级固体发动机的总冲和推力。火箭代号T-7A。

T-7A火箭能携带40kg探测设备飞达115km高空，并可用改变液体推进剂装载量的方法调节飞行高度，主要用于探测距地面高度60km以下的大气温度、大气压力和风速、风向等气象参数。

T-7A火箭运载系统总体设计单位为上海机电设计院（现北京空间机电研究所），探测系统总体设计单位为地球物理研究所，总装单位为上海机电设计院。1962年1月开始研制，1963年12月22日完成首次发射，1965年10—11月进行最后一次飞行试验。共生产火箭12枚，其中11枚用于飞行试验。

T-7A火箭运载系统技术负责人为王希季，行政负责人先后为杨南生、林艺圃。

2.4.1　任务由来

为了适应技术发展的需要，1961年3月6日国防科委向中国科学院等单位下达了 T－7 气象火箭（包括探测设备）及地面观测设备技术任务书。技术任务书规定该火箭在中国科学院目前试制气象火箭的研究基础和已经达到的水平上，经过适当改进而成；主要技术指标为：正常发射高度达 80～100km（携带的探测仪器质量小于 32kg），探测距地面高度 100km 以下的大气压力、大气温度、风向和风速，用降落伞使箭头在距地面 20～50km 高度层内的下降速度小于 400m/s，火箭箭头及箭体均采用降落伞回收，回收后箭头内的探空仪器应能重复使用、箭体内部部分部件经修复后也可重新使用，助推器不回收；火箭本体和探测仪器的研究、设计定型分别由中国科学院上海机电设计院和地球物理研究所负责。

根据 T－7 火箭在 1961 年的工作进展，中国科学院于 1962 年 1 月 11 日将 T－7 火箭 1962 年的高度和探测指标调整为：在携带探测仪器质量 40kg 时，火箭正常发射高度 60km 以上，测量距地面高度 60km 以下的大气压力、大气温度、风向和风速（以风向和风速为主要项目）。

鉴于 T－7 火箭 1961 年实际达到的性能（在携带探测仪器质量 25kg 时，弹道顶点高度最大只有 58km）不能满足上述两种技术指标要求，上海机电设计院经研究后决定采取"一步走"的技术路线，即不先进行改进达到中国科学院规定的 1962 年的指标，然后再次改型达到国防科委规定的指标，而力争一次改型成功，同时满足两种技术指标要求。改型后的 T－7 火箭定名为探空 7 号甲（T－7A）气象火箭。

1963 年 1 月 1 日，上海机电设计院划归国防部第五研究院建制。1964 年 7 月 2 日，国防部第五研究院根据上海机电设计院 1964 年上半年研制工作的进展情况，将 T－7A 火箭运载系统设计定型的完成时间从原规定的 1964 年调整为 1965 年。

2.4.2　方案制定

T－7A 火箭是在 T－7 火箭的基础上进行多项技术改进而成的一种运载能力较大的火箭。

为了使 T－7A 火箭达到规定的技术指标要求，研制人员从 1962 年 3 月起，着手对 T－7 火箭进行以下一些重要的技术改进：

主火箭采用铝蜂窝结构尾翼、薄壁贮箱和三杆式推力架，减轻主火箭（即第 2 级火箭）结构质量；增大助推器发动机（即第 1 级火箭发动机）的总冲和推力，提高主火箭点火时的飞行速度；主发动机改用高空喷管，并改进燃烧室头部和喷嘴设计以及提高推进剂混合比（氧化剂流量与燃烧剂流量之比值），增加主发动机的比冲；增加推进剂贮量，延长主发动机工作时间；改进主发动机推进剂输送系统，缩短启动时间。经过这些改进后，T-7A 火箭的性能比 T-7 火箭的性能有了明显提高。

T-7A 火箭的主火箭直径 460mm，长度 8 861mm，如图 2-28 所示，发动机地面稳态推力 14.3kN，箭头质量 90kg（其中探测仪器质量 40kg），在推进剂加注容量达设计值（全容量加注状态）时的起飞质量 815kg。助推器（连同分离器）的直径 460mm，长度 2 086mm，如图 2-28 所示，发动机内装 7 根管状双基药柱、地面平均推力 98.55kN（装药初始温度 20℃），起飞质量 423kg。在海平面发射时，火箭（主火箭全容量加注状态）的最大飞行海拔高度约 115km。另外，用于火箭在发射架上作导向运动的滑块（火箭出架后自动脱落）质量总计为 22kg。T-7A 火箭实物照片如图 2-29 所示。

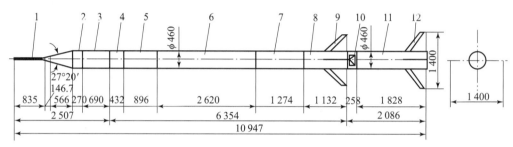

图 2-28　T-7A 火箭外形图[8]　（尺寸/mm）

1—探针；2—仪器舱；3—测风回收舱；4—第 5 段箭体；5—第 4 段箭体；6—第 3 段箭体；

7—第 2 段箭体；8—第 1 段箭体；9—主火箭尾翼；10—分离器；11—助推器；12—助推器尾翼

图 2-29　T-7A 火箭[2]

1963 年 12 月进行的首次 2 枚火箭飞行试验表明，T‑7A 火箭的运载能力可超过设计指标要求，2 枚火箭均飞达 125km 的高空。但 2 次飞行试验均因箭头和箭体回落速度过大，导致降落伞在高空飞行环境下被气动加热烧熔，从而造成回收失败。为了确保箭头和箭体能可靠回收，并考虑到拟用于 T‑7A 火箭的综合型探测系统（用降落伞携带电阻温度计测量大气温度、以降落伞的水平漂移来测风的探测系统）的测量高度上限为 65km，研制人员又提出了通过改变主火箭推进剂加注量来降低火箭飞行高度的方案。与此相应，将回收方案从原先待火箭回落到一定高度时才进行头体分离、而后再逐级开伞，改成在弹道顶点附近就进行头体分离、待箭头和箭体分别回落到一定高度时强制弹出箭头主降落伞和箭体减速伞以及在低空再打开箭体主降落伞以降低箭头和箭体的回落速度，如图 2‑18 所示，从而避免了降落伞被气动加热烧熔并满足了探测系统对下降速度的要求（地球物理研究所于 T‑7A 火箭首次飞行试验前 3 个月提出，希望箭头回落到 60～50km 高度时的下降速度小于 200m/s），使高空回收技术向前迈进了一步。T‑7A 火箭运载系统于 1965 年 1 月达到设计定型要求，同年完成设计定型图纸文件的整理，并应用于气象探测试验。

2.4.3　技术攻关

在 T‑7A 火箭研制中，对主发动机的工作可靠性、铝蜂窝夹层结构尾翼成型等技术关键进行了大量攻关工作。

（1）主发动机

为了考验主发动机的各项改进措施，特别是保证发动机在变容量发射情况非设计状态下可靠工作，研制人员进行了大量的理论分析和试验研究（包括 76 次热试车）。其中，推进剂输送系统在业已成功的 T‑7 型的基础上，又发展了Ⅰ型（与 T‑7 型基本相同，但有改进）和Ⅱ型（气体管路通过常开式减压阀给贮箱充气增压，液体管路主控制元件由二级启动阀代替气动阀，按预定程序控制推进剂流量和氧化剂先于燃烧剂进入燃烧室的时间，使发动机实现二级启动）两种方案。地面试验和飞行试验表明这两种方案均具有启动安全可靠、迅速平稳的特点，但Ⅱ型系统的启动性能又较Ⅰ型系统好（采用Ⅱ型系统的发动机启动时间为 2s，比采用Ⅰ型系统缩短 4s，从而有助于提高发动机的总冲）。方案Ⅱ型系统如图 2‑30 所示。[8]

对照图 2‑30 可将 T‑7A 火箭主发动机推进剂输送系统的工作原理说明如下：

贮箱增压由电爆阀4控制，高压气体经气体减压器5减压，其压强满足贮箱增压的要求，单向阀7、8防止贮箱中的推进剂蒸汽倒流。当贮箱增压到一定压强值时，氧化剂管路中二级启动阀15以第一级状态（小流量）工作，氧化剂开始充填到推力室冷却套。当氧化剂达到推力室头部时，组元继电器21导通，电爆阀18打开，使二级启动阀17以第一级状态（小流量）工作，燃料充满推力室的头部，喷入燃烧室，与氧化剂相遇，发动机点火。二级启动阀的打开时间应保证推进剂两组元进入推进室的时间差在0.2s左右。待点火0.6s时，高压气体经减压器11、节流延时器14，使气体在节流延时器14内延时后到达二级启动阀15、16，使二级启动阀处于第二级（额定流量）工作状态，使发动机的流量向主级工况过渡，这样发动机就完成了启动过程。[8]

（2）铝蜂窝夹层结构尾翼

铝蜂窝结构尾翼是中国首次用于火箭的复合材料夹层结构产品。这种复合材料夹层结构件早在1959年就开始预研，并曾于1962年10月

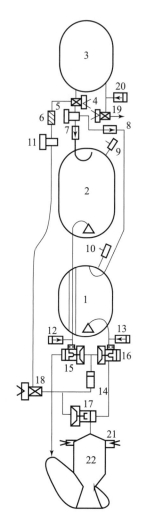

图2-30　T-7A火箭主发动机推进剂
输送系统Ⅱ型方案[8]

1—燃料箱；2—氧化剂箱；3—高压贮气瓶；

4、18、19—电爆阀；5、11—气体减压器；6—过滤器；

7、8—单向阀；9、10—安全阀；12、13—加注阀；

14—节流延时器；15、16、17—二级启动阀；

20—自动充气接头；21—组元继电器；22—推力室

30日发射的T-7M Z003火箭上进行试用。当然，它还只是一个非常简单的结构，成型工艺也很原始。其中，铝蜂窝芯是先利用简易滚形筒将一条条切割下来的铝箔滚压成半六角形蜂窝条，经手工涂刷胶粘剂后，再用数百个发夹将半六角形蜂窝条叠合在一起，放进烘箱固化成型；材料成型后，为使加工后的蜂窝芯厚度符合设计要求，又根据樟脑液能在常温下固化的特性，提出了在蜂窝芯中先灌注樟脑液，待

其固化后再进行铣削加工的方法。飞行试验表明，这种轻型结构性能满足使用要求。T−7A 主火箭的铝蜂窝夹层结构尾翼如图 2−31 所示。

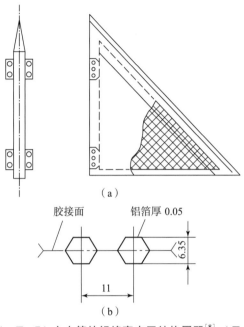

图 2−31　T−7A 主火箭的铝蜂窝夹层结构尾翼[8]　（尺寸/mm）

（3）设计方法

无控制探空火箭的设计方法通过 T−7 和 T−7A 火箭的研制实践得到进一步完善，为中国火箭探空运载系统这门新技术学科的建立和今后进一步的发展奠定了基础。

2.4.4　配套设施

T−7A 火箭利用广德探空火箭发射场 T−7 火箭发射架发射。在 T−7A 火箭研制过程中，研制人员提出并于 1965 年 6 月研制出一种新型的 T−7A 火箭发射装置，即螺旋导轨发射装置，如图 2−32 所示。该发射装置采用螺旋形导轨，长度 16 000mm。火箭沿螺旋形导轨运动，能在飞离发射装置时具有 2r/s 的自旋速度，有利于减小推力偏斜引起火箭飞行弹道的散布。由于广德探空火箭发射场周围条件不利于火箭回收，而且无控制火箭飞行弹道对风的影响敏感，致使发射作业的安全性不能绝对保证（例如 1961 年 12 月 9 日发射的 T−7 第 006 号火箭，箭头着陆点距江苏省无锡火车站仅 2.5km，箭体着陆于江苏省宜兴县），以及上海机电设计院搬迁北京（时间在 1965 年 8 月）等原因，该发射装置没有在广德探空火箭发射场安装，而于 1966 年设置在酒泉卫星发射中心探空火箭发射场上，并于 1966—1969 年发射了探空 7 号甲几种研究试验火箭［T－7A（Y_2）、T－7A（Y_5）、T－7A（Y_6）］，这几种研究试验火箭的情况见第 4 章。

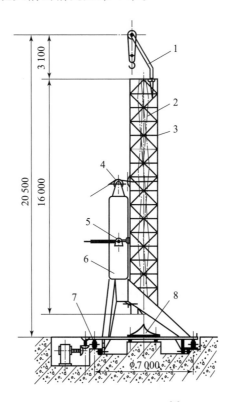

图 2 –32　T –7A 螺旋导轨发射装置[8]（尺寸/mm）

1—旋转式顶吊；2—导轨；3—导向器；4—绳索起吊装置；5—高低机构；

6—支撑桁架；7—方向机构；8—导流器

2.4.5　飞行试验

T－7A 火箭共进行 11 次发射，大致可分为两个阶段：第 1 阶段（1963 年 12 月—1965 年 1 月）进行组合火箭飞行试验（地球物理研究所研制的火箭气象探测系统参加）；第 2 阶段（1965 年 10—11 月）为地球物理研究所进行火箭气象探测试验。在这 11 次飞行试验中，获得了较多的高空风和大气温度、大气压力的资料。T－7A火箭起飞如图 2 –33 所示。

图 2 - 33 T - 7A 火箭起飞[1]（北京空间机电研究所综合档案室董济泽提供）

（1）组合火箭飞行试验

试验目的为验证火箭飞行性能、考验经改进的各系统工作可靠性、试验用改变主发动机推进剂装载量来调节火箭飞行高度的技术、试验锌丝弹 - 雷达测风技术（即火箭箭头内装有锌丝弹，施放后，以雷达跟踪锌丝随风漂移速度，从而测得风速）和用气象探测仪器测量大气温度与大气压力的方法。共进行 8 次发射，飞行试验情况如表 2 - 7 所示。

表 2 - 7 T - 7A 组合火箭飞行试验情况

总序号*	火箭编号	发射日期	主要状态	发射概况
1	001	1963. 12. 22	主发动机推进剂全容量加注，采用 I 型推进剂输送系统。头体分离后，箭头由引导伞和主降落伞串联式伞系回收。箭体先带引导伞下降，而后由减速伞和主降落伞串联式伞系回收。箭头内装有气象探测仪器（热丝气压计、膜盒气压计、钨丝温度计）和雷达应答器、测风锌丝弹、测风铜丝弹以及遥测轴向过载系数的仪器	发射成功，飞行情况良好，弹道顶点海拔高度 125km。箭头和箭体降落伞烧熔，回收失败。在上升段，测到大气压力数据，温度计烧毁。锌丝测风获得距地面 49 ~ 60.5km 高度层的风资料

总序号	火箭编号	发射日期	主要状态	发射概况
2	005	1963.12.27	主发动机采用Ⅱ型推进剂输送系统。箭头改用低空开主降落伞方案。其他同第1次发射	发射成功，弹道顶点海拔高度125km。箭头回收基本成功，但主降落伞伞衣被撕破。锌丝测风获得距地面55～63km高度层的风资料。其他情况同第1次发射
3	008	1964.7.24	主发动机推进剂3/4容量加注，采用Ⅱ型推进剂输送系统。箭头采用高空弹出主降落伞回收。箭体采用高空弹减速伞、低空开主降落伞回收。箭头内装有测风锌丝弹、雷达应答器以及遥测轴向过载系数的仪器	发射成功，弹道顶点海拔高度63km。箭头和箭体均回收成功。回收后发现燃烧室烧穿，因而主发动机性能下降
4	Z	1964.11.18	助推器加主火箭模拟件（假火箭）	发射成功，弹道顶点海拔高度7km。箭头回收成功，箭体回收失败
5	010	1964.12.23	主发动机推进剂3/4容量加注，采用Ⅰ型推进剂输送系统。箭头内装有气象探测仪器及测风锌丝弹、测风铜丝弹。其他同第3次发射	发射成功，弹道顶点海拔高度70km。箭头和箭体均回收成功。回收后发动机重新进行冷试车，工作正常；探测仪器也可重复使用。测到距地面0～70km高度层的大气温度和大气压力；铜丝测风得到距地面10～46km高度层的风资料
6	002	1964.12.28	同第5次发射	发射成功，弹道顶点海拔高度70km。箭头和箭体均回收成功。因感风元件未撤出，测风失败。其他同第5次发射
7	011	1965.1.2	主发动机采用Ⅱ型推进剂输送系统。其他同第5次发射	发射成功，弹道顶点海拔高度45km。箭头回收成功，探测仪器可重复使用。箭体减速伞被撕破，主降落伞被拉出，但未打开，回收失败。对回收的主发动机检查发现，燃烧室头部与筒身连接处渗滑严重，致使发动机总冲下降、飞行高度明显偏低。测到距地面0～45km高度层的大气温度和大气压力，铜丝测风得到距地面6～38km高度层的风资料

总序号*	火箭编号	发射日期	主要状态	发射概况
8	012	1965.1.6	同第7次发射	发射成功，弹道顶点海拔高度70km。箭头主降落伞伞绳拉断，伞衣飘落，回收失败。箭体回收成功。测到距地面0~70km高度层的大气温度和大气压力，锌丝和铜丝测风得到距地面8~55km高度层的风资料，雷达应答系统跟踪定位斜距达68km

* 表示按发射日期排序。

（2）火箭气象探测试验

试验目的为试验气象探测和定位技术，共进行3次发射。试验准备工作大多在上海完成，试验情况如表2-8所示。由于中国第二代气象火箭（和平2号固体气象火箭）已自1965年开始型号研制，从这几次T-7A火箭飞行试验后，中国第一代气象火箭（T-7和T-7A火箭）的气象探测工作即告终止。

表2-8　T-7A火箭气象探测试验情况

总序号*	火箭编号	发射日期	主要状态	发射概况
9	014	1965.10.31	主发动机推进剂3/4容量加注，采用Ⅰ型推进剂输送系统。箭头内装有气象探测仪器（热丝气压计、膜盒气压计、钨丝温度计）、测风锌丝弹、测风铜丝弹、雷达应答器以及遥测轴向过载系数的仪器。回收方案同第3次发射	发射成功，弹道顶点海拔高度67km。箭头主降落伞张开，回收后的仪器基本可重复使用。箭体减速伞和主降落伞张开，但下降速度较大，致使箭体于着陆时损坏。上升段测到距地面0~60km高度层的大气温度和大气压力，下降段未测到数据。雷达跟踪铜丝云测到距地面12~36km高度层的风数据。雷达应答系统跟踪定位斜距71km
10	009	1965.11.5	主发动机采用Ⅰ型推进剂输送系统。主发动机已存放14个月，箭体降落伞及铝蜂窝结构尾翼为回收后修复件。其他同第9次发射	发射成功，弹道顶点海拔高度69km。箭头主降落伞伞衣与伞绳相缠，未发挥全部减速作用，致使结构损坏，回收仪器不能再次使用。箭体回收以及大气温度、压力测量情况同第9次发射。雷达跟踪铜丝云和锌丝云测到距地面14~57km高度层的风数据。雷达应答系统跟踪定位斜距53km

总序号*	火箭编号	发射日期	主要状态	发射概况
11	017	1965.11.10	主发动机采用Ⅱ型推进剂输送系统。箭头主降落伞首次采用金属化降落伞。其他同第7次发射	主发动机燃烧室头部内壁焊缝拉裂，提前熄火。弹道顶点海拔高度30km，箭头和箭体回收均失败。金属化降落伞测到距地面11～27km高度层的风数据

* 表示按发射日期排序。

2.5 和平 2 号气象火箭

和平 2 号气象火箭为两级无控制固体火箭，由两台直径不同的固体火箭发动机与探测箭头串联而成。火箭代号 HP‑2。

HP‑2 火箭能携带 10kg 探测设备飞达 72km 的高空，用于探测距地面 20～60km 高度层内的风向、风速、大气压力和大气温度。各级火箭的质量匹配接近最优状态。研制单位为第七机械工业部第八设计院（原上海机电设计院，现北京空间机电研究所），探测系统总体设计单位为中国科学院应用地球物理研究所（1966 年 2 月—1968 年 1 月研制 HP‑2 火箭期间，该单位称应用地球物理研究所；1978 年 11 月—1987 年 11 月研制 HP‑6 火箭期间，该单位称空间物理研究所，现中国科学院国家空间科学中心），总装单位研制阶段为七机部八院、生产阶段为上海新江机器厂。1965 年 4 月开始研制，1966 年 8—9 月完成首批次发射，1968 年 5 月进行设计定型飞行试验，1968 年 11 月基本设计定型转交工厂批生产，1970 年 1 月—1973 年 2 月进行使用发射。共生产 70 枚火箭，其中 16 枚用于飞行试验，54 枚用于建站使用。

HP‑2 火箭技术工程总负责人为王希季、副总负责人为钱骥，行政负责人为林艺圃。

2.5.1 任务由来

1965 年，探空 7 号甲（T‑7A）气象火箭研制成功并用于气象探测试验。T‑7A 火箭的性能虽然达到当时的国际水平，但它作为一种液体火箭，发射操作较为复杂和麻烦，不便于经常性使用。为了满足气象保障工作的需要，根据 20 世纪 60 年代初中期中国固体火箭发动机业已达到和可能具备的水平（有 2 种双基推进剂已由第五机械工业部研制定型，并用于几种火箭型号；第七机械工业部对复合推进剂的研制已开始起步，直径 300mm、采用复合推进剂的小型发动机即将走完研制工作的全过程），国防工业办公室（国防工办）和国防科学技术委员会（国防科委）于 1965 年 4 月 21 日在联合向第七机械工业部等单位发出的"安排探空火箭研制规划"的通知中，提出了 HP – 2 火箭的研制任务和以下 6 条技术指标：

a）为综合型固体火箭，探测距地面 60 ~ 20km 高度层内的大气温度、大气压力和风向、风速；

b）火箭起飞质量不大于 350kg，其中探测仪器的质量约 10kg；

c）火箭最大飞行高度为 60 ~ 80km；

d）箭头仪器要求回收并能重复使用；

e）发射后 1 ~ 2h 完成探测数据处理工作；

f）地面设备力求简单，使用方便，易于机动。

1965 年 12 月，国防科委主持召开了 HP – 2 火箭总体方案论证会议。会议拟定的研制任务书明确：第七机械工业部第八设计院为型号总设计师单位（即由七机部八院派出型号总设计师），负责型号研制的技术抓总和技术协调，承担火箭总体设计以及运载系统（火箭本体和地面发射转运设备）的研制工作；中国科学院应用地球物理研究所为型号副总设计师单位，承担探测系统（气象探测仪器和跟踪定位、数据处理设备）研制的技术抓总和技术协调，承担探测系统仪器和设备的研制工作。1966 年 8 月 18 日，国防科委批准下达了 HP – 2 火箭研制任务书。而后，于 1967 年 6 月 1 日，中国人民解放军总参谋部（以下简称总参谋部）、国防工办和国防科委联合发出通知，批准在西北地区建立气象火箭发射站，批量发射 HP – 2 火箭以满足气象保障工作的需要。

HP – 2 火箭通过 4 批次飞行试验验证了火箭性能基本能够满足研制任务书提出的技术指标后，于 1968 年 11 月 11 日经总参谋部、国防工办和国防科委联合批准基本设计定型，移交工厂生产 50 枚火箭（火箭本体由第七机械工业部上海新江机器厂生产，探测仪器由第四机械工业部上海无线电 23 厂生产）和在西北地区建站使用，并按边建站、边使用、边改进的原则责成研制单位对火箭尚存在的一些问题进行改进和提高。

2.5.2　方案制定

为了使 HP – 2 火箭达到研制任务书提出的技术指标，特别是对火箭起飞质量的限制和飞行高度的要求，研制人员首先对国内固体火箭发动机和固体推进剂的现状进行调研。当时国内已定型和接近定型的固体火箭发动机中虽有 4 种可考虑用作 HP－2 火箭的动力装置，但由于它们性能差、质量比（装药质量与发动机总质量之比值）低，用它们组成的火箭或者飞行高度太低，或者起飞质量太大，均不满足要求。当时国内已研制定型的固体推进剂只有 HMΦ－2（双芳镁－2）和 ΦСΓ－2（双石－2）两种双基推进剂，其中 HMΦ－2 性能稳定、临界工作压力较低，已装备了多种型号，生产工艺也已定型，并可利用现成的药模压制，生产成本低。第七机械工业部第四研究院正在研制的小型的（直径 300mm）、采用 502－5d 复合推进剂的固体火箭发动机虽然性能较好，但其燃烧稳定性和装药强度问题尚未彻底解决。考虑到上述因素，研制人员提出以自行研制的采用管状 HMΦ－2 双基推进剂、内外孔燃烧、直径分别为 255mm 和 205mm 的 2 台固体火箭发动机与箭头串联组成两级火箭的方案。大气温度、大气压力和风向、风速的探测主要在火箭飞行的下降段进行。当火箭飞行到弹道顶点附近时，首先将装载探测仪器的部分箭头（简称箭头）与火箭其他部段（简称箭体）分离，并使降落伞在空中张开。在箭头乘降落伞向地面回落的过程中，使探测仪器的传感器直接暴露于大气中，由珠状半导体热敏电阻温度计和钨丝气压计、铂丝气压计分别感测大气温度和大气压力，其探测信息通过遥测系统向地面传送。为了便于地面雷达跟踪乘降落伞下降并随风飘移的箭头的回落轨迹，并由此推算出风向和风速，降落伞上织有金属丝网格。除了降落伞测风，还采用锌丝云测风法，即在火箭上升到距地面一定高度时，从箭头内弹出锌丝弹，锌丝撒出后形成锌丝云，通过地面雷达跟踪随风飘移的锌丝云来获取高空风资料。

HP－2 火箭虽在飞行试验后有局部的改进和完善，但总体来说并未出现方案性的反复。该火箭的总质量（即第 1 子级火箭起飞质量）331kg，第 2 子级火箭起飞质量 132kg，其中箭头质量 40kg（包括探测仪器质量 10kg）；火箭总长度 6 645mm，其中第 2 级火箭长度 3 950mm；火箭第 1 级直径 255mm、第 2 级直径 205mm，如图 2－34 和图 2－35 所示；第 1 级发动机装药质量 117kg，质量比 0.644，平均推力 45.11kN（20℃），工作时间 5.05s（20℃）；第 2 级发动机装药质量 51kg，质量比 0.677，平均推力 21.89kN（20℃），工作时间 4.55s（20℃）；在海拔 1km 发射场以接近垂直的状态发射时，弹道顶点海拔高度大于 70km；箭头乘面积 55m² 的半球伞的下降速度在海拔高度 60km 处为 200m/s，基本满足大气温度、大气压力的探测精度要求。

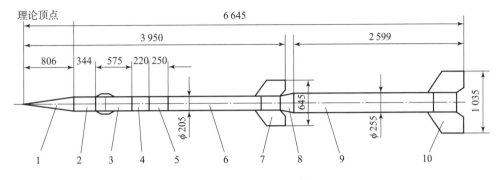

图 2 – 34　HP – 2 气象火箭外形图[8]　（尺寸/mm）

1—头锥；2—仪器舱；3—回收舱；4—电源舱；5—测风舱；6—第 2 级发动机；

7—第 2 级尾段；8—分离器；9—第 1 级发动机；10—第 1 级尾段

图 2 – 35　HP – 2 气象火箭实物外形[2]

HP – 2 火箭运载系统中的火箭本体由第 1 级尾段、第 1 级发动机、级间连接分离器、第 2 级尾段、第 2 级发动机、测风舱（装锌丝弹）、电源舱（装程控电路系统）、回收舱（装降落伞）、仪器舱（装探测仪器）、头锥和前后滑块等组成（如图 2 – 34 和图 2 – 35 所示），包括动力、结构、回收、程控电路等分系统。运载系统中的发射转运设备全部为车载式，包括由 1 辆牵引车牵引的发射车和 1 辆发射控制、运输对接车。发射车用于发射火箭，其中，导向装置为单轨式，导轨总长度9 000mm，俯仰角在0°～90°范围内可调，方位角在0°～360°范围内可调。探测系统中的探测仪器为箭头的有效载荷，由火箭运载到高空，并在乘降落伞向地面回落的过程中探测大气参数。探测系统中的地面探测设备包括2台改进型松-9雷达（分别跟踪箭头和锌丝云）和1台遥测车（接收箭头遥测系统发回的大气温度和大气压力数据），可以在箭头落地后2h内给出初步的探测结果。

2.5.3　关键技术

HP-2火箭研制的关键技术有总体优化设计、细长体结构的气动弹性效应、级间连接分离器设计以及发动机对环境温度的适应性和减小推力偏心的措施等。

（1）总体优化设计

总体优化设计遇到的第一个问题是如何分配各级火箭的质量，使火箭达到规定运载能力的起飞质量最小。要全面解决这个最优化问题，需考虑多种制约条件。研制人员通过分析，抓住了影响火箭飞行高度的主要因素是火箭理想速度（在真空、无引力场中运动所能达到的最大速度）的大小。因此，按照在理想速度达到规定值的条件下，使火箭的起飞质量最小来确定各子级火箭装药相对质量（各子级火箭装药质量与相应各级火箭起飞质量的比值）之间的匹配关系，是一种较为合理的选择。根据这种考虑并结合火箭的具体情况，最终使火箭的质量分配接近这种最优组合方案。

总体优化设计遇到的第二个问题是在火箭方案已确定的条件下，如何提高火箭实际飞行中的弹道顶点高度。火箭的第2批次飞行试验表明，弹道顶点高度的实际值比理论值低13～17km。研制人员针对这一问题，首先认真分析了风洞试验的结果，确定出气动特性理论计算的误差，并对气动阻力的理论值进行了必要的修正；同时对火箭气动外形上的局部凸出物和尾翼后缘进行削尖处理，以减小火箭飞行的阻力。此外，研制人员还针对在第2批次飞行试验中出现的火箭弹道侧向偏离较大的情况，加长了第1级火箭尾翼的翼，由此提高了第1子级火箭飞行过程中的静稳定裕度。从第4批次飞行试验开始，又将火箭发射方案由定俯仰角、定方位角发射改为全弹道风补偿发射，即按临发射前的实测高空风场确定出达到理论弹道速度方向所需的发射俯仰角和发射方位角，用这样确定的角度对发射架进行指向调整，以补偿风对火箭实际飞行弹道的影响。经采取上述措施后，火箭弹道顶点达到了预期的高度。

（2）细长体结构的气动弹性效应

HP-2 火箭的长细比大，第 1 子级火箭达 26，第 2 子级火箭达 19；火箭在低空飞行的速度也较大，第 2 子级发动机熄火时的高度约 11km、速度约 1 340m/s。对这种结构细长、低空飞行速度高的火箭，研制人员开始并未重视气动弹性效应的严重性，在设计结构时只按常规校核了其强度性能，而未对箭头的刚度给予必要的考虑，从而导致在 1 批次飞行试验中有 3 枚火箭箭头均折断。第 1 批次飞行试验失败后，研制人员认识到气动力可使弹性体产生弯曲，由此引起火箭头部攻角增大和火箭气动合力中心（压心）前移，并最终将导致火箭丧失稳定、飞行攻角发散、箭头结构因受载过大而破坏。根据这种分析和计算，从第 2 批次开始对箭头结构的强度和刚度进行了加强，使火箭实际飞行的最大速度远低于会导致火箭丧失稳定、攻角出现发散的速度（发散速度），保证了箭头结构的可靠性。

（3）级间连接分离器设计

HP-2 火箭的直径小、对火箭起飞质量又有限制，级间连接分离器不宜采用第 1 代气象火箭那种质量较大、机构复杂的燃烧带压板式结构。为此，研制人员提出了一种结构简单、质量较轻、连接可靠、分离迅速的新设计方案。这种级间连接分离器为车轮隔式，由螺纹把第 1、第 2 级火箭连成一体，当第 2 子级火箭发动机在空中点火时，隔盘被发动机喷出的气冲碎，从而解除连接约束，使第 1 级火箭和第 2 子级火箭分离。地面试验和飞行试验表明，这种连接分离方法可行，级间分离时间约 22ms。

（4）发动机对环境温度的适应性和减小推力偏心的措施

发动机工作时装药的初始温度对其燃速影响较大，从而也影响到燃烧室内的压力（指压强）。为了保证发动机在低温下工作时燃烧室压力不低于稳定燃烧的最低压力和在高温下工作时燃烧室压力不高于壳体所能承受的压力，原先采用高温、常温、低温 3 种喷管，根据使用时的环境温度选择一种。这种方法虽然可行，但使用不便、经济性不好，特别是在现场更换喷管会给全箭总装带来很大困难。为解决这个问题，研制人员经过周密计算，于 1966 年进行了常温喷管扩大使用范围的地面静止试验，验证了常温喷管有较大的适应性。此后，一直采用常温喷管代替 3 种喷管，在历次地面试验和飞行试验中均取得成功。

为了避免因发动机推力偏心大引起火箭飞行弹道偏离，研制人员对发动机采取了适当增加喉部的圆柱段长度、提高药柱的定位精度、改进喷管收敛段锥面绝热层喷涂工艺等减小推力偏心的措施，取得了较好的效果。

2.5.4 发射概况

HP-2 火箭于研制阶段在酒泉卫星发射中心进行了 4 批次飞行试验，设计定型后在西北气象火箭发射站进行小批量使用。有关发射概况如表 2-9 和表 2-10 所示，发射场的海拔高度均约 1km。

表 2-9 HP-2 火箭飞行试验概况

批次	发射时间	火箭数量	火箭状态	试验主要目的	试验结果	备注
1	1966 年 8 月 12 日—9 月 11 日	3 枚	初样产品	试验火箭飞行性能和工作可靠性	第 1 枚飞行 4.5s，箭头折断。第 2 枚第 1 子级飞行正常，熄火后箭头折断。第 3 枚第 1 子级飞行正常，第 2 子级飞行 2.65s，箭头折断	第 1 枚是单级火箭。第 2、第 3 枚箭头结构虽作局部加强，终因结构刚度差，出现气动弹性发散而折断
2	1967 年 1 月 15—23 日	3 枚	初样产品	试验箭头结构的可靠性及火箭的飞行性能	3 枚火箭均发射成功，弹道顶点高度（海拔，下同）56 ~ 70km。箭头回收 1 枚成功、1 枚失败、1 枚未找到	箭头结构已进行改进，提高了刚度和强度。飞行高度低，是箭体外表面凸出物气动外形不佳、气动阻力大造成的
3	1967 年 7 月 31 日—8 月 5 日	2 枚	试验样机	试验探测系统工作性能和可靠性，验证地面发射设备实用性能，考核气动外形优化后的飞行性能	第 1 枚火箭发射和回收均成功，弹道顶点高度约 75km。第 2 枚火箭第 2 子级发动机点火延迟约 1min，发射失败。地面发射设备使用性能良好	气动外形已作改善。探测系统首次全系统参加飞行试验，锌丝云测风获得成功，金属化降落伞作为定位装置取得初步成功
4	1968 年 5 月 6—17 日	4 枚	正式样机	试验火箭各系统的工作性能及可靠性；若前 2 枚试验成功，后 2 枚连同前 2 枚作定型飞行试验用	4 枚火箭发射和回收均成功。弹道顶点高度除第 1 枚为 61.8km 外，其他 3 枚均在 73km 左右。各系统工作情况良好，探测到 20 ~ 60km 高度层内大气参数	第 1 枚采用定仰角（80°）、定方位角（270°）发射，由于风的影响造成高度偏低。另外 3 枚采用全弹道风补偿发射，较好地消除了风的影响，弹道性能稳定、偏差小

表2-10 HP-2火箭建站飞行试验及批量使用概况

发射时间	火箭数量	发射和探测情况	备注
1970年1月27日—2月21日	4枚	4枚火箭发射和回收均成功, 弹道顶点海拔高度70~74km, 并获得高空风资料。但只有2枚获得大气压力、大气温度数据	为建站所作的飞行试验
1970年8—12月	4枚	在54枚批量生产的火箭中, 共发射44枚, 这44枚全部飞行正常。其中: 获取到大气温度、大气压力和风资料的为20次; 获取到风资料、未获得大气温度和大气压力的为11次; 获取到风资料和大气压力、未获得大气温度的为2次; 获取到风资料和大气温度、未获得大气压力的为2次; 全部没有获得探测数据的为9次	为建站使用。大气温度和大气压力距使用尚有一定距离, 高空风有参考价值、可供使用
1971年2—7月	12枚		
1972年3—12月	22枚		
1973年1—2月	16枚		

2.6 和平6号气象火箭[2]

和平6号气象火箭为小型单级无控制固体火箭。火箭代号HP-6。

HP-6火箭按探测项目的不同, 分为综合型火箭(代号HP-6Z)和落球型火箭(代号HP-6L)。HP-6Z火箭能携带3kg探测设备飞达69km的高空, 用于探测距地面20~60km高度层内的大气温度、大气压力和风向、风速。HP-6L火箭能携带2kg探测设备飞达80km的高空, 用于探测距地面30~80km高度层内的大气密度和风向、风速。火箭采用活塞式加速器助推发射。

HP-6火箭运载系统总体设计单位为北京空间机电研究所, 探测系统总体设计单位为中国科学院空间物理研究所(现中国科学院国家空间科学中心), 总装单位为北京空间机电研究所。1970年7月开始研制, 1971年11—12月完成首批次发射, 1979年12月进行最后一批次飞行试验。共生产火箭40枚, 其中38枚用于飞行试验(另2枚没有用于飞行试验)。

HP-6火箭运载系统技术负责人为王希季, 行政负责人为朱钊根。

2.6.1　任务由来

1968 年 11 月，中国第 2 代气象火箭——和平 2 号（HP－2）气象火箭经总参谋部、国防工办、国防科委联合批准基本设计定型，移交工厂小批量生产，并由西北气象火箭探空站发射。HP－2 火箭虽然使用性能比第 1 代气象火箭——探空 7 号甲（T－7A）火箭要好，但与国外从 20 世纪 50 年代末期、60 年代初期即已实现的气象火箭小型化相比有相当大的差距。同时，该火箭作为一个过渡性的试用型号，本身还存在发射准备和数据处理时间较长、探测资料仅高空风有使用价值等缺点。为了尽快改变中国气象探测工具的落后状态，建立中国自己的全球气象探测系统，中国人民解放军总参部军事气象局（以下简称总参部气象局）于 1969 年 9 月 13 日致函中国空间技术研究院，提出了气象卫星以及小型气象火箭的研制要求和任务书草案。同年 9 月 20 日，中国空间技术研究院召集空间物理研究所和第七机械工业部第八设计院（后改称北京空间机电研究所）的气象火箭研制人员讨论了总参部气象局提出的技术指标，在进行调研、分析、讨论后，对技术指标加以肯定。1970 年 7 月 15 日总参部气象局根据当月初任务提出方和承担方对小型气象火箭研制方案进行的讨论，将修改后的研制任务书函发中国空间技术研究院，提请尽快安排落实。研制任务书规定，小型气象火箭的主要技术指标如下：

a）探测高度：20～60km（综合探测），30～80km（落球探测）；

b）探测项目：大气温度、大气压力、风向和风速（综合探测），大气密度、风向和风速（落球探测）；

c）探测精度：风向 4°～6°，风速 ±（3～5）m/s，大气密度相对误差小于 15%，大气温度 ±5℃（50km 以上）和 ±2℃（50km 以下）；

d）火箭总质量小于 60kg（后改成接近 60kg）；

e）地面设备力求简单，操作方便，均需装车，机动性好，适于山地及野外使用；

f）数据处理自动化，探测后半小时即可给出使用数据；

g）环境温度 −30℃ 以上能长期使用，8 级风时能安全发射，相对湿度在 95% ±3%（在 30℃ ±5℃ 条件下）时能正常使用，防烟雾，库存 1 年以上仍能正常使用。由此，开始了 HP－6 气象火箭的研制。北京空间机电研究所承担运载火箭系统的研制，空间物理研究所（现中国科学院国家空间科学中心）承担探测系统的研制和配套。

HP-6 火箭研制历时 10 年，经 6 批次飞行试验，特别是 1979 年年底进行的第 6 批次飞行试验取得圆满成功表明，火箭技术性能已达到研制任务书要求。在第 5 批次和第 6 次飞行试验之间，该火箭的研制任务发生了下列几项调整：1976 年长沙工学院根据第七机械工业部的安排，开始了和平 6 号气象火箭的改进型——761 气象火箭（后称织女 1 号气象火箭）的研制；1978 年 9 月 11 日第七机械工业部明确把有关探测火箭系列研制和批量生产的任务交给长沙工学院承担，北京空间机电研究所和长沙工学院进行任务交接，空间物理研究所仍负责气象探测仪器研制；1979 年 8 月 17—20 日国防科委主持召开的气象火箭研制工作会议进一步明确，国防科学技术大学（原长沙工学院）为气象火箭技术抓总单位并承担运载火箭系统研制。因此，HP-6 火箭在完成了最后一批次飞行试验后，就中止了研制过程。

2.6.2　火箭方案

为了达到研制任务书提出的要求，研制人员经认真分析国外小型气象火箭的现状和技术途径，并结合中国固体火箭发动机、气象探测设备的研制能力后，提出了火箭方案。该方案随研制工作的深入逐步得到完善。

HP-6 火箭为小型单级无控制固体火箭，按探测项目的不同分为两种：综合型火箭（代号 HP-6Z）和落球型火箭（代号 HP-6L）。这两种火箭采用同一种发动机，但配置不同的箭头。火箭的动力装置为采用复合推进剂、端面燃烧型的固体发动机。HP-6Z 和 HP-6L 火箭的外形分别如图 2-36 和图 2-37 所示。火箭的起飞质量 60.8kg（综合型）、58.1kg（落球型）；箭头质量 9.1kg（综合型）、5.8kg（落球型），其中，有效载荷（探测仪器）质量 2.8kg（综合型）、2.0kg（落球型）；发

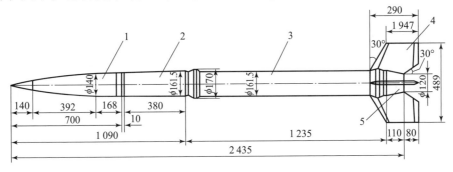

图 2-36　HP-6Z 气象火箭外形图[8]　（尺寸/mm）

1—头锥；2—回收舱；3—发动机；4—尾翼；5—整流罩

动机装药质量 34.6kg，装药为 401 – 4B 聚硫橡胶类复合推进剂，地面平均推力 2.10kN（20℃），工作时间 34.8s（20℃）；全箭长度 2 515mm（综合型）、2 307mm（落球型），箭体直径 1 615mm；在海拔高度为 1km 的发射场，以 86°俯仰角发射时的弹道顶点海拔高度约 68km（综合型）、80km（落球型）。

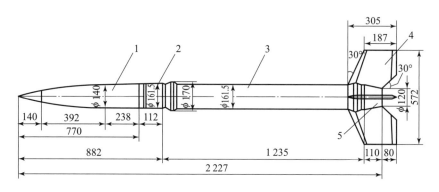

图 2 – 37　HP – 6L 气象火箭外形图[8]　（尺寸/mm）

1—头锥；2—抛球装置；3—发动机；4—尾翼；5—整流罩

HP – 6 火箭工程含两个一级系统：火箭系统和探测系统，全套地面设备均为车载式。

火箭系统由动力、结构、回收、程控电路和地面发射 5 个分系统组成。火箭本体分成箭头、发动机和尾段 3 个部分，探测仪器是箭头的有效载荷。火箭采用活塞加速式助推装置从地面以接近于垂直的状态发射。

HP – 6Z 火箭探测系统包括探测仪器、降落伞（以上为箭上设备）和 702 气象雷达、专用数字计算机（以上为地面设备）等。大气温度、大气压力和风向、风速均在火箭飞行到弹道顶点附近实施头体分离后，仪器在乘降落伞下降的过程中测量。探测仪器又称探空仪，采用热敏电阻作测量大气温度的传感器，用放射性气压计测量大气压力，利用携带探测箭头下降的降落伞的随风飘移特性测量高空风。探空仪内部设置的频率为 1 782MHz 的遥测定位合用系统与 702 气象雷达配合，可及时传送大气温度、大气压力信息，并能给出探空仪的轨迹。702 气象雷达为遥测、定位合用雷达，既能遥测气象数据，又能对上升段的火箭和回落的探空仪直接定位，其工作波长 17cm。专用数字计算机安装在 702 气象雷达车中。利用此计算机，可在探测后计算得到大气参数。

HP – 6L 火箭的探测系统主要由膨胀球、应答器（以上为箭上设备）和高精度跟踪雷达（地面设备）等组成。膨胀球包括球皮和装在球内的角反射器。膨胀球在火箭飞行到弹道顶点附近从箭内弹出后，随装在球皮内的膨胀剂的流出和迅速蒸发，球皮自动充气膨胀，最终成为直径 1.6m、内部带有角反射器的探测球。而后，探测球一面向地面回落，一面随风飘移。地面跟踪雷达测量膨胀球的轨迹，经计算即可得到大气密度和风向、风速。为了便于主测量雷达及时捕获膨胀球，还借助于箭头内装设的应答器与 702 气象雷达配合，对上升段弹道进行跟踪测量。

2.6.3 关键技术

HP－6 火箭在探测仪器实现小型化的前提下，其研制的关键技术主要为火箭本体小型化及相关的发射装置、火箭总体优化设计、端面燃烧型发动机的可靠性以及物－伞系统的稳定性等。

（1）火箭本体小型化及相关的发射装置

HP－6 火箭要求起飞质量轻、弹道顶点高度高。为了实现火箭本体小型化，研制人员经多方案分析比较后，确定采用端面燃烧型复合药的发动机做动力装置。这种发动机比冲较高、推力较小、工作时间较长，能使火箭在稠密大气层中平缓加速上升、最大限度地把装药能量转换成火箭的机械能。与此相应，箭体结构采用优质轻型材料和新颖的结构方案，以减小火箭的结构质量。

HP－6 火箭如同中国其他探空火箭一样，是靠尾翼稳定的无控制火箭。这种无控制火箭的实际飞行弹道要受到推力偏心和风的影响。为了使火箭具有一定的抗干扰能力，需采用带导向器的发射装置（发射架）使火箭在进入自由飞行时达到规定的出架速度。如上所述，HP－6 发动机推力较小，由此火箭的起飞推重比不大（约 3.5），如采用常规的发射装置和仅依靠发动机推力加速，则需很长的导向器才能达到规定的出架速度。为了解决这一问题，研制人员提出了使用活塞加速器的发射方式，如图 2－38 所示。这种加速器既对火箭初始段的飞行起导向作用，同时又是火箭沿装置上的导轨滑行的助推器。火箭上架后，用销钉将火箭与发射装置锁紧。在火箭发射时，发动机点火后装药燃烧产生的燃气通过活塞中心孔排入稳压容器中，并把容器内放置的少量炮药点燃。随燃气的积累和增多，容器中的气体压力（指压强）上升。当气体压力达到一定数值、活塞作用于火箭的力超过销钉的抗剪力后，销钉被剪断，火箭就在活塞推动下迅速沿导轨滑行（当火箭后滑块滑离导轨时，活塞向前移动并碰撞在橡胶缓冲垫圈上时，活塞杆继续与火箭一起飞行，然后自由下落）。由于活塞推动火箭的作用力远大于火箭发动机的推力，从而可使火箭达到规定的出架速度所需的导轨长度大大缩短。该装置的有效导轨长度仅 1.6m，火箭沿导轨滑行的加速度为 80～120g（g 为地面重力加速度）、火箭的出架速度大于 40m/s。

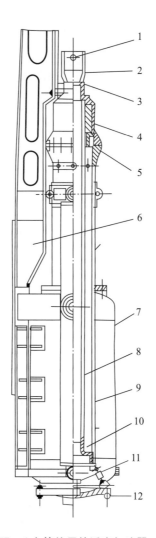

图 2 - 38   HP - 6 火箭使用的活塞加速器（部分图）[8]

1—衬套；2—气缸头；3—活塞头；4—缓冲垫圈；5—导向筒；6—导向器；7—容器；

8—活塞杆；9—气缸体；10—活塞；11—火箭笼子；12—容器门

装有（活塞加速器）活塞杆加速式发射装置的 HP - 6 火箭的发射车如图 2 - 39 所示。

（2）火箭总体优化设计

火箭总体优化设计的第一个问题是如何选择火箭的推重比，使火箭在起飞质量、装药质量等已定的条件下弹道顶点高度达到最大。研制人员经计算弹道顶点高度随推重比的变化关系后，发现存在一个最佳推重比区间，当推重比位于该区间时，弹道顶点高度与最大值的差异很小。据此，根据复合推进剂的现状以及结构防热等要求，确定选用高燃速的 401 - 4B 聚硫橡胶类复合药作推进剂，燃烧室外径为

图 2-39　HP-6 火箭的发射车[1]（北京空间机电研究所综合档案室董济泽提供）

161.5mm，使火箭推重比不低于最佳推重比下限。

火箭总体优化设计的第二个问题是如何减小火箭飞行时由于气动阻力引起的速度损失。火箭飞行的实际最大速度是理想速度与各项速度损失（包括由地球引力、气动阻力、大气压力引起的速度损失，分别称为引力速度损失、阻力速度损失、静压速度损失）之差。在火箭和发动机方案已定的情况下，理想速度是一个确定量，引力速度损失也基本不变，静压速度损失相对阻力速度损失来讲较小。因此，提高火箭最大速度（即火箭熄火时的火箭速度）的有效途径是尽力减小火箭飞行的气动阻力。为此，研制人员对火箭的气动外形进行了选择。根据既满足火箭静稳定裕度和仪器安装要求、又使其阻力系数较小的原则，确定箭头采用抛物面外形、尾段采用倒截锥收缩状外形、尾翼采用超声速飞行时升阻比大的小展弦比后掠梯形翼。

除上述关系到火箭最大飞行高度的两个问题外，还有如何提高火箭弹道刚度的问题，就是要使火箭达到最大速度时的速度方向角尽可能接近预定值，从而使火箭飞行的弹道顶点高度能达到预定值以及箭体能落于预定区域内。对此问题，除采用风补偿发射技术外，研制人员还通过提高火箭与发射装置的锁紧力以及增

（3）端面燃烧型发动机的可靠性

HP－6 发动机为端面燃烧型小型固体火箭发动机。整个发动机由装药燃烧室、喷管和点火装置等部件组成。装药燃烧室包括壳体、绝热层、衬层和药柱。壳体材料全部为 30 CrMnSiA 钢，燃烧室圆柱段壁厚 1.2mm。绝热层为柔性耐烧蚀材料，用胶直接粘结在燃烧室壳体内壁上。衬层位于绝热层和药柱之间，是以聚硫橡胶为主体的液态包覆材料，用于防止药柱侧面燃烧。装药燃烧室最初采用的装药工艺为：先在燃烧室内壁上粘贴绝热层，再在绝热层上涂上衬层，然后将推进剂直接浇注于燃烧室内，在高温状态下使衬层与装药表面相互硫化成为一个整体。这种对复合推进剂内孔燃烧型装药发动机适用的方法，经 1970 年下半年进行的 6 台发动机地面试验全部失败，表明它对端面燃烧型发动机并不适用。采用这种装药工艺不能消除推进剂浇注后在硫化降温过程中产生的热应力，药柱和包覆层、包覆层和绝热层的界面不可避免地会出现脱粘。对于内孔燃烧型发动机来讲，只要事先采用一定的灌浆（包覆材料）措施将端面处脱粘排除，那么在发动机工作时，由于装药燃烧是沿径向从内到外进行，加上燃气压力沿径向作用于装药表面，就会使装药表面、包覆层、绝热层愈压愈紧，高温燃气很难窜入内部各界面的脱粘处，从而可以保证发动机正常工作。与此相反，端面燃烧型装药燃烧是沿轴向从后到前进行，燃气压力也是沿轴向作用于装药表面，只要内部各界面存在脱粘，发动机工作时高温燃气就不可避免地会窜入脱粘处，导致装药表面燃烧，使装药燃面加大、发动机内部燃气压力激增，最终引起发动机爆炸。

为了解决这一问题，研制人员将装药工艺由直接浇注法改为装填式。即首先将推进剂在药模内固化成型，再将衬层均匀地涂在经清洗打毛的药柱表面和燃烧室壳体内的绝热层上，而后将药柱塞进（装填于）燃烧室壳体内，在常温状态下使衬层硫化而与药柱结合成一体。这种装填方法可以消除推进剂在浇注后硫化降温过程中的热应力，避开了脱粘难题。1971 年上半年进行的 4 台装填式发动机地面试验都获得成功。

上面这种全粘结装填式装药发动机虽然解决了由于推进剂直接浇注于燃烧室而引起的脱粘问题，在端面燃烧型发动机技术上是一个进步，但尚不能消除温差（装药发动机贮存或使用时的环境温度与装填药柱时的环境温度之间的差异）产生的热应力，若这种热应力超过各界面的粘结强度，还会发生脱粘。为确保发动机工作可靠，装填药柱需在临近使用的前几天于现场进行，当使用时的环境温度比装药时的环境温度低，两者相差超过规定值且时间较长，需对装药发动机采取保温措施。因此，就使用性能来讲，全粘结装填式装药发动机并非尽善尽美，还有待进一步改进。

为此，研制人员于1971年下半年开始探讨发动机在不同环境温度下使用的可靠性问题。曾采用改进衬层配方以增加粘结强度、将药柱分段以减小相对收缩量等技术途径，但均未获得成功。1972年6月，研制人员得知某单位研制的小型端面燃烧型发动机（药柱长230mm、直径80mm，工作时间8s）成功地进行了−25℃低温试验的信息后，赶紧去取经，并结合HP−6发动机的具体情况进行研究。经分析认为，虽然HP−6发动机药柱长度（1 186mm）长、直径（平均约150mm）大、工作时间（约35s）长，但上述小型发动机应用的人工（自由）脱粘原理是一种可行的方案。这种方案是使衬层与绝热层人为脱粘，允许药柱（连同衬层）能随环境温度的改变作伸缩。随后，他们具体制定了一套新的装填药柱的工艺方法，并于当年7—8月成功地进行了常温（+28℃）、低温（−10℃，−20℃）、高低温循环（+30℃→−20℃→+26℃）共5台发动机地面试验，解决了低温使用问题，使发动机在装药和使用时温差在50℃范围内均可以正常工作。

全粘结式和局部界面人工脱粘式的装药发动机地面静止试验情况均良好，飞行试验中全粘结装填式装药发动机的成功率为100%，人工脱粘装填式装药发动机的成功率为65%。人工脱粘装填式装药发动机的成功率不高，原因既可能是发动机产品质量未达到设计要求，也可能是发射过程中沿导轨滑行时的加速度太大（失败的几次均为120g）致使药柱被拉脱燃烧室封头（顶盖），加上发动机的设计未在封头（顶盖）与燃烧室（圆柱段壳体筒身）结合部位采取结构密封措施，致使高温燃气可以沿药柱侧面通过封头窜出，从而将衬层烧掉，并最终导致装药侧面燃烧、发动机爆炸。经采取结构密封、加强产品质量控制等措施后，人工脱粘装填式装药发动机在最后一批次飞行试验中显示工作正常。

除了脱粘问题以外，研制人员还针对地面试验和飞行试验中出现喷管被烧穿等问题，改进了喷管的防热设计，特别是对喷管喉部石墨衬套表面采用等离子喷钨措施来提高石墨的抗冲刷能力。

（4）物−伞系统稳定性

HP−6Z火箭回收系统采用高空开伞方案，探测仪器乘主降落伞下降。主降落伞原为面积30m²的半球伞。为便于雷达反射跟踪，伞衣上织有金属丝网格。半球伞虽然其减速性基本能使物−伞系统在60km高空的下降速度达到探测系统提出的

150m/s 的要求，但从遥测的气象参数起伏性明显来看，它在高空摆动幅度较大。为了改善物 - 伞系统的稳定性，在最后一批次飞行试验中，有 1 枚火箭改用具有结构透气量的、面积为 40m² 的盘缝带伞。根据雷达信号判断，盘缝带伞的稳定性比半球伞好。

2.6.4 发射概况

HP - 6 火箭于 1971—1979 年共进行 6 批次飞行试验。其中，第 1～5 批次在酒泉卫星发射中心探空火箭发射场（海拔高度约 1km）进行，第 6 批次在昆明地区（海拔高度约 2.5km）进行。在第 1 批次试验前，还进行了 1 个批次（0 批次）模拟火箭的飞行试验。有关这几批次飞行试验的发射概况如表 2 - 11 所示。

表 2 - 11　HP - 6 火箭发射概况

批次	发射时间	火箭数量	火箭状态	试验主要目的	试验结果	备注
0	1971 年 7 月 8 日	2 枚	模拟火箭	试验发射架性能以及发射过载对火箭结构、发动机等系统的影响	成功	发动机仅装一段药柱，装药少部分采用木材加钢配重
1	1971 年 11 月 29 日— 12 月 7 日	4 枚	初样产品（综合型、落球型各 2 枚）	试验火箭运载系统的工作性能，验证火箭飞行高度	4 枚火箭飞行基本正常，弹道顶点海拔高度低于理论值 20～30km（综合型）、4～7km（落球型）	为运载系统首批次性能试验，发动机采用全粘结式装药。综合型火箭的回收系统未得到很好考验
2	1972 年 6 月 27 日— 7 月 17 日	4 枚	初样产品（均为综合型）	试验改进设计后的火箭运载系统性能，遥测火箭的飞行高度和轴向过载系数	各系统工作正常。弹道顶点高度明显提高，有 3 枚火箭飞达 60km 以上的高空。获取到所需的遥测数据	发动机仍采用全粘式装药，但改善了启动性能。箭头增强了回收舱的结构强度，加强了头锥的连接强度（锁钩从 3 只改为 6 只）。增加发射装置内的炮药量，使火箭出架速度从 40m/s 提高到 60m/s，增强了火箭的抗风能力

批次	发射时间	火箭数量	火箭状态	试验主要目的	试验结果	备注
3	1973 年 4 月 17 日— 5 月 5 日	4 枚	试样产品（综合型、落球型各 2 枚）	进一步试验火箭运载系统的性能	仅 1 枚综合型火箭发射成功，飞达 66km 的高空。其他 3 枚火箭均因发动机故障（分别为燃烧室壳体烧穿、喷管喉部烧穿、推力不正常）而失败	探测系统的部分仪器参加了试验，发动机全部改用人工脱粘式装药
4	1974 年 5 月 21 日— 6 月 6 日	8 枚	试样产品（综合型、落球型各 3 枚，另 2 枚为遥测火箭）	试验火箭全部系统和设备的工作性能	除 1 枚落球型火箭因发动机爆炸而失败外，其他 7 枚火箭飞行正常。3 枚综合型火箭飞达 57 ~ 62km 的高空，并首次获取到大气温度、大气压力和风资料。2 枚正常飞行的落球型火箭飞达 59.5 ~ 64km 的高空，其中 1 枚获取到 31 ~ 43km 高度层的大气密度和风资料	为运载系统和探测系统首批次联合飞行试验，发动机全部采用人工脱粘式装药
5	1975 年 5 月 12 日— 25 日	7 枚	试样产品（综合型 4 枚、落球型 3 枚）	进一步试验火箭全部系统和设备的工作性能	7 枚火箭中有 4 枚因发动机故障（3 枚爆炸，1 枚喷管烧穿）而失败。正常飞行的 1 枚综合型火箭飞达 75.9km 的高空，但仅获得风资料。正常飞行的 2 枚落球型火箭飞达 53 ~ 71.8km 的高空，其中 1 枚获取到 30 ~ 70km 高度层的大气密度和风资料	为第 2 批次综合型联合飞行试验，发动机全部采用人工脱粘式装药。原拟发射 9 枚火箭，因发动机连续 4 次出现故障而中止试验，实际只发射 7 枚火箭

批次	发射时间	火箭数量	火箭状态	试验主要目的	试验结果	备注
6	1979年12月16—26日	9枚	正样产品（综合型4枚、落球型5枚）	试验火箭全部系统和设备的工作性能，争取达到设计定型状态	9枚火箭飞行全部正常。4枚综合型火箭飞达68～80km的高空，并获得回落段全程的探测资料，5枚落球型火箭飞达71～90km的高空，其中2枚获得回落段全程的探测资料，2枚获得大部分回落段的探测资料，另1枚获得风资料（因球皮破损）	为第3批次综合型联合飞行试验。因发动机装药不能及时提供，试验比原计划延期3年才进行。发动机经采取封头与筒身连接密封、增加衬层厚度等措施提高了可靠性，其中8台采用全粘结式装药，1台采用人工脱粘式装药。为研究降落伞的稳定性，综合型火箭中有1枚改用盘缝带伞。另外，因发射场地海拔较高，为保证降落伞正常开伞，综合型火箭增设阻力环，以适当降低飞行高度

HP-6火箭经过6批次飞行试验，特别是第6批次飞行试验取得圆满成功表明，其运载系统从火箭起飞质量、飞行高度到地面发射设备的使用性能都已达到研制任务书中规定的技术指标；探测系统不论综合型还是落球型都是可行的，探测仪器与运载火箭、地面雷达和计算机配合可以获得中层大气的气象要素。运载系统和探测系统的研制单位均认为，HP-6火箭已达到设计定型标准。

第2章 参考文献

[1] 张钧. 当代中国的航天事业 [M]. 北京：中国社会科学出版社，1986：83-98，插图3.

[2] 李大耀. 中国探空火箭四十年（1958—1997）[M]. 北京：中国宇航出版社，1998：6-54，插图1，插图2.

[3] 朱晴. 王希季院士传记 [M]. 北京：中国宇航出版社，2014：104，插页3之下图.

［4］伏萍．杨南生传［M］．北京：中国宇航出版社，2017：62－63，90－94.

［5］李大耀．记北京空间机电研究所的三次历史殊荣［M］//李杨．无悔航天——北京空间机电研究所建所50周年文集．北京：北京空间机电研究所，2008：47－48.

［6］李颐黎．给T－7主火箭插上飞向蓝天的翅膀［M］//北京空间机电研究所企业文化处．航天曙光——毛泽东视察T－7M火箭50周年文集．北京：北京空间机电研究所，2010：91－93.

［7］北京空间机电研究所企业文化处．航天曙光——毛泽东视察T－7M火箭50周年文集［M］．北京：北京空间机电研究所，2010：插页3，插页4，386.

［8］宋忠保，李大耀，等．探空火箭设计［M］．北京：中国宇航出版社，1993：插页1，21，22，355，263，375，376，386，494，498.

［9］北京空间机电研究所综合档案室．建所60周年系列活动之寻根溯源——梦开始的地方……（幻灯片），2018.

第3章 试验与研究火箭

本章论述探空 7 号甲生物 I 型和生物 II 型试验火箭、探空 7 号甲研究 I 型电离层探测火箭、探空 7 号甲研究 II 型综合试验火箭、探空 7 号甲研究 V 型发动机点火系统高空性能试验火箭、探空 7 号甲研究 VI 型星载仪器高空性能试验火箭以及和平 8 号超声速减速伞性能试验火箭的任务由来、方案制定、技术攻关和飞行试验，反映了中国探空火箭为空间科学技术发展作出的贡献。

3.1 探空 7 号甲生物 I 型试验火箭[1]

探空 7 号甲生物 I 型试验火箭由探空 7 号甲气象火箭的运载工具和生物 I 型箭头组合而成。火箭代号 T-7A（S_1）。

T-7A（S_1）火箭用于探索利用火箭进行高空生物实验的可行性、开展高空生物飞行的工程技术与生物学研究，可飞达 76km 高空。参加飞行试验的生物为大白鼠、小白鼠以及生物试管中的果蝇、酶、菌类等。

T-7A（S_1）火箭总体设计单位和总装单位均为上海机电设计院（现北京空间机电研究所）。1963 年 7 月开始研制，1964 年 7 月和 1965 年 6 月共发射 3 枚火箭。

T-7A（S_1）火箭技术负责人为王希季，行政负责人为杨南生。

3.1.1 任务由来

为了开展中国火箭生物试验工作，1963 年 6 月 18 日中国科学院新技术局向国防部第五研究院发送生物物理研究所拟于 1963—1965 年利用 T-7 火箭进行生物学研究的初步规划并提请将 T-7 生物试验火箭列入国家计划。同年 7 月 9 日国防部第五研究院复函中国科学院新技术局，同意将其列入计划，具体事项请生物物理研究所与上海机电设计院直接协商，由上海机电设计院统一安排。

1963 年 9 月 4 日，上海机电设计院与生物物理研究所拟定了生物试验协议书。双方商定，选用 T-7A 火箭做运载工具，试验生物主要是大白鼠（啮齿目动物，由生物物理研究所提供），于 1964 年在广德探空火箭发射场先行发射 1 枚 T-7A（S_1）火箭。在这次试验获得成功后，1965 年 2 月上述两单位又商定于 1965 年再进行 2 枚 T-7A（S_1）火箭的发射。

3.1.2　方案制定

1963 年 12 月确定了 T-7A（S_1）火箭的方案。它是将 T-7A 火箭的箭头更换为生物 I 型箭头而成的火箭。在主发动机推进剂 3/4 容量加注状态下，整个火箭（不包括滑块）的起飞质量 1 144kg，其中箭头质量 121kg，海平面发射时的最大飞行海拔高度 76km。根据生物试验的项目和对生物舱的环境要求，确定生物箭头包括生物舱、供气系统、摄影系统、心电遥测系统和回收系统。

T-7A（S_1）火箭生物舱的外形及其内部布局如图 3-1 所示。[2]该生物舱为整体密封结构，蒙皮内表面粘有隔热毛毡，2 只被固定的大白鼠在鼠盒内，2 只自由活动的大白鼠放在长方体形有机玻璃盒中。供气系统在火箭飞行过程中给生物舱供给新鲜空气，并能在火箭起飞前和着陆后经过通大气的装置使生物舱内外串通、自行换气。摄影系统拍摄 2 只活动大白鼠（1 只正常状态，1 只被破除迷路器官）在飞行过程中从超重过渡到失重阶段以及失重阶段的活动姿态。心电遥测系统测量 1 只固定大白鼠在飞行过程中的心电变化和火箭轴向过载系数，另 1 只固定大白鼠供回收后进行血液理化分析。回收系统采用减速伞和主降落伞进行二级减速（低空打开主降落伞）的方案，确保生物箭头安全着陆。

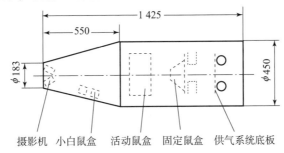

摄影机　小白鼠盒　　活动鼠盒　固定鼠盒　供气系统底板

图 3-1　T-7A（S_1）火箭生物舱的外形及其内部布局（尺寸/mm）

T-7A（S_1）生物舱容积为 100L，它的前半段为截锥体，后半段为圆柱体。它的环保系统采用最简单的开式系统。

生物舱的外壳由 1.5mm 厚的铝板铆接而成，内壁铺设 12mm 厚的白色航空毛毡。生物舱的泄漏量为 15L/h。

在 8 只试验动物中，共有 4 只大白鼠，如图 3-2 所示。2 只为固定大白鼠，安置于专用的固定鼠盒中；2 只为活动大白鼠，安置在体积为 350mm × 200mm × 200mm 的有机玻璃盒中；4 只小白鼠分别安放在比它身体稍大的有机玻璃盒中，有机玻璃盒的四壁钻有很多 ϕ1.5mm 的小孔，以保证与生物舱内空气相通。

图 3-2　大白鼠

生物舱的环境要求如下：

舱压：70 ~ 120kPa；

舱温：-5℃ ~ 30℃；

氧浓度：约 21%；

二氧化碳浓度：小于 2%；

相对湿度：30% ~ 80%；

发射环境温度：0℃ ~ 15℃。

3.1.3　技术攻关

对探空火箭研制人员来讲，密封生物舱、供气系统、摄影系统和心电遥测系统均为第一次设计。对 T-7A（S_1）的生保系统经过技术攻关决定采用的方案流程如图 3-3 所示。[2]

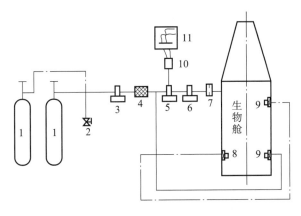

图 3 – 3　T – 7A（S₁）生保系统方案流程

1—高压气瓶；2—充气开关；3—电磁阀；4—过滤器；5——级减压阀；6—二级减压阀；

7—限流器；8—通风阀；9—通风调节阀；10—压力继电器；11—温压记录仪

在图 3 – 3 中，高压气瓶为两个 0.7L 的高压气瓶，充以 15MPa 压力的压缩空气。电磁阀是一次动作的，当电源接通后，制动销把阀顶住，以后即使切断电源，电磁阀也不再关闭。电磁阀采用地面电源，通过火箭壳体上的脱落插头及生物舱上的密封插头与电磁阀相接。火箭起飞后，脱落插头与火箭分离，电源即行断开。这种方式可减少箭上的电源负载，并减小舱内的放热量。高压空气经两级减压后，使压力从 15MPa 降至 0.15MPa，然后通过 ϕ0.44mm 孔径的限流器，控制流量为200L/h。

通风阀在无高压气体供给时，阀口是开启的，此时生物舱内外空气相通。当供气系统开始工作时，通气阀阀口关闭，15MPa 压力的高压气体经减压后流入生物舱。当气源的压力降至 2MPa 时，阀口又重新开启，通风阀阀口关闭的这段时间应大于火箭的飞行时间。

通风调节阀由通风阀和调节阀两部分组成。调节阀内的真空膜盒的膜片随舱内压力的大小产生位移，通过顶杆推动通风阀的活塞，调整阀口开启或关闭，使生物舱压力保持在 80 ~ 120kPa 的范围内。

各元部件及整个系统经过了一系列严格的地面鉴定试验，试验表明，在供气系统工作期间，生物舱内的压力和二氧化碳浓度均达到预定设计指标。

在经历了飞行试验并安全回收后，对生保系统又进行了性能鉴定，证明系统性能可靠，产品能重复使用。[2]

为了确保火箭箭头在飞行和高空环境下工作可靠，在各元部件和整个系统分别通过性能试验的基础上，又于 1964 年 5—6 月对生物箭头进行了常态（地面环境条件）、真空（真空环境条件）和振动（飞行环境条件）3 种综合试验。根据试验结果，改进和完善了设计。例如，原设计未对固定鼠盒采取减振和屏蔽措施。在进行振动试验时发现，在一定的频率范围内，心电遥测系统得到的心电波形曲线紊乱、有干扰现象。经增设弹簧减振机构和采用铜丝网做屏障，就获得了清晰的心电曲线。

3.1.4　飞行试验

T–7A（S$_1$）火箭共进行了 3 次发射，试验发射概况如表 3–1 所示。试验目的是：研究飞行因素和高空环境对生物的影响，为空间生物学研究工作积累资料；考验密封生物舱、供气系统、摄影系统和心电遥测系统设计合理性和工作可靠性，为生物保障工程研制积累经验。这 3 次试验取得良好的成果，所有试验动物均全部活着返回地面（第 3 次试验时，部分动物在着陆后等待回收的过程中死亡），获得了重力因素对试验动物行为的影响资料以及综合飞行因素对试验动物某些生理、生化、形态学方面的影响等资料。

表 3–1　T–7A（S$_1$）火箭生物试验发射概况

序号	火箭编号	发射日期	主要状态	试验情况
1	001	1964.7.19	主发动机推进剂 3/4 容量加注，采用 I 型推进剂输送系统。试验生物为大白鼠 4 只（2 只固定、2 只活动）、小白鼠 4 只、生物试管 12 只（内装果蝇、酶、菌类）	发射成功，弹道顶点海拔高度 70km。各系统工作正常。发射后 7h 回收到箭头，所有试验动物均活着回收
2	002	1965.6.1	主发动机推进剂 4/5 容量加注，采用 II 型推进剂输送系统。试验生物为大白鼠 4 只（2 只固定、2 只活动）、小白鼠 10 只、生物试管 16 只。箭头 80% 为 T–7A（S$_1$）001 火箭的备用件	发射成功，弹道顶点高度 60km。各系统工作正常。发射后 10h 回收到箭头，所有试验动物均活着回收
3	003	1965.6.5	箭头 80% 为 T–7A（S$_1$）001 火箭的回收件。其他同第 2 次发射	发射成功，弹道顶点高度 60km。除了心电遥测系统信号于发射后 3min 消失外，其他各系统工作正常。所有试验动物均活着返回地面。发射后 11h 回收到箭头，发现有部分动物（大白鼠 3 只、小白鼠 5 只，试管内一些动物）在等待回收的过程中死亡（受阳光日晒几小时）

3.2 探空 7 号甲生物 II 型试验火箭[1]

探空 7 号甲生物 II 型试验火箭由探空 7 号甲气象火箭的运载工具和生物 II 型箭头组合而成。火箭代号为 T – 7A（S₂）。

T – 7A（S₂）火箭用于把高等动物（狗）送上高空，以推进中国高空生物飞行工程技术和生物学的研究。其最大飞行高度 70km。

T – 7A（S₂）火箭总体设计单位和总装单位均为第七机械工业部第八设计院（现北京空间机电研究所）。1965 年 10 月开始研制，1966 年 7 月发射了 2 枚火箭。

T – 7A（S₂）火箭技术负责人为王希季，行政负责人为林艺圃。

3.2.1 任务由来

在探空 7 号甲生物 I 型试验火箭 [T – 7A（S₁）] 对啮齿目动物（大白鼠、小白鼠）于飞行过程中的行为和心电情况进行了研究、取得了生物探空的初步资料和经验的基础上，第七机械工业部第八设计院和中国科学院生物物理研究所于 1965 年 10 月 14 日又签订了利用已设计定型的 T – 7A 运载工具对高等动物（狗，由生物物理研究所提供）进行飞行试验的任务书，以推进中国高空生物飞行工程技术和生物学的研究工作。这种载狗的火箭称为探空 7 号甲生物 II 型试验火箭 [T – 7A（S₂）]。

3.2.2 方案制定

根据狗的体形和飞行试验要求，在签订了 T – 7A（S₂）火箭研制任务书后不久，第八设计院就提出了该火箭的方案。它是将 T – 7A 火箭的箭头更换成生物 II 型箭头而成的火箭，如图 3 – 4 及图 3 – 5 所示。生物 II 型箭头的最大直径为 600mm，大于火箭箭体的直径，因此整个火箭的外形呈棒槌状。T – 7A（S₂）火箭以主发动机推进剂全容量加注状态发射，起飞质量（不包括滑块质量）为 1 325kg（其中箭头质量 170kg），在海平面发射时的最大飞行海拔高度约 70km。生物箭头由箭尖、生物舱和回收舱组成，生物舱内装 1 只狗、4 只大白鼠和 12 支生物试管（试管内放有真菌、放线菌、菌体）。箭头在空中飞行的时间（从起飞到箭头乘降落伞着陆）约为 0.5h。

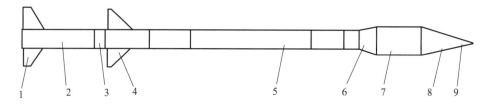

图 3 - 4　T - 7A（S₂）生物试验火箭外形[2]

1—助推器尾翼；2—助推器；3—分离器；4—主火箭尾翼；5—主火箭箭体；

6—箭头回收段；7—生物舱下段；8—生物舱上段；9—箭尖

图 3 - 5　T - 7A（S₂）生物试验火箭实物照片[1]

　　T - 7A（S₂）生物试验火箭箭头结构如图 3 - 6 所示。该火箭箭头结构包括箭尖、生物舱和回收舱。生物舱结构又分为上下两段，采取整舱密封结构，上段安装磁记录系统等，下段安装生物托架、摄影系统、生物生命保障系统等。根据生物舱

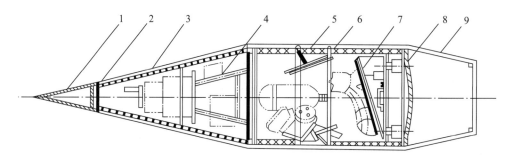

图 3 - 6　T - 7A（S₂）生物试验火箭箭头结构[2]

1—箭尖；2—上顶盖；3—上锥壳段；4—仪器架；5—下圆筒段；

6—反射镜框支架；7—生物托架；8—下底盖；9—回收舱

结构设计的要求，生物舱结构主要由生物舱壳体和舱内连接件两部分组成。生物舱壳体由上顶盖、上锥壳段、下圆筒段和下底盖组成。舱内连接件由仪器架、电影摄影机和反射镜框支架与减振器组成。

T-7A（S_2）生物试验火箭助推器及分离器的实物如图3-7所示。

图3-7 T-7A（S_2）生物试验火箭助推器及分离器的实物[3]

在图3-6中，装在生物舱上段的有磁记录系统、核子乳胶块和电路控制系统。其中，磁记录系统采用脉冲调幅-调频体制，用来记录飞行过程中狗的心电、血压、体温和呼吸等生理指标以及火箭的轴向过载系数和生物舱内的环境参数；核子乳胶块用于测量生物舱内的电离辐射强度。下段装有摄影系统、生物生命保障系统、大白鼠箱、生物试管和生物托盘（狗的托盘）。其中，摄影系统采用电影摄像机连续拍摄（拍摄时间10min）在飞行过程中狗在超重、失重条件下的行为反应，生物生命保障系统是带消耗性单职能吸收剂（用 LiOH 吸收 CO_2）的半闭式系统，具有自动供 O_2 和自动调节 CO_2 浓度的功能，能为生物在舱内生活提供一个良好的环境；生物托盘通过4个减振器装在下段的端框上，在狗头部设置条件反射装置、在狗尾部设置尿屎收容器，生物托盘还备有安全带。

生物生命保障系统在火箭起飞前 5min 由地面控制开始工作，整个工作时间约 1h。为保证生物着陆后在等待回收的期间内能吸到新鲜空气，当系统工作结束后，生物舱能自动打开3个通风窗，使外界空气与舱内气体相交换。

回收舱外形为倒置截锥，内装降落伞回收系统。箭头和箭体回收均采用高空开减速伞、低空开主降落伞的方案，与 T – 7A（S_1）火箭相同。箭头乘主降落伞以 $7 \sim 8m/s$ 的速度在地面着陆，可保证箭头完整回收、生物安全返回。

3.2.3 技术攻关

在研制过程中，解决了气动构型和生物舱等方面的难题。

（1）气动构型

T – 7A（S_2）火箭棒槌状的外形使箭头气动力增大、尾翼效率降低。为了确保火箭飞行稳定，研制人员对这种特殊构型认真进行了气动特性分析和设计，通过合理选择箭头后部的收缩角等措施，使火箭具有足够的稳定裕度。

（2）生物舱

T – 7A（S_2）火箭的密封生物舱、生物生命保障系统、摄影系统和磁记录系统均比 T – 7A（S_1）火箭相应的系统复杂。其中，生物舱的结构设计较好地解决了与生物生命保障系统相关联的问题；生物生命保障系统由 T – 7A（S_1）那种最简单的开式系统（生物舱内没有对 CO_2 进行物理或化学处理的专门装置。生物呼出的 CO_2 依靠供给的 O_2 和 N_2 来冲淡，然后排出舱外，利用这种方式以维持舱内一定的 CO_2 浓度）发展成采用带有消耗性单职能吸收剂的半闭式系统（生物舱内设有对 CO_2 和水汽进行物理或化学的吸收或吸附装置，由供气系统供给生物必需的 O_2，以此来维持预期的 O_2 和 CO_2 浓度）；摄影系统由于生物舱空间的限制，采用了反射摄像技术；磁记录系统把测量缓变参数的磁记录装置改用于生物生理参数的测量。为了观察和测试生物箭头内各系统工作性能、工作可靠性和协调性，测量生物舱内气体成分是否适宜生物生存以及试验狗对舱内环境的适应性和对各种传感器的适应性，研制人员于 1966 年 6 月 13—21 日对即将用于飞行试验的 2 个箭头进行了常态（地面环境条件）和振动（飞行环境条件）综合试验，参加试验的动物有 1 只狗、4 只大白鼠、8 只小白鼠。试验过程中曾出现的一些局部性问题（例如，因狗爪接地、狗嘴碰到舱内阀门管路和照明灯罩使磁记录信号消失），经采取相应措施后均得到解决。这次综合试验结果表明，箭头内各系统工作性能符合设计要求，参试动物在舱内的状况均正常。图 3 – 8 为对 T – 7A（S_2）箭头进行地面综合试验的现场。[3]

图 3 – 8　T – 7A（S_2）箭头正在进行地面综合试验

3.2.4　飞行试验

1966 年 6 月 28 日，2 枚 T – 7A（S_2）火箭产品从北京起运，这 2 枚火箭产品经 1 171km 铁路运输（由北京到南京）和 175km 公路运输（由南京到广德）于 7 月 3 日抵达广德探空火箭发射场后，除对发动机系统、回收系统等进行例行检测外，又专门对箭头生物舱进行了结构气密试验、生物生命保障系统气密试验和流程试验、磁记录系统在舱内和生物（狗）配合试验、摄影系统和条件反射装置在舱内和生物（狗）配合试验以及综合电路模拟试验。

这次火箭试验的目的是：研究飞行环境和高空环境对大动物（狗）机体的可能影响；考验生物生理参数信号记录技术和舱内摄影技术，为数据获取、研制工作积累经验和资料；考验为配合生物试验所必需的密封生物舱结构和生物生命保障系统工程设计的合理性和工作可靠性，进一步积累生物试验火箭的研制经验；测定生物舱内的电离辐射强度和其他环境参数，为生物学研究分析提供资料。这次火箭飞行圆满地完成了生物试验任务，使中国在该领域的工作跨上了一个新台阶。

这次 2 枚火箭均发射成功；2 枚火箭的箭头均完整回收，取得了试验数据和资料，所有试验生物（狗、大白鼠、试管中生物）均经受住了飞行过程中振动、冲击、噪声、超重和失重等综合因素的考验。在这次试验中，为了迅速回收试验生物，利用直升机在预定回收区上空盘旋搜索，并跟踪箭头着陆和实施回收作业。2 枚 T – 7A（S_2）火箭飞行试验发射概况如表 3 – 2 所示。两枚火箭发射与回收的现场情况如图 3-9~图 3-12 所示。[3] T-7A（S_2）火箭与 T-7A（S_1）火箭合并作为一项重大科技成果，受到 1978 年全国科学大会的表彰。

表 3-2 T-7A（S_2）火箭发射概况

序号	发射时间	火箭状态	试验目的	试验结果	备注
1	1966.7.15	液体火箭发动机推进剂全容量加注。试验生物：1 只狗、4 只大白鼠、12 支生物试管中的生物	研究飞行环境和高空环境对大动物（狗）机体的可能影响，考验生物生理参数信号记录技术和舱内摄影技术，考验密封生物舱结构和生物生命保障系统工程设计的合理性和工作可靠性	发射成功，弹道顶点海拔高度约 70km，箭头回收成功，直升机跟踪箭头着陆。所有参试生物全部活着回收，未测到狗的血压和呼吸参数。箭体回收失败	试验狗名为"小豹"
2	1966.7.28	同第 1 枚火箭		发射成功，弹道顶点海拔高度约 68km。箭头回收成功，直升机跟踪箭头着陆。所有参试生物全部活着回收，磁记录系统只工作 2min。箭体回收失败	试验狗为雌性，名"珊珊"

图 3-9 T-7A（S_2）火箭的助推器正在广德探空火箭发射场被吊装在发射架上

图 3 – 10　1966 年 7 月 15 日载有试验狗"小豹"的第 1 枚 T – 7A（S$_2$）
生物试验火箭在广德探空火箭发射场点火起飞（之一）

图 3 – 11　第 1 枚 T – 7A（S$_2$）生物试验火箭点火起飞（之二）

图 3 - 12　T - 7A（S$_2$）生物试验火箭即将飞出发射架

（北京空间机电研究所综合档案室董济泽提供）

关于第 1 枚 T - 7A（S$_2$）箭头的回收情况，亲历参加回收工作的七机部八院的茅年清有一段真实生动的记述，[4] 他说：" （1966 年）7 月 15 日，我早晨 4：30 起床，完成各项准备工作后于 5：00 登上了山头，此时，我心里忐忑不安，不时朝西北方向巡视。7：05，西北上空突然出现了一条白色烟带并迅速向我所在的山头飘过来，此时我立刻意识到火箭发动机关机后进入了惯性飞行。随着白色烟带的快速移动，我的心也紧张起来。不一会儿，白色烟带消失了，传过来隐隐的隆隆声，又过了几分钟，头顶上空先后传来两声清脆的爆炸声，这是箭头与箭体分离的声音以及降落伞火工品的爆炸声。我双眼盯着响声上空不停地搜索，先在偏南上空发现了一个小黑点，小黑点时亮时暗，后逐渐变大，而且一个变成两个，又隐约看到箭头和降落伞的轮廓，又过了一会儿，箭头随降落伞下落，左右摇摆的姿态清晰可见，突然，直升机也出现在箭头附近上空，跟踪着箭头盘旋而降。随着箭头与降落伞渐渐变大，感觉下降速度也越来越快，不一会儿，箭头便落在我对面山头的背后（牛场山南侧），此时约7：35，距发射时间约30分钟（按理论计算，从火箭发射到箭头落地应为30分钟）。"回收情况如图3-13~图3-15所示。

图 3-13　中国人民解放军的一架直升机在空中搜索第 1 枚 T-7A（S₂）的生物舱

图 3-14　终于见到降落伞吊着第 1 枚 T-7A（S₂）生物舱下降

图 3 – 15　降落伞和第 1 枚 T – 7A（S$_2$）生物舱降落在一个山坡上，民兵马上报告上级并持枪保护现场

　　对于回收后的 T – 7A（S$_2$）箭头的处置，茅年清回忆道[4]："在现场我们立即投入了紧张的作业，首先对箭头进行了外观检查，完整无损，仅局部表面因着地瞬间有些划痕，然后迅速打开密封舱盖，将名为'小豹'的试验狗连同生物托盘从生物舱中取出。看到'小豹'刚经历 70km 高度和 30min 超重、失重飞行考验后，惊魂已定，两眼炯炯有神，不断地在安全绑带内挣扎，想早点获得自由。'小豹'活着回来了！此时大家激动、喜悦的心情难以形容……"试验狗"小豹"的回收和处理过程如图 3 – 16 ~ 图 3 – 19 所示。[3]

图 3 – 16　科技人员正将"小豹"连同生物托盘从生物舱中取出，"小豹"两眼炯炯有神

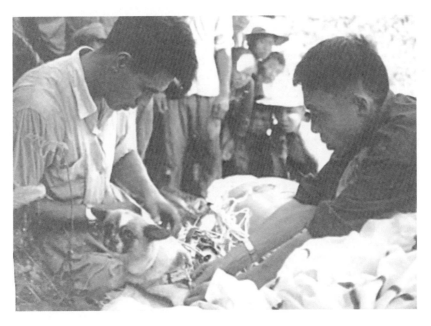

图 3 – 17 科研人员正在为"小豹"解开安全绑带并拆下测量生理参数的装置

图 3 – 18 经历飞行试验后胜利归来的"小豹"精神抖擞

图 3 - 19 "小豹"被高高举起受到英雄般的欢迎

（背景为搜索生物舱和即将运送"小豹"回到广德探空火箭发射场的直升机）

参加第 1 枚 T - 7A（S_2）生物火箭飞行试验的共有 4 只大白鼠，大白鼠分成两组：一组是用透明的塑料夹子固定在生物舱内，称为固定鼠；另一组没有固定，叫活动鼠，以便试验在飞行环境条件下的大白鼠在空中的反应，如图 3 - 20 所示；飞

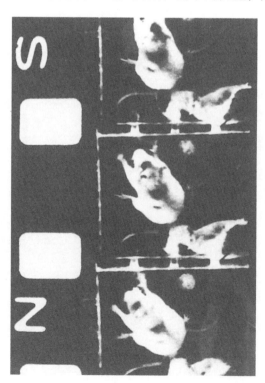

图 3 - 20 由第 1 枚 T - 7A（S_2）生物试验火箭内安装的 8mm 遥控小型电影摄影机

拍摄的处于失重状态下的活动鼠的姿态，活动鼠飘了起来

行试验后回收的大白鼠活蹦乱跳，如图 3 - 21 所示。[3]

图 3 - 21 同"小豹"一起胜利归来的大白鼠活蹦乱跳

在"小豹"胜利归来后不久，1966 年 7 月 28 日，一只名为"珊珊"的雌性试验狗被装进第 2 枚 T - 7A（S_2）生物试验火箭中送上了高空，"珊珊"同样胜利回归。试验狗"珊珊"的照片如图 3 - 22 和图 3 - 23 所示。[3]

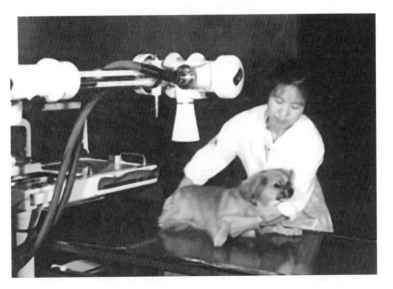

图 3 - 22 "珊珊"上天前，工作人员用 X 光机给一身黄毛的"珊珊"做体格检查

图 3 - 23　"珊珊"（左）和"小豹"（右）合影

　　"小豹"和"珊珊"成了中国的"动物明星"，被送往北京，在著名的生物学家贝时璋的陪同下，受到了中国科学院院长郭沫若和党组书记张劲夫的"接见"。图 3 - 24 为中国科学院生物物理研究所所史丛书中的一册《小狗飞天记》的封面。[3]

图 3 - 24　中国科学院生物物理研究所所史丛书中的一册《小狗飞天记》的封面

（本书图 3 - 9 ~ 图 3 - 23 是中国航天员训练中心摄影师鞠浪先生拍摄的。）

3.3　探空 7 号甲研究 I 型电离层探测火箭

　　探空 7 号甲研究 I 型电离层探测火箭是将探空 7 号甲气象火箭的箭头更换为电

离层探测箭头而形成的火箭。火箭代号 T－7A（Y_1）。

T－7A（Y_1）火箭能携带 45kg 探测设备飞达 98km 高空，用于进行电离层探测试验以及试验用减速板和降落伞组合系统减速的回收技术。

T－7A（Y_1）火箭运载系统总体设计单位为上海机电设计院（现北京空间机电研究所），探测系统总体设计单位为中国科学院地球物理研究所，总装单位为上海机电设计院。1965 年 4 月开始研制，1965 年 11 月发射 1 枚火箭。

T－7A（Y_1）运载火箭系统技术负责人为王希季，行政负责人为林艺圃。

3.3.1 任务由来

1965 年 2 月 5 日，中国科学院地球物理研究所向上海机电设计院提出利用 T－7A 火箭进行电离层探测试验，要求火箭飞达电离层区域。同年 4 月 13—16 日，上述两单位就利用 T－7A 火箭进行电离层探测试验交换了意见，商定于 1965 年在广德探空火箭发射场发射 1 枚 T－7A（Y_1）火箭。

3.3.2 方案制定

1965 年 4 月研究人员提出了 T－7A（Y_1）火箭方案。它是将 T－7A 火箭的箭头更换为电离层探测箭头而成的火箭。该火箭的箭头质量 110kg，主发动机推进剂全容量加注，海平面发射时的最大飞行海拔高度约 100km。箭头仪器舱内装有地球物理研究所研制的色散干涉仪和雷达应答器，箭头回收采用了减速板和降落伞组合的减速装置。

3.3.3 技术攻关

如何在弹道顶点海拔高度约 100km 的情况下确保箭头安全回收，这是 T－7A（Y_1）火箭研制的关键课题。研制人员针对 T－7A 火箭单纯靠降落伞尚只能满足弹道顶点高度小于 80km 时的回收要求（在弹道顶点高度更高时，如只用降落伞，则采用高空开伞的方案将会因气动加热使伞衣烧熔；采用低空开主降落伞的方案又会因开伞动载较大使伞衣破损或伞绳断裂，两者均将导致回收失败），提出了利用减速板、减速伞和主降落伞进行三级减速的方案。这种回收方法是：首先，在火箭飞达弹道顶点附近进行头体分离的同时，使安装在箭头回收舱上的减速板张开；而后，待箭头回落到距地面几千米的高度时，弹出减速伞，使箭头下降速度进一步减慢；最后，再由减速伞拉出主降落伞，箭头乘减速伞和主降落伞的串联式伞系向地面徐徐降落。飞行试验结果表明，该方案行之有效，为高空火箭回收提供了一种新的技术途径。

3.3.4 飞行试验

T-7A（Y_1）火箭的飞行试验于 1965 年 11 月 21 日进行。这次试验取得良好结果，弹道顶点海拔高度 90.5km，箭头和箭体均完整回收，探测仪器工作正常，获得了电离层电子浓度等数据。

3.4 探空 7 号甲研究 Ⅱ 型综合试验火箭[1]

探空 7 号甲研究 Ⅱ 型综合试验火箭是以探空 7 号甲气象火箭的运载工具为基础构成的综合试验火箭。火箭代号 T-7A（Y_2）。

T-7A（Y_2）火箭用于验证从螺旋导轨发射架以及地面低温环境下发射 T-7A 火箭的适应性，检验火箭的飞行性能。

T-7A（Y_2）火箭总体设计单位和总装单位均为第七机械工业部第八设计院（现北京空间机电研究所）。1965 年 11 月开始研制，1966 年 12 月进行发射。

T-7A（Y_2）火箭技术负责人为王希季，行政负责人为林艺圃。

3.4.1 任务由来

T-7 火箭和 T-7A 火箭以及由 T-7A 火箭运载工具改制成的 T-7A（S_1）、T-7A（S_2）和 T-7A（Y_1）火箭，都是在广德探空火箭发射场用直导轨发射装置发射的。根据 T-7A 火箭运载工具的应用前景有限以及广德探空火箭发射场的地理位置和周围人口密度不适合高空发射、回收等具体情况，上海机电设计院于 1965 年 6 月 15 日向第七机械工业部提出在酒泉卫星发射中心建设 T-7A 火箭发射场的请示报告，以适应火箭探空事业发展的需要。此后，第七机械工业部复函上海机电设计院，通告国防科委已于 7 月批准同意在酒泉卫星发射中心建设探空火箭发射场。7 月 18 日 T-7A 火箭螺旋导轨发射架（参见 2.4 节）运达酒泉卫星发射中心，1966

年第 3 季度，酒泉卫星发射中心新建的探空火箭发射场的第 1 套地面设备备齐。

为了验证用螺旋导轨发射架发射 T-7A 火箭的适应性以及培训操作人员掌握探空火箭发射的业务，第七机械工业部第八设计院决定研制 1 枚探空 7 号甲研究 Ⅱ 型综合试验火箭 [T-7A（Y_2）]。T-7A（Y_2）火箭的试验项目为：检验螺旋导轨发射架等地面设备的技术性能，考验火箭各系统在新的发射设备、地面低温条件下（冬季发射）、火箭自转等情况下的工作性能，测量火箭飞行弹道参数和主发动机系统的工况（燃烧室压力、燃烧剂和氧化剂喷嘴前的压力、氧化剂贮箱和燃烧剂贮箱内的气体压力）。为了确保 T-7A（Y_2）火箭飞行试验成功，在该火箭发射前，用 1 枚 T-7A 助推器加主火箭模拟件（假火箭）构成的 T-7A（Z_2）火箭先行检验螺旋导轨发射架等地面发射设备。

3.4.2 方案制定

根据试验要求，于 1966 年 10 月确定了 T-7A（Y_2）火箭的方案。箭头内装有测量火箭在飞行过程中主发动机系统工作参数和轴向、横向过载系数的磁记录系统，以及地球物理研究所研制的用于对火箭进行跟踪的雷达应答器。箭头回收采用减速板、减速伞和主降落伞进行三级减速的方案，与 T-7A（Y_1）方案相同。整个火箭（不包括滑块）起飞质量 1 274kg（其中箭头质量 135kg），火箭飞离螺旋导轨发射架时的旋转速度 2~2.5r/s，最大飞行海拔高度为 103km（场地海拔高度约为 1km）。

3.4.3 飞行试验

T-7A（Z_2）火箭于 1966 年 12 月 11 日发射，弹道顶点海拔高度 7.8km。箭头回收成功，箭体回收失败。

T-7A（Y_2）火箭于 1966 年 12 月 17 日发射，弹道顶点海拔高度 67km，获得了试验数据。箭头和箭体均成功回收，但降落伞有明显损坏。

3.5 探空 7 号甲研究 V 型发动机点火系统高空性能试验火箭[1]

探空 7 号甲研究 V 型发动机点火系统高空性能试验火箭是以探空 7 号甲气象火箭

的运载工具为基础、加上第 3 级火箭构成的 3 级无控制火箭。火箭代号 T-7A（Y_5）。

T-7A（Y_5）火箭用于试验固体火箭发动机的高空点火性能，以及将用于长征 1 号运载火箭第 3 级固体发动机上的点火器和使第 3 级火箭冷分离、旋转的发动机在高真空环境下的工作可靠性，为长征 1 号运载火箭的研制探路。火箭实际飞行高度的最大值达 312km。

T-7A（Y_5）火箭总体设计单位和总装单位均为第七机械工业部第八设计院（现北京空间机电研究所）。1967 年 5 月开始研制，1968 年 8 月发射 2 枚火箭。

T-7A（Y_5）火箭技术负责人为王希季。

3.5.1　任务由来

1965 年中国开始第 1 颗人造卫星（东方红 1 号卫星）的工程研制工作。运载东方红 1 号（DFH-1）卫星的火箭为长征 1 号（CZ-1）3 级运载火箭。该火箭是在中国中远程火箭的基础上通过修改和增加第 3 级固体发动机而成的。其第 3 子级火箭与第 2 级火箭采用冷分离方案，在第 3 子级火箭与第 2 级火箭完全分离后，固体起旋火箭点火，使第 3 级火箭在空中自转，以保证从起旋火箭点火至星箭分离前第 3 子级火箭飞行稳定。这样，第 3 级固体发动机和分离、旋转小发动机的高空点火问题就成为能否保证 DFH-1 卫星发射成功的关键技术之一。

为了验证固体火箭发动机在高空环境下点火系统的工作性能，第七机械工业部根据第 3 级固体发动机研制单位（该部第四研究院）和分离、旋转小发动机研制单位（该部第八设计院）提出的试验技术要求以及这两个单位对火箭试验进行协商的结果，于 1967 年 5 月 18 日下达了用 T-7A 火箭运载工具进行发动机点火系统高空性能试验的研制任务。用于进行这种试验的火箭称探空 7 号甲研究 V 型 ［T-7A（Y_5）］ 火箭。

3.5.2　方案制定

1967 年 5 月研究人员提出了 T-7A（Y_5）火箭的初步方案。此后，根据任务的调整，于 11 月正式确定了火箭方案。T-7A（Y_5）火箭是一枚无控制的 3 级火箭，其第 1 级、第 2 级分别为 T-7A 火箭的第 1 级和第 2 级，第 3 子级由 GF-01A 固体发动机（直径 286mm，由第七机械工业部第四研究院负责研制）等与箭头组成。各级火箭均设置尾翼。T-7A（Y_5）火箭的外形如图 3-25 所示。[2] 其第 3 子级火箭与第2级火箭分离采用车轮隔盘式分离装置，依靠第3级火箭点火工作产生的高温高压燃气将车轮隔盘冲碎来实现两者的分离。在下仪器舱内装有为CZ－1火箭第3级固体发动机点火用的点火器，在旋转发动机舱装有CZ－1火箭第3级固体发动机起旋用的旋转发动机（横置状态安装）。T－7A（Y_5）火箭的起飞质量1 345kg（其中第3子级火箭226kg），总长度11 682mm，最大飞行海拔高度320km（发射场海拔高度约1km时）。该火箭不要求回收。

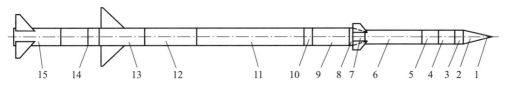

图 3－25　T－7A（Y_5）火箭的外形

1—箭锥；2—头锥；3—上仪器舱；4—中仪器舱；5—下仪器舱；6—GF－01A发动机；7—稳定裙；
8—末级分离器；9—T－7A第4段箭体；10—旋转发动机舱；11—T－7A第3段箭体；
12—T－7A第2段箭体；13—T－7A第1段箭体；14—T－7A分离器；15—T－7A助推器

3.5.3　技术攻关

T－7A（Y_5）火箭在中国是最先完成工程研制的3级火箭。为了使火箭飞行稳定、达到预定高度、减小弹道散布和获得试验数据，研制人员采用了如下几项措施：

a）利用第3级火箭尾翼适当减小整个3级火箭在主动段内的静稳定裕度，以减少风对火箭弹道的影响；并保证第3级火箭仍具有一定的静稳定裕度。

b）考虑到第3级火箭发动机工作高度较高，尾翼作用已很小，故采用自旋稳定方案。具体实施办法是在第2级火箭箭体部分增加1个旋转发动机舱，舱内横向装有轴线相互平行、喷管指向彼此相反的两个小固体发动机（称作旋转发动机）。当第2级发动机关机（工作结束）、火箭靠惯性飞行数秒后，利用箭上的程控装置控制这两个旋转发动机同时点火工作，使第2级火箭绕纵轴旋转。这样，在第3级火箭点火工作并与第2级火箭分离时，第3级火箭可具有3r/s自转速度，有利于消除第3级火箭发动机推力偏斜的影响。

c）研制了晶体管化的4路遥测设备。它采用脉冲调幅－调频体制，作用距离大于400km，用于遥测固体发动机或点火器（GF－01A发动机、自旋发动机和CZ－1第3级火箭用的点火器）点火延迟时间、工作压力以及火箭在飞行过程中的轴向过载系数和自转速度。

因此，T-7A（Y_5）火箭不是 T-7A 运载工具简单的改装，而是由 3 台发动机（固体发动机＋液体发动机＋固体发动机）串联而成的，采用尾翼稳定和自旋稳定相结合的，通过遥测获取试验数据的一种技术更复杂、更进步的新型火箭。

3.5.4　飞行试验

T-7A（Y_5）火箭共发射 2 枚，火箭发射概况如表 3-3 所示。1968 年 8 月 20 日发射的 T-7A（Y_5），火箭最大飞行海拔高度达 312km（发射场海拔高度约 1km），GF-01A 固体发动机以及拟用于 CZ-1 火箭第 3 级上的点火器和旋转发动机均工作正常。T-7A（Y_5）火箭飞行试验的成功，为中国第 1 颗人造卫星上天作出了贡献。

表 3-3　T-7A（Y_5）火箭发射概况

序号	发射时间	火箭主要状态	试验主要目的	试验结果	备注
1	1968.8.8	3 级火箭，第 3 级采用自旋方案稳定飞行，不要求回收，试验数据由箭上遥测设备向地面传送	试验固体发动机点火系统的高空工作性能和遥测系统工作的可靠性，试验 3 级火箭飞行稳定方案	发射成功，弹道顶点海拔高度为 101km。遥测结果表明参加试验的各发动机和点火器均点火工作，但火箭自转曲线有异常	发射架调架有误是飞行高度偏离理论值的原因之一
2	1968.8.20	同上	同上	发射成功，弹道顶点海拔高度达 312km。参加试验的各发动机和点火器均点火工作，遥测结果良好	

3.6　探空 7 号甲研究Ⅵ型星载仪器
高空性能试验火箭[1]

探空 7 号甲研究Ⅵ型星载仪器高空性能试验火箭是将探空 7 号甲气象火箭的箭头更换为试验箭头而成的火箭。火箭代号 T-7A（Y_6）。

T-7A（Y_6）火箭用来对中国返回式遥感卫星姿态控制系统中的红外地平仪和相机系统用的摄影胶片进行高空工作性能试验。

$T-7A（Y_6）$火箭总体设计单位和总装单位均为第七机械工业部第八设计院（现北京空间机电研究所）。1968 年 4 月开始研制，1969 年 6—7 月发射 2 枚火箭。

$T-7A（Y_6）$火箭技术负责人为王希季，行政负责人为林艺圃。

3.6.1　任务由来

中国返回式遥感卫星采用 1 台可见光地物相机和 1 台恒星相机分别对地面和星空摄影，卫星姿态控制系统采用圆锥扫描式红外地平仪做卫星姿态的测量器件。为了保证返回式遥感卫星圆满完成对地观察任务，第七机械工业部第八设计院（该院于 1971 年 3 月划归中国空间技术研究院建制）于 1968 年 4 月 1 日向中国空间技术研究院呈报了该院与有关单位（红外地平仪的主管单位为北京控制工程研究所，相机的研制单位为中国人民解放军第 15 研究院等）商定的利用 $T-7A$ 运载工具，进行红外地平仪和相机系统用的摄影胶片高空工作性能试验的研制任务书。用于进行这种试验的火箭称探空 7 号甲研究Ⅳ型［$T-7A（Y_6）$］火箭。同年 4 月 10 日，中国空间技术研究院批复同意进行该火箭的研制。

3.6.2　方案制定

根据试验要求，研制人员在 1968 年下半年提出了 $T-7A（Y_6）$火箭方案。该方案于 1968 年 12 月下旬经中国空间技术研究院主持召开的审定会议通过。它由 $T-7A$ 两级发动机加试验箭头组成。箭头内装有 2 台红外地平仪、1 台 ROBOT 照相机（装恒星相机用的摄影胶片，对星空摄影）、1 台航甲 11-10 照相机（装地物相机用的摄影胶片，拍摄地面景物）以及遥测系统、回收系统。遥测系统将红外地平仪测量到的大气中 CO_2 吸收带产生的红外辐射强度和起伏情况（即其输出的扫描地球的方波幅度和方波波形）、摄影光度计测量到的拍照时刻地面景物的光亮度、过载仪测量到的火箭飞行过程中的轴向过载系数等资料通过无线电发回地面。箭头回收系统采用减速板、减速伞和主降落伞联用的减速装置，以实现对仪器、相机和胶片的可靠回收。为了便于回收人员找到箭头，箭头内还装有 1 台无线电标位装置（信标机），其天线（长 30m）由减速伞拉出。整个火箭（不包括滑块）起飞质量 1 246kg（其中箭头质量 137kg），理论最大飞行海拔高度（发射场海拔高度约 1km）111km。

由于遥测系统、回收系统、结构系统的密封舱都有新的要求，故在飞行试验前对这些系统进行了地面试验，以检验它们的工作性能。

3.6.3　飞行试验

T-7A（Y_6）火箭共发射2枚，火箭发射概况如表3-4所示。这批次试验结果良好，箭头均完整回收，获得所需的资料，为中国返回式遥感卫星姿态控制系统和摄影系统的研制工作提供了一定的数据。

表3-4　T-7A（Y_6）火箭发射概况

序号	发射时间	火箭主要状态	试验主要目的	试验结果	备注
1	1969.6.28	液体火箭发动机推进剂全容量加注	返回式遥感卫星红外地平仪和摄影胶片高空工作性能试验	发射成功，弹道顶点海拔高度为84km，箭头完整回收，遥测到红外地平仪扫描地球的方波信号，对地物摄影正常，对星空摄影曝光过度	对星空摄影的ROBOT照相机未采取消杂光措施，导致曝光过度
2	1969.7.17	同上	同上	发射成功，弹道顶点海拔高度为85.5km，其他情况基本同上	

3.7　和平8号超声速减速伞性能试验火箭[1]

和平8号超声速减速伞性能试验火箭是用和平2号气象火箭第1级火箭发动机做动力装置的单级固体火箭。火箭代号HP-8。

HP-8火箭用于试验减速伞在超声速、高速压开伞条件下的性能。

HP-8火箭总体设计单位和总装单位均为北京空间机电研究所。1985年6月开始研制，1987年12月发射5枚火箭。

HP-8火箭技术负责人先后为钱振业、董世杰，行政负责人为宋忠保。

3.7.1　任务由来

为了对箭头数据舱的回收工作进行预先研究，北京空间机电研究所于1985年6

月向航空航天工业部提出研制和平 8 号（HP-8）试验火箭的任务，用以试验减速伞在超声速（马赫数为 3）、高动压（500kPa）开伞条件下的性能。同年 8 月 13 日，航空航天工业部科研生产司同意该所研制 HP-8 火箭。

3.7.2　火箭方案

HP-8 火箭利用 1 台和平 2 号气象火箭第 1 子级火箭发动机做动力装置。整个火箭由箭头、减速板舱、发动机和尾段等组成；箭头内安装有电源、过载开关、电子式时间控制器及弹伞筒等设备。HP-8 火箭起飞质量约 240kg，总长度约 4.2m，火箭采用经改装的和平 2 号火箭的发射车，以 45°~55° 的俯仰角倾斜发射。火箭的飞行程序为：在发动机熄火后 0.1s 进行头体分离，随即箭体打开减速板，稍后再从箭头弹出减速伞，带伞的箭头上升到弹道顶点后向地面回落，予以回收。

3.7.3　关键技术

HP-8 火箭的关键技术主要是避免箭体与箭头-减速伞系统发生碰撞和发动机超期使用的可靠性。

根据弹道特性计算，需在发动机熄火后不到 1s 的时间内从箭头中弹出减速伞才能达到试验要求，此时尚处于上升段飞行过程中。由于箭头-减速伞系统的阻重比大于箭体的阻重比，即前者比后者速度的减小要快，上升的箭体会很快追上箭头-减速伞系统。为了避免两者发生碰撞，经多方案比较后，采取在箭体前部一侧安装 3 块减速板（另一侧不装减速板）在头体分离后立即顺气流打开的方案，这种方案较简单和易于实现。它不仅能增大箭体的迎风面积，而且由于减速板集中安装在箭体一侧，箭体可在板的气动阻力和侧向力的作用下，更快地减速并产生侧滑，从而能与箭头-减速伞系统在纵、横两个方向上拉开距离。飞行试验表明，这种方案行之有效。航空航天工业部科技委副主任在该成果鉴定会上称这种一侧打开减速板的设计具有独创性。

为了缩短研制周期和节省研制经费，研制人员对库存的发动机燃烧室和 1970 年出厂的固体药柱超期使用的可行性进行了探讨，对固体药柱进行了力学性能检测，并通过 1 次地面热试车予以验证。

为了精确地控制时间，采用了电子式时间控制器对箭头与箭体进行分离，用打开减速板和弹出减速伞的动作发出指令，时间精度控制在毫秒级内，以往研制的探空火箭均采用机械式时间控制器发出指令，精度较差。

3.7.4 发射概况

1987 年 12 月在陕西华阴发射了 5 枚 HP - 8 火箭（发射场海拔高度约 0.3km）。试验中，4 枚火箭各系统工作正常，弹伞时的飞行高度约为 3km。有关这次火箭发射概况如表 3 - 5 所示。

表 3 - 5　HP - 8 火箭发射概况

序号	发射时间	发射倾角	弹伞点马赫数	弹伞点速压/kPa	回收情况
1	1987.12.1	55°	未测到	未测到	未找到
2	1987.12.4	55°	3.14	479	箭头和伞完整回收
3	1987.12.8	55°	3.02	442	箭头和伞完整回收
4	1987.12.12	45°	3.20	508	箭头和伞完整回收
5	1987.12.12	45°	3.11	474	箭头和伞完整回收

HP - 8 火箭研制及发射的照片如图 3 - 26 ~ 图 3 - 27 所示。

图 3 - 26　1987 年 HP - 8 火箭部分研制人员与 HP - 8 火箭合影（陈灼华提供）

图 3 - 27　1987 年 HP - 8 火箭在发射车上（陈灼华提供）

3.7.5　获奖情况

　　以 HP - 8 火箭为实施背景的项目《用火箭进行超音速伞试验的方法》荣获 1989 年航空航天工业部科学技术进步奖二等奖，获奖证书如图 3 - 28 所示。

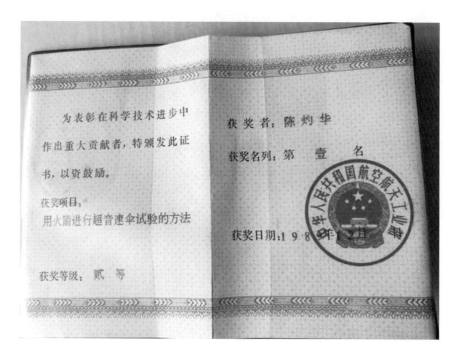

图 3 - 28　1989 年 12 月 "用火箭进行超音速伞试验的方法" 的获奖证书

第 3 章　参　考　文　献

［1］李大耀．中国探空火箭四十年（1958—1997）［M］．北京：中国宇航出版社，1998：插页 4，79 - 91．

［2］宋忠保，李大耀，等．探空火箭设计［M］．北京：中国宇航出版社，1993：23，225，479 - 481．

［3］叶永烈．飞天梦——目击中国航天秘史［M］．上海：上海科学普及出版社，2003：80 - 88．

［4］茅年清．小狗飞天回收纪实［M］// 李扬．无悔航天——北京空间机电研究所建所五十周年文集．北京：北京空间机电研究所，2008：58 - 61．

第4章 中国卫星工程的准备及长征1号运载火箭

为了使中国的卫星早日飞上天，1963—1964年钱学森指导上海机电设计院的四人小组（即孔祥言、朱毅麟、李颐黎、褚桂柏四人组成的进修小组）拟定了我国空间技术发展规划，并在上海机电设计院成立了卫星研制总体室；1965年8月上海机电设计院迁至北京，更名为七机部八院；1965年9月—1967年11月，七机部八院卫星工程研制团队承担了长征1号运载火箭的总体方案论证及初样研制任务；1966—1970年，七机部八院先后承担和参加了长征1号第2级滑行段姿态控制系统的研制任务；1967—1968年，七机部八院承担了T－7A（Y_5）火箭固体发动机的高空点火性能试验任务（详见本书第4.5节）；1968—1970年，七机部八院承担了东方红1号卫星观测系统的研制任务，这些任务的圆满完成为东方红1号卫星工程任务的圆满完成作出了重要贡献。

4.1 中国卫星工程的准备——钱学森指导四人小组拟定我国空间技术发展规划

4.1.1 任务由来[1]

钱学森是一位深谋远虑的科学大师。他在立足当前工作的同时，总要放眼未来，为下一步工作做好准备。

1960年11月5日我国近程导弹试射成功，1962年我国独立设计、研制的中近程火箭东风2号进入试射阶段，后来，两级中远程火箭进入预研阶段，这之后，钱学森高瞻远瞩地谋划起了我国研制和发射人造卫星的大事。

在 1963 年 1 月 1 日上海机电设计院划归国防部五院后。国防部五院立即给上海机电设计院下达当年的工作任务。其中的第 4 项就是开展人造卫星研究准备工作。

钱学森副院长要求上海机电设计院派遣 4 位有一定工作经验的人员去跟他进修空间技术，为开展人造卫星研究工作做准备，初步计划进修的时间是两年。经过慎重研究，上海机电设计院决定派遣由孔祥言、朱毅麟、李颐黎、褚桂柏四人组成的一个进修小组（以下简称四人小组）赴北京跟随钱学森副院长进修空间技术。

四人小组的成员都是有 3～8 年工作经验的年轻人。孔祥言，1932 年生，北京大学数学力学系力学专业毕业，毕业后先后在中国科学院力学研究所和上海机电设计院工作，在设计院时担任过火箭总体设计室空气动力设计组大组长（划归五院后称工程组长，下同）；朱毅麟，1934 年生，南京工学院土木系毕业，1955—1956 年在北京钢铁学院（现北京科技大学）任力学助教，1957 年进清华大学工程力学班进修，1958 年 8 月中国科学院第一设计院成立后从工程力学班提前毕业入该院，在设计院时担任过火箭总体设计室轨道设计组工程组长；李颐黎，1935 年生，北京大学数学力学系力学专业毕业，先后是火箭总体设计室空气动力设计组和轨道设计组重要成员，担任火箭总体设计室轨道设计组副工程组长；褚桂柏，1936 年生，上海交通大学机械系机车班毕业，再到上海力学班进修，然后到上海机电设计院，是发动机设计室重要成员。

四人小组 2009 年重返他们的派出单位上海机电设计院（此时已迁至北京，更名为北京空间机电研究所）的照片如图 4 - 1 所示。2015 年 10 月 15 日李颐黎在"钱学森与中国科技"首届学术研讨会上做题为《钱学森与中国航天的开创》的学术报告如图 4 - 2 所示。

图 4 - 1 四人小组 2009 年重返他们的派出单位——北京空间机电研究所

（自左至右孔祥言、朱毅麟、李颐黎、褚桂柏）

图 4 – 2 2015 年 10 月 15 日李颐黎在"钱学森与中国科技"首届学术研讨会上做题为
《钱学森与中国航天工程的开创》的学术报告

1963 年 1 月底（那年春节是 1 月 25 日），孔祥言、朱毅麟、李颐黎、褚桂柏一行四人到达位于北京阜成路 8 号院内的国防部五院。五院对他们的安排很周到，他们住在院部招待所，上班学习、用餐在海淀区西钓鱼台 6 号国防科委情报研究所，该所派遣情报人员史珍协同工作。重要的临时性活动安排由钱学森的秘书王献和五院的同志通知他们，有时见钱学森副院长由五院科技部的参谋谢昌年（也是北大数学力学系力学专业毕业的）陪同前往。

4.1.2 任务完成情况[1][2]

钱学森副院长对四人小组的培养工作抓得很紧很细，非常认真。在一年多的时间里，钱学森引领四人小组的讨论会约有 60 次，他每隔 2 ~ 3 周，还会写一张 200 字左右的便条给四人小组，概述前段工作，提出下段任务。四人小组中每个人也都非常珍惜这次进修机会，他们不仅每天上班时集中精力刻苦学习和工作，而且每天晚上都加班，有时，连星期天也不休息。在一年多的时间里，钱学森带领四人小组完成了下述任务：

（1）第 1 个任务

第 1 个任务是让四人小组系统学习、收集和整理国外人造卫星和其他空间飞行器的科技资料，每周有一个下午向他汇报学习情况、提出问题和讨论问题，并安排下一步的工作，从来没有间断过。

初次见面时，钱学森桌上放着四个人的简介。他的办公桌很大，背后是一排书橱，四个人拿几把椅子与钱院长隔着桌子相对而坐。后来褚桂柏回忆说："钱老翻了翻我们四个人的材料，笑眯眯地对我说：'你和我是同行。'因为我是交大机车班的。经他一说，我原来有点紧张的心情就放松了。后来钱学森转向孔祥言说了一句：'我俩是老搭档了。'然后他说：'你们来的主要任务是学习和了解有关人造卫星和星际航行的有关知识，在两年内制定出我国空间技术发展的长远规划。'"

四人小组收集和了解的国外人造卫星的发展情况如下：

从 1958 年到 1964 年，美国发射成功的各种卫星有 220 多颗，可分为以下 5 类：

a）科学探测卫星有 55 颗，包括先锋号卫星 3 颗、探险者号卫星 24 颗，还有辐射卫星 10 颗和名称各异的探测卫星十余颗。

b）军用卫星主要是侦察和预警卫星共 133 颗，起初有发现者号 26 颗、迈达斯号 3 颗和萨莫斯号 1 颗。后来都称秘密卫星，就不再详述了。

c）气象卫星 9 颗，包括泰罗斯号 8 颗、雨云号 1 颗。

d）通信卫星 15 颗，包括中继、电星、奥斯卡、铜针、回声号各 2 颗，辛康号 3 颗及其他。

e）导航及测地卫星 9 颗，包括子午仪号导航卫星 7 颗、大地测量卫星 2 颗（包括安娜 1 号测地卫星 1 颗）。

此外，还有飞船、脱离地球引力的宇宙火箭和试验运载火箭（人马座、双子座、土星）以及对阿波罗登月计划的设想等。

四人小组重点了解的有以下几种：

探险者号和先锋号科学探测卫星。美国的范艾伦（Van Allen）通过探险者 1 号发现了由地球磁场捕获带电粒子所形成的辐射带，先锋 1 号测出地球呈梨形，北极凸出、南极凹进各 15m。

发现者号是可回收的照相侦察、导弹预警和电子侦察卫星，1960 年，发现者 13 号第一次在海上成功回收。迈达斯号装有红外敏感元件，试验通过测导弹发动机尾焰进行预警。萨莫斯号用于侦察地面工程设施，曾获得苏联导弹布置的重要情报。

1960 年 4 月 1 日泰罗斯 1 号气象卫星成功发射，拍摄了 2 万多张云图照片和地势照片，可向地面实时发送和延迟发送。

1962 年 7 月 10 日电星 1 号通信卫星成功发射，试验了在美国与欧洲之间传送电视信号的可能性；同年 12 月 13 日发射的中继 1 号，试验在欧美之间和南北美洲之间进行电视、多路电话通信、电报传真联系等；1963 年 12 月 14 日发射的辛康 1 号是试验性地球同步卫星，轨道倾角 33.3°。

子午仪号卫星用于对飞机和船只进行导航并提供精确的标准时间；安娜 1 号测地卫星用于测量地球形状，通过测量重力场的变化分析地球内部结构等。

在专业技术方面，四人小组主要了解卫星的结构设计、热设计（包括主动式和被动式的温度控制）、姿态控制（包括自旋定向和三轴控制）、跟踪遥测系统、电源（包括镍镉、水银、银锌、化学电池和太阳能电池等）、星上各种器件、探测仪器、天线等，以及各种卫星的轨道设计特点和设计方法。此外，四人小组还了解了地面跟踪站的布局、运载火箭和发射场的情况等。

四人小组对苏联的空间技术情况也尽量了解，其他还了解了英国、加拿大与美国共同研制的个别卫星。

四人小组通过对国外有关人造卫星和星际航行知识的学习和了解，大大扩大了航天的知识面，为制定出我国空间技术发展的长远规划打下了基础。

（2）第 2 个任务

钱学森先生给四人小组的第 2 个任务，是让他们给中国科技大学高年级学生讲授《星际航行概论》课。听课的都是三、四年级的学生。这门课是钱先生前一年开的，当时这门课的名称叫作《火箭技术导论》，是在 1961 年 9 月至 1962 年 1 月期间为中国科技大学近代力学系 1958 级、1959 级学生开设的。当时授课的提纲是钱先生亲笔撰写的，每一节课讲完后，由雷见辉、喻显果两位助教整理成讲义，交钱先生校订后打印，在下周上课时发到同学手中。一年后，钱先生将讲义整理成为专著《星际航行概论》，1963 年 2 月由科学出版社出版；2008 年中国宇航出版社出版了简体字版，如图 4 - 3 所示。四人小组主要就是参考这本书讲课。他们四个人根据自己的专业情况做了分工（分别分了几章）。四人小组在备课

图 4 - 3 　钱学森著《星际航行概论》
（2008 年出版的简体字版）

过程中碰到一些问题，就在钱先生每星期接见他们一次的时候问他，他每次都会给四人小组认真地解答。通过钱先生给四人小组压这个担子，既加深了四人小组掌握星际航行技术知识的深度，也拓宽了四人小组掌握星际航行技术知识的广度。

（3）第 3 个任务

钱学森先生给四人小组的第 3 个任务是让他们探索我们国家能不能发射卫星。钱学森让四人小组了解国防部五院的中程和中远程火箭的研制情况和性能参数，看能不能发射卫星。有一次他指挥四人小组说："你们到一分院去找孙家栋。"孙家栋当时是一分院一部一个室的室主任。四人小组就去找了孙家栋，了解中程火箭和中远程火箭的研制情况，记下它们的总体参数性能、结构情况，为的是估计一下，能不能用它来发射卫星、大概什么时候能够发射，等等。孙家栋还让下属（比如有刘宝镛，他也是北大毕业的，还有韦德森，那时，他俩都是工程组长，刘宝镛是搞弹道的，韦德森是搞总体结构的）和四人小组见面交流，四人小组了解了情况以后，就把这些情况向钱学森作了汇报。

钱学森先生还安排四人小组参观重要的试验设备和设施，例如火箭总装车间、全弹试车台等，增加四人小组对火箭技术的深入了解。

（4）第 4 个任务

钱学森先生交给四人小组的第 4 个任务是审稿和写稿。有一次，《航空知识》科普杂志向钱学森先生约稿，希望他写一篇星际航行方面的文章，他让四人小组写，四人小组讨论了重点后，由李颐黎执笔，当时由李颐黎执笔写了 3 篇稿子，即《漫谈星际航行的近况和前景》之一、之二、之三。其中，第二篇主标题是《人能上月球吗?》，该文在《航空知识》1964 年第 3 期上发表，如图 4-4 所示；第三篇主标题是《星际航行的下一步》，该文在《航空知识》1964 年第 4 期上发表。李颐黎回忆说："这几篇文章怎么写，钱先生给了我们很多指示。比如他说：'你们要想介绍发射阿波罗号飞船的土星 5 号运载火箭有多大，你们不要只说总长 88m，你们要说它竖起来有 18 层楼房这么高。推进剂呢，不要只说有 2 200t，人家没概念，你要说用解放牌卡车运时，要用 550 辆解放牌卡车才能装这么多推进剂。'他给我们举了很具体的例子，写科普文章要通俗化，让人能有直观的概念，吸引读者去阅读。他还说：'你们写这个文章要有一个指导思想，要写出星际航行的难度，社会上现在有一些人认为搞星际航行是很容易的，不了解具体的技术情况，要重点宣传星际航行是一项很伟大的工程，但也是非常艰巨的工程，要把难度写出来。'这三篇文章基本上贯彻了他的思想，作者署名是'钱星五'，意思就是在钱学森先生领导下的搞星际航行的五个人，当然钱学森先生是为首的，我们四个人也讨论过，史珍也参加了讨论，所以，我们当时起了这么一个笔名。这组文章发表后，受到读者的欢迎。"

图4-4 1964年第3期《航空知识》的封面及署名"钱星五"的文章

（5）第5个任务

钱学森给四人小组的第5个任务，也是最重要的任务，就是制定《1964—1973年空间技术发展规划（草案）》和《上海机电设计院建院规划（草稿）》。

钱学森派四人小组到中国科学院地球物理研究所、生物物理研究所（钱学森在书信中分别称为地物所及物生所）和电子研究所去调研，收集了他们的10年空间技术发展规划和想法，并结合国防部五院的十年规划设想以及国外空间技术发展动态，于1963年12月制定出了《上海机电设计院建院规划（草稿）》。钱学森还派李颐黎回上海机电设计院汇报工作，并亲笔写了一封致上海机电设计院领导的信，[3]全文如下（可参见图4-5，图4-5原件现存于北京空间机电研究所综合档案室）：

于志、杨南生、王希季三位同志：

现在李颐黎同志即将回院汇报工作。他将把建院规划的草稿带回去。这个草稿主要是孔祥言、朱毅麟、李颐黎、褚桂柏四位同志搞的，吸取了科学院地物所及物生所的意见及五院十年规划的设想。我也看了一遍，似乎还可以，但此事我们也没有经验，不是少数几个人能定案的，最好请机电院发动组长以上的科技人员作一次深入的讨论（对五院型号规划应注意保密），然后再根据讨论意见作修改。

我想这是一件大事，请你们抓紧。

此致

敬礼　并祝

新年

钱学森

1963. 12. 27

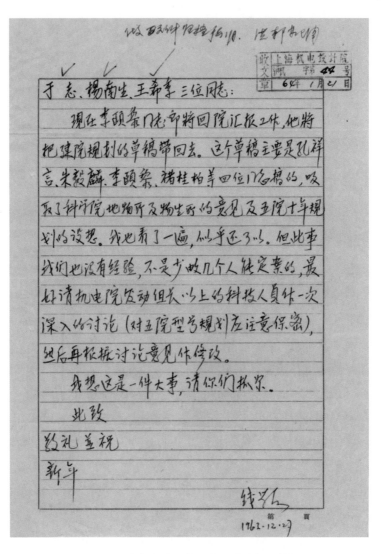

图4-5　钱学森致上海机电设计院领导的信

于是，李颐黎于1963年年底火速从北京回到上海。将这封信交给上海机电设计院的领导。上海机电设计院由杨南生副院长按国防部五院钱学森副院长的要求，组织了工程组以上的科技人员作了几次深入的讨论，制定出空间技术研究院建院规划（即以上海机电设计院为基础建立空间技术研究院的规划，该规划包括成立探空火箭总体设计部及空间飞行器总体设计部和若干个研究所），在1964年年初，由杨南生副院长拟稿，由于志（党委书记兼副院长）批准后，上报国防部五院。

钱学森是全国星际航行委员会的主任委员，他让四人小组作为全国星际航行委员会的技术秘书负责起草一个我国发展空间技术的十年规划。四人小组讨论了规划的主要内容，写成了《1964—1973年空间技术发展规划（草案）》并于1963年年底之前将上述规划草案交给了钱学森先生。

四人小组工作的直接结果是老师钱学森于1965年1月8日向聂荣臻副总理提交了报告，建议将卫星工程研制列入国家计划，并于1964年5月在上海机电设计院成立了卫星研究室。

1964年年初，钱学森安排孔祥言在国防部五院小礼堂给五院各分院室主任和院直属机关管理人员等介绍了发展空间技术的一些初步设想。孔祥言就把四人小组一年来的工作向大家作了汇报：

1）发展空间技术的重要意义

主要讲人造卫星在国民经济和国防上的应用。也许孔祥言当时的认识有限，讲得不全面。现在看来，空间飞行器和导弹武器是相辅相成的，火箭导弹是发展空间飞行器的重要基础；如果没有空间飞行器充当耳目和通信联络的支撑，其他防御力量的作用将大打折扣。

2）我国应该研制哪几种卫星

分别介绍了通信卫星、气象卫星、导航卫星和测地卫星等，以及它们各自的用途和工作原理。

3）对运载火箭及地面设施的意见和建议

除强调卫星运载火箭应尽可能利用导弹已有技术外，主要提出3条建议：

a）地面跟踪设施很重要。当时美国跟踪站的布局沿一条经线，从加拿大延伸到智利、阿根廷；而苏联沿一条纬线，从第1时区的民主德国（东德）连续到第10时区的库页岛。这样卫星在轨道上差不多每运行一圈或两圈都能联系上。而中国陆地的经、纬度都有限，所以建议一定要发展远洋测量船队。

b）希望能在国外，特别是非洲友好国家建立跟踪站。

c）仅一个酒泉卫星发射中心是远远不够的，应该在四川省靠近西藏的地区，在修通铁路的条件下，建设一个新的发射基地。这样便于发射赤道卫星，特别是地球同步卫星，并为建立指挥测控台站留有足够的余地。

这些意见大多在四人小组中研究过，有些跟钱先生讨论过，例如在国外友好国家建跟踪站的事，四人小组曾试探性地问过钱先生。钱先生说，可以提出来交外交部去办。他这么一说，四人小组心里就踏实了。

过了一段时间，钱学森对四人小组说，你们的任务基本完成，可以回上海了。你们回去以后，给院领导汇报一下，尽快成立卫星研制总体室。于是，孔祥言和朱毅麟于1964年4—5月回到上海，李颐黎和褚桂柏于7—8月回到上海，比原计划提前几个月。

孔祥言、朱毅麟回到上海后立即向上海机电设计院领导汇报了钱学森副院长的指示。过了一周，钱学森打电话催促说：“不就是腾几间房子、搬搬桌椅的事吗？（成立卫星研究总体室）怎么这么难呢？”过了两天，杨南生副院长找孔祥言谈话说：“院（指上海机电设计院）里讨论好了，以你们四个人为基础，再从各室抽调一些人，马上成立卫星研究总体室，称为七室。你和朱毅麟任七室副主任，你主持全面工作，这是钱院长亲自提名，经（国防部）五院领导任命的。考虑不配正的室主任。”

1964年5月中旬，上海机电设计院副院长杨南生正式宣布成立七室。刚开始只有13个人，成立了三个组：总体设计组、轨道设计组、结构和热设计组。后来人数逐渐增加，又成立了三个组：姿态控制组、遥测遥控组、能源配电组，共6个组，100多人。在总体方面，考虑较多的是运载火箭的运载能力以及发射返回式卫星的可能方案。

1964年8月，杨南生被调往当年4月成立的国防部五院四分院当副院长。

1965年1月，在国防部五院的基础上组建第七机械工业部，王秉璋任部长，钱学森任副部长。同年7—8月，上海机电设计院从上海迁回北京，更名为第七机械工业部第八设计院，下属七个设计室。于志任党委书记，王希季任总工程师，郝振广、林艺圃任副院长。

从此，第七机械工业部第八设计院踏上了新的征途。

4.1.3 任务影响

四人小组在钱学森指导下一年多的工作和进修，对后续的中国航天事业的发展产生了积极的影响，主要影响有以下4个方面：

a）四人小组写成了《1964—1973年空间技术发展规划（草案）》，有助于老师钱学森在 1965 年 1 月 8 日向聂荣臻副总理提交将卫星工程研制列入国家计划的建议，从而推动了我国第 1 颗人造卫星工程的研制进程。

b）钱学森先生将四人小组培养成为空间技术的骨干，上海机电设计院以他们为基础成立了卫星研究总体室，1965 年 8 月上海机电设计院迁京后，该室更名为七机部八院七室（运载火箭及卫星研究室），该室在承担我国第 1 颗人造卫星运载火箭的总体设计工作和我国返回式卫星总体设计工作中圆满地完成了任务。

c）四人小组在进修中所获得的专业知识和工作方法，使四人小组终身受益。

四人小组成员之一李颐黎回忆如下：[2]

"我们得益于钱学森先生的指导，在钱先生的指导下工作、进修，看的资料比较多，了解到末级固体火箭工作时间很短，不能像液体火箭这么慢慢地推，所以必须加一个滑行段，在长征 1 号运载火箭第 1 子级和第 2 子级工作完了以后，要加一个滑行段到顶点，然后由固体火箭加速，加速到 7km/s 多入轨。钱学森先生的书《星际航行概论》中也提到这个，他让我们去查阅美国和苏联第 1 颗人造卫星的资料。美国第 1 颗人造卫星的发射轨道就是带有滑行段的，末级也是固体火箭。他指导我们，让我们知道有这么回事，如果谁都没搞过运载火箭，也不知道国外怎么弄的，怎么能凭空想象出一个滑行段呢，导弹不需要这样的滑行段。另外，1963 年到 1964 年在北京工作和学习期间，钱学森先生有一天跟我们说，美国马丁公司最近出版了一本书，书名翻译成汉语就是《轨道飞行设计指南》。这本书对人造卫星的轨道设计很有使用价值，你们看一看。接受他的建议，我就看了这本书，当时看得还不是很深入，后来陆续又好好看了几遍这本书，有很大的帮助，尤其对后来我们搞卫星很有帮助。很长时间，我一直是搞轨道的，包括返回式卫星的返回轨道设计、长征 1 号运载火箭的发射轨道设计，这本书对我们进行卫星轨道设计很有帮助。

"钱学森先生在长征 1 号运载火箭方案制定方面支持了正确意见，确定了正确方案。另外，他培养了我们七室的这几个人，再加上从外室调来的和新参加工作的大学生，我们只用了一个多月就拿出了长征 1 号（当时叫'卫运 1 号'）运载火箭的总体方案设想。

"1967 年 11 月，长征 1 号运载火箭研制工作转给航天一院，我们移交技术文件的工作做得非常彻底，从国家利益出发，大公无私，我们一个纸片都没留，也没有复印件。我们还单独给他们写了一些资料。所以一院后续的任务做得也很快，从我们搞轨道这方面来说，也跟他们交了底。比如针对长征 1 号运载火箭，当时有一个设计思想是，必须设计成近地点高度和远地点高度都比较高的轨道，特别是远地点还要比较高。中国科学院在 1965 年 9 月提出的'待与七机部商讨的问题'中就包括：要求近地点高度在 350 km 以上，远地点高度不超过 700 km。我们一算，发现不行，如果速度偏差一点，就进入大气层，掉下来了。我们的设计方案是，末级火箭只有旋转控制，因此精度不会很高，我们算下来，最后选择的是近地点高度 400 km 多、远地点高度 2 000 km 多这样的一个大椭圆轨道。

"跟随钱学森先生还有一个比较大的收益，就是搞返回式卫星和载人飞船。1966 年，我们七室经过不断的努力争取到了返回式卫星的任务。据我了解，中国返回式遥感卫星是从'民间'发起的，我们在基层做具体工作的人那时有这个积极性。我们了解到当时美国人搞发现者号卫星已经成功了，虽然它失败了 12 次，到 13 次才成功，但毕竟它最后成功了，因此搞返回式卫星是有技术可行性的。那时候我们就提出来要搞返回式卫星，1966 年 1 月开始正式搞返回式卫星。搞返回式卫星，这个研究也是受到钱学森先生支持的，这方面也是有基础的。后来，1966 年年底的时候，我们八院七室主动提出搞载人飞船，并由我们七室做方案设想。我和另一个同志（张兰群）负责飞船返回轨道的计算。我给她编了一个程序，请她计算返回轨道，怎么算呢？用了钱学森先生所写的《星际航行概论》中一个比较简单的计算方法，那一章当年正好是我给中国科技大学的学生讲过的，我比较熟，已经推导过全部公式，所以不用再推公式了。把它排成计算程序，那时计算程序还是自己排，用计算数学的基本方法，只要有数学模型，就可以排成公式进行计算，这个确实也计算出来了。根据钱学森先生在《星际航行概论》中返回轨道的计算方法，很快就完成了返回轨道的计算。1966 年年底，还没有电子计算机，我们就使用电动计算机（手工）计算。"

d）四人小组学到了钱学森先生重视和热爱航天科普的优良作风。在进修期间，钱先生指导四人小组撰写航天科普文章，让四人小组代他给《航空知识》做来稿修改与答复，这让四人小组养成了撰写航天科普文章和修改答复来稿的习惯，后来四人小组终身坚持这一习惯。

4.2　长征 1 号运载火箭总体方案的论证至初样研制

七机部八院在王希季总工程师的领导下，于 1965 年 9 月至 1967 年 11 月完成了长征 1 号运载火箭总体方案的论证至初样研制工作。本书著者（时任七机部八院运载火箭及卫星研究室轨道设计组组长）以亲历者的身份回忆了七机部八院研制团队在长征 1 号运载火箭（以下简称长征 1 号）的研制过程中所付出的艰苦努力和作出的卓越贡献。

4.2.1 任务由来[4]

1964 年 12 月 28 日中国科学院地球物理研究所赵九章将他写的《关于尽快全面规划中国人造卫星的建议》上交了周恩来总理；1965 年 1 月 9 日中国科学院力学研究所所长、七机部副部长钱学森向国防科委提交了一份题为《研制卫星的打算》的报告，建议早日制订我国人造卫星的研究计划并将计划列入国家任务。

1965 年 2 月，主管科技工作的副总理聂荣臻对钱学森的报告做了批示。批示称"只要力量上有可能，就要积极去搞"。

1965 年 4 月 24 日，国防科委根据各方面讨论的意见，形成了《关于研制发射人造卫星的方案报告》，正式上报中央专委。报告建议：卫星工程总体及卫星本体由中国科学院负责；运载火箭由七机部负责；地面观测、跟踪、遥测以四机部为主，科学院配合；卫星发射场由国防科委所属试验基地负责建设。该报告提出拟于1970 年至 1971 年发射质量为 100kg 左右的我国第 1 颗人造卫星。

1965 年 5 月 4—5 日，中央专委第 12 次会议同意国防科委的意见。要求各有关单位将发射人造卫星的工作纳入年度计划，还要求中国科学院在 7 月提出具体的规划。

1965 年 8 月 9—10 日，周恩来主持召开了中央专委第 13 次会议，讨论和批准了中国科学院的规划方案，作出了我国第 1 颗人造卫星争取在 1970 年左右发射的决定。在会上明确了分工，由中国科学院搞卫星本体和地面跟踪测量系统，同意在中国科学院内设立一个卫星设计院，由七机部搞运载火箭，由国防科委酒泉导弹试验训练基地（即今酒泉卫星发射中心）搞地面发射设备。第 1 颗人造卫星工程研制由国防科委直接领导。

中央专委第 13 次会议后，聂荣臻副总理同意七机部部长王秉璋和七机部副部长钱学森等人的意见，由七机部八院承担第 1 颗人造卫星运载火箭的研制任务。中国科学院于 1965 年 9 月 6 日提出了《待与七机部商讨的问题》，内容包括卫星质量 100kg，建议轨道倾角为 42°，要求卫星近地点高度为 350km，远地点高度为 700km。

于是，七机部领导紧急布置七机部八院迅速开展第 1 颗人造卫星运载火箭的方案论证工作，并于 10 月中旬向第 1 颗人造卫星方案论证及工作安排会议提供报告。

4.2.2　总体方案的选择[3]

在考虑中国科学院提出的《待与七机部商讨的问题》的条件下，在王希季总工程师的领导下，朱毅麟、倪惠生、李颐黎等带领一批年轻的科技人员紧张地开展运载火箭总体方案的论证工作。[4]首先在七机部一院调研我国中程和中远程火箭的总体情况，然后向七机部四院了解 770 发动机的总体参数和性能，最后结合我国东方红 1 号卫星质量不低于 100kg 和保证在 1970 年发射的要求，提出了可供选择的三种方案。

方案 1：以我国已设计的中远程 2 级火箭作为卫星运载火箭的第 1、2 级，末级火箭是一个截短了的直径为 770mm 的固体发动机（GF02），构成 3 级火箭，如图 4 - 6 所示。

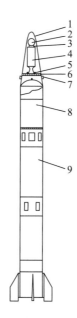

图 4 - 6　卫星运载火箭方案设想简图（1965 年 10 月 16 日状态）

1—整流罩；2—人造卫星；3—弹射机构；4—末级火箭；5—旋转火箭；6—旋转平台及连接分离机构；

7—反推火箭；8—第 2 级火箭；9—第 1 级火箭

方案 2：以我国已设计的中远程 2 级火箭作为卫星运载火箭的第 1、2 级，末级火箭采用 3 个并联的较小的固体发动机（GF01A），构成 3 级火箭。

方案 3：以我国已设计的中程 1 级火箭作为卫星运载火箭的第 1 级，加上需新研制的可控制的液体推进剂火箭组成两级火箭。

七机部八院运载火箭及卫星研究室对每种方案都进行了总体参数、总体构型和布局设计分析，发射轨道和飞行程序设计分析，以及关键技术分析等，提出了卫星运载火箭的 3 个总体方案，其中，方案 1 的发射程序如图 4-7 所示，发射轨道在地面的投影如图 4-8 所示。（为叙述方便，第 × 级后"火箭"二字省略）

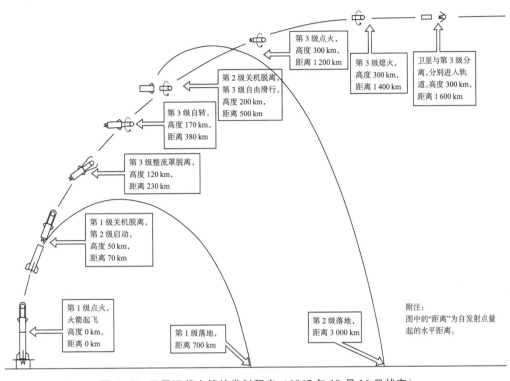

图 4-7 卫星运载火箭的发射程序（1965 年 10 月 16 日状态）

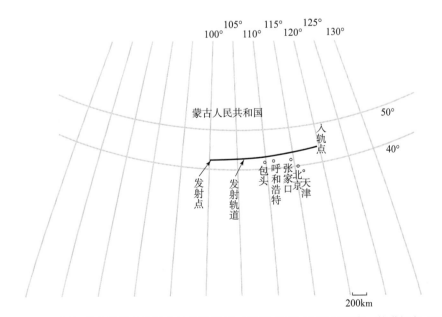

图 4-8 卫星运载火箭发射轨道在地面的投影（1965 年 10 月 16 日状态，轨道倾角 42°）

运载火箭及卫星研究室组织了方案讨论，经过讨论认为，虽然方案 2 的末级火箭使用已经研制成功的小型固体火箭发动机，但 3 个发动机并联存在着较大的技术风险，因此建议七机部八院着重讨论方案 1 和方案 3。1965 年 10 月 14 日七机部八院召开了方案讨论会，与会同志认为方案 3 虽有较大的发展前途，但需要新研制一个可控制的液体推进剂火箭，技术上较为复杂，对于保证要在 1970 年发射卫星存在比较大的进度风险，最终，七机部八院选择了方案 1。

1970 年东方红 1 号卫星（重达 173kg）的成功发射和 1971 年实践 1 号卫星的成功发射，均表明长征 1 号运载火箭方案的选择是正确和合理的。

4.2.3 提高远地点高度，确保卫星"上得去、转起来"

1965 年 10 月 20 日至 11 月 30 日，国防科委委托中国科学院在北京友谊宾馆召开了我国第 1 颗人造卫星方案论证和工作安排会议，会期长达 42 天。

七机部八院由于志副院长率领朱毅麟、倪惠生、李颐黎、陈崇卿等人员参加了该会议，并提交了《我国第一颗人造卫星运载工具方案设想（草案）》报告。会议期间，八院代表与各有关部门协调了卫星的尺寸、质量、轨道参数、入轨点、入轨精度、航区安全、卫星和火箭的连接方式、对整流罩的要求等问题。经过讨论，会议认为七机部八院提出的运载火箭的总体方案是可行的，一致同意卫星在我国甘肃省酒泉卫星发射中心发射。

10 月 25 日，八院代表与中国科学院代表钱骥等就卫星质量和轨道参数进行了协商。钱骥提出建议将卫星质量增加到 120kg，以便增加化学电池并延长卫星运行寿命；希望在考虑入轨偏差后，卫星实际运行轨道的近地点高度在 250～350km，远地点高度在 800～1 000km。会议期间，李颐黎为了回答上述要求能否达到，就入轨点偏差对运行轨道偏差影响的计算方法展开了研究，并结合实际情况与运载火箭及卫星研究室轨道组（即轨道设计组）的同志一道完成了发射轨道的大量计算。经过会内外的共同努力，在会议结束前，李颐黎代表七机部八院给出了卫星运载火箭所能实现的椭圆轨道参数。中国科学院与会代表接受了椭圆轨道参数的建议，并在会议结束后，将《关于第 1 颗人造卫星方案论证和工作安排会议报告》（以下简称《报告》）上报国防科委和中央专委，并按此《报告》中规定的各项参数开展后续工作。这次会议时间很长，收获也很大，是卫星、运载火箭、发射场、地面测控各系统和卫星工程总体的一次大的方案论证和技术协调会，有力地推动了整个卫星工程的研制工作。

4.2.4　卫星轨道倾角的优化

我国第一颗人造卫星方案论证和工作安排会议确定了东方红 1 号卫星的轨道倾角。但是，限于当时的条件，确定这一轨道倾角没有考虑到后来的返回式遥感卫星的研制要求。

1966 年 3 月 22—29 日，在北京召开了我国第 1 颗人造卫星的地面系统会议，讨论和确定了卫星任务的地面系统方案、分工及具体落实。会议由中国科学院副院长裴丽生主持，七机部八院朱守己和李颐黎参加了会议。会议确定了以雷达为主，结合干涉仪、多普勒、光学几种手段跟踪和测量卫星的方案；会议遗留了一个问题——入轨点问题，这需要由负责运载火箭、卫星本体、地面测控几方的研究人员今后共同确定。在发射场已经确定的前提下，入轨点的位置可由火箭射向和入轨点航程确定，而不同的射向对应不同的轨道倾角，七机部八院在 1966 年年初开始了我国返回式遥感卫星的方案论证工作，在论证中研究人员发现返回式卫星需要更大的轨道倾角，不适合采用 42° 的轨道倾角。那么，东方红 1 号卫星能不能也选用较大的轨道倾角呢？七机部八院运载火箭与卫星研究室轨道组在 1966 年 3 月召开的上述会议前后计算了运载火箭沿不同方向发射时所能运载的卫星质量，结果如下：

a）当向东发射，卫星入轨点航程为 2 000km 时，卫星质量不得超过 210kg；当入轨点航程为 1 800km 时，卫星质量不得超过 180kg。

b）当向南发射且入轨点航程为 2 150km 时，卫星质量不得超过 120kg。

这说明，东方红 1 号卫星可以采用和返回式遥感卫星相同的轨道倾角，李颐黎向王希季汇报了这一计算结果后，得到了王希季总工程师的大力支持。

1966 年 4 月 1 日晚，中国科学院和七机部有关领导和主要科技人员在北京中关村召开碰头会。出席会议的有中国科学院的裴丽生、杨刚毅、杨嘉德、王跃华、钱骥、陆绶官，以及七机部的耿青、王希季和李颐黎，王希季总工程师介绍了卫星运载火箭向东、向南发射的运载能力的计算结果，他说："一个发射方向被选定了，若后续型号需要再变，就很困难，因此倾角 42° 有问题，它不符合我国返回式卫星的轨道倾角。"裴丽生副院长说："第 1 颗（卫星）必须与以后的（卫星）结合，不结合就不行，第 1 颗还是搞极地轨道，这是个方向，不图搞亚非拉虚名。"（笔者注：原来有人说采用 42° 轨道倾角的优点是卫星主要经过亚非拉地区，可以鼓舞亚非拉人民）这次会议经过讨论一致认为，建设地面站花钱很多，第 1 颗卫星的轨道倾角要与后续系列卫星（返回式卫星）结合起来考虑。这个碰头会开得好，中国科学院与会同志接受了七机部与会同志的合理化建议，取得了共识。

当时，解决上述入轨点问题，即轨道倾角选择问题成为卫星研制中的紧迫任务。1966 年 4 月 18—28 日在中国科学院力学研究所召开了人造卫星轨道选择会议，李颐黎、潘厚任等参加了会议。会议提出了选择轨道倾角的 5 条原则，对轨道倾角为 42°、60°~70°及 90°左右的 3 个方案进行了比较。经过比较，与会者一致认为，以 60°~70°作为卫星的轨道倾角是比较符合 5 条原则的。轨道倾角为 42°和 70°时发射轨道在地面的投影如图 4 - 9 所示。

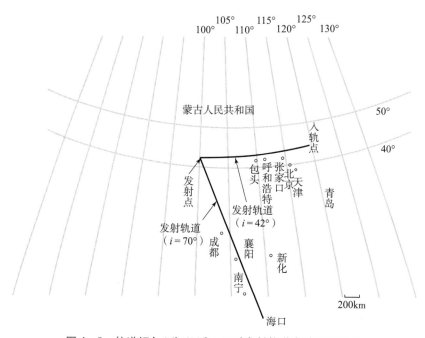

图 4 - 9　轨道倾角 i 为 42°和 70°时发射轨道在地面的投影

我国航天发射的实践表明，东方红 1 号卫星及返回式卫星选用 60°~70°轨道倾角是正确的。1970—1983 年，我国发射的 3 个系列 13 颗卫星的轨道倾角均在 57°~70°，大大节约了建设地面站的投资，加快了我国航天事业发展的进程。

4.2.5　末级火箭起旋分离方案以及运载火箭参数与飞行程序的优化

从 1966 年 8 月起，运载火箭进入方案设计阶段。在方案设计阶段主要解决的问题有两个：一是如何使末级火箭起旋和分离方案设计得更稳妥；二是如何将发射卫星的飞行程序与中远程火箭的飞行程序相结合。

随着研制工作的深入，七机部八院研制团队发现运载火箭的末级火箭采用旋转平台起旋后再分离的方案虽有分离干扰小的优点，但是对这种直径大、刚度要求高、需要在真空条件下高速旋转的平台的研制十分困难，难以满足进度要求，而且使用旋转平台要增加较多的末级火箭结构质量。

1966 年 9 月，研制团队研究决定，取消旋转平台，调整为将末级火箭的支撑板固定在仪器舱上，将起旋火箭固定在末级火箭的质心附近的方案（见图 4 – 10），同时对火箭的发射程序进行相应的改进，由原方案的"在第 2 级火箭未分离的情况下末级火箭在第 2 级火箭的旋转平台上起旋，起旋后第 2 级火箭与末级火箭分离"，改为取消旋转平台，末级火箭先与第 2 级火箭分离，分离后再依靠末级火箭质心附近的起旋火箭实现末级火箭起旋，以保障末级火箭姿态在发动机工作时的稳定（见图 4 – 11）。这样，卫星入轨时的速度方向偏差由采

图 4 – 10　长征 1 号末级火箭和东方红 1 号卫星

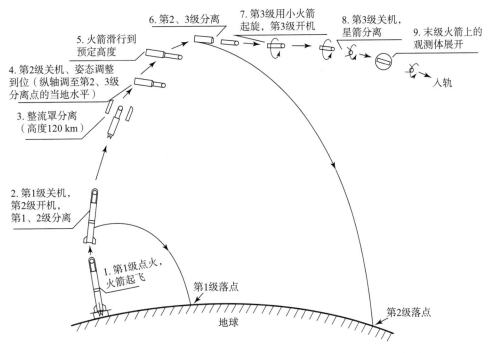

图 4 – 11　采用起旋火箭方案后长征 1 号运载火箭的发射程序示意图

用旋转平台时的 0.92°增至无旋转平台时的 0.965°，但仍能满足设计要求。同时，采用改进方案后，可以保证即使有一个起旋火箭未点着火，卫星也可以可靠入轨。

1966 年 10 月中旬，七机部八院研制团队采用 1966 年 7 月七机部一院编写的《中远程火箭弹道计算的初始数据及程序》对长征 1 号火箭发射轨道进行计算时发现，对这种状态来说，由于原设计的末级火箭发动机质量太小，第 2 级火箭残骸落点航程达 4 866km，就会落到印尼的领土上，这当然是不允许的。于是将末级火箭发动机增加质重至 1 800kg 以上，以使第 2 级火箭残骸落在我国领海之内。

10 月 18 日八院研制团队又从七机部四院那里进一步证实，原 770 发动机总质量为 2t。因此，对末级火箭发动机增加装药长度并使其质量增加至 2t 是可行的。

10 月 20 日八院研制团队向一院介绍了长征 1 号运载火箭运载能力的计算结果，并提出如果 1 子级飞行程序与中远程火箭飞行程序相同，仅更改第 2 子级飞行程序，则可使其运载能力比 1、2 子级均采用中远程火箭飞行程序的情况增加 80kg。

经七机部领导批准，从 1966 年 11 月 16 日起，七机部八院派出朱毅麟、李颐黎、朱仁璋等 11 位研制团队成员到一院总体部协作，共同研究用长征 1 号运载火箭发射东方红 1 号卫星的飞行试验方案。经过近两个月的努力，1967 年 1 月中旬正式确定长征 1 号运载火箭第 1 子级和第 2 子级的飞行程序采用中远程火箭的飞行程序、末级火箭采用 2t 重的固体发动机方案。这一方案既能保证满足 130kg 卫星的发射，又能确保第 1、2 级火箭残骸不落在国外领土上，且一旦在正样阶段卫星的质量超标，还可以用改变第 2 子级飞行程序的办法来提高火箭运载能力。七机部于 1967 年 3 月 3 日将《关于第 1 颗卫星运载工具长征 1 号方案更改报告》上报国防科委。

1967 年第 1 季度，在对东方红 1 号卫星各分系统进行复审的基础上，中国科学院卫星设计院会同卫星地面测控单位和七机部八院起草了《东方红 1 号地球卫星研制任务书》（以下简称《任务书》），并上报国防科委；国防科委于 1967 年 4 月 25 日发出通知，征求对该《任务书》的意见。《任务书》中有关火箭运载能力和火箭入轨精度方面的表述内容如下：

卫星直径为 1m，质量 130kg，卫星入轨前最大转速不大于 240r/min。运行轨道倾角 70°±2°，近地点高度 500～600km（标准值为 590km），远地点高度 1 000～2 100km（标准值为 1 500km），运行周期 100～110min。

4.2.6　任务移交一院后对长征 1 号运载火箭总体方案的优化[5]

1967 年 11 月 1 日，国防科委发出《关于长征 1 号运载火箭研制任务移交问题的通知》（以下简称《通知》），该《通知》称"根据一院、空间院（笔者注：此处的空间院是指中国空间技术研究院。该院于 1968 年 2 月 20 日正式成立，负责航天器的研制。1967 年 11 月已决定将七机部八院划归未来的中国空间技术研究院）的分工原则，为了确保 1968 年国庆节前发射东方红 1 号卫星，决定将长征 1 号运载火箭的研制任务由八院移交给一院，要求 11 月 10 日前移交完毕……"八院随即完成了长征 1 号运载火箭研制任务的移交工作，其承担的长征 1 号运载火箭滑行段姿态控制系统的部分研制任务和安装在末级火箭上的观测体的研制任务不在移交之列，一直持续到东方红 1 号卫星成功发射。

在七机部一院接受长征 1 号运载火箭的研制任务后，随着研制的深入，对总体方案又进行了修改。例如，东方红 1 号卫星在正样阶段已增重至 173kg，而当时四院给出的末级火箭固体发动机的比冲值较后来给出的要低；为了提高运载能力，第 1 级仍采用中远程火箭的飞行程序，第 2 级则采用有个转弯段的飞行程序，这样入轨点高度降低至 444km 左右，但仍能满足安全入轨的要求。此外，为了降低末级 770 发动机在自旋情况下工作的铝粉沉积量，将末级火箭的起旋转速由原定的最高 240r/min 调整为 180r/min，这样，卫星的入轨精度和观测体的展开仍可满足要求。

4.2.7　长征 1 号运载火箭成功发射

1970 年 4 月 24 日 21 时 35 分，长征 1 号运载火箭（见图 4-12）托举着东方红 1 号人造地球卫星从酒泉卫星发射中心成功起飞，将卫星顺利送入近地点高度为 439km、远地点高度为 2 348km 和轨道倾角为 68.5°的环绕地球运行的椭圆轨道。东方红 1 号卫星重达 173kg，比苏联、美国、法国、日本发射的第 1 颗人造卫星的质量之和还要大。卫星在轨正常工作了 28 天，圆满完成了"上得去、转起来、看得见、听得着"的任务。

图 4-12　长征 1 号运载火箭（第 1 级和第 2 级）

长征 1 号运载火箭作为优秀科技成果荣获 1978 年全国科学大会表彰。

在 1986 年张钧主编的《当代中国的航天事业》一书第 153 页上说："'长征 1 号'总体设计工作开始由第七机械工业部第八设计院负责，1967 年 11 月，改由运载火箭研究院负责。"[6]（笔者注：文中所说的运载火箭研究院是指中国运载火箭技术研究院）

1999 年，中共中央、国务院、中央军委为研制"两弹一星"作出突出贡献的科技专家授勋时，授予王希季院士"两弹一星"功勋奖章，充分肯定了他在长征 1 号研制工作中的奠基性作用："他创造性地把我国探空火箭技术和导弹技术结合起来，提出了我国第 1 颗卫星运载火箭的技术方案，主持长征 1 号运载火箭和核试验取样系列火箭的研制……"[7][8]王希季院士在接受功勋奖章后与其他 5 位获奖者的合影如图 4 – 13 所示。

图 4 – 13　1999 年 9 月 18 日"两弹一星"功勋奖章授奖仪式后
王希季（右二）与其他 5 位获奖者合影

这是当年从事过长征 1 号运载火箭研制的七机部八院的光荣，长征 1 号运载火箭前期研制团队为使我国成为世界上第 5 个独立发射人造卫星的国家所作出的贡献值得铭记。

4.3 从事并协同一院研制出长征 1 号运载火箭第 2 级滑行段姿态控制系统

4.3.1 任务由来

根据七机部的决定，1966 年 5 月七机部八院正式承接了长征 1 号运载火箭滑行段姿态控制系统的研制任务，直到 1967 年 11 月。1967 年 11 月之后，尽管将此任务已交给一院，但七机部八院王希季总工程师仍在七机部的支持下带领研制人员协同七机部一院成功研制了长征 1 号运载火箭第 2 级滑行段姿态控制系统，对保证东方红 1 号卫星的发射成功起了重要的作用。

长征 1 号运载火箭在第 2 级动力段与第 3 级动力段之间有 200 多秒的滑行飞行段，在该段姿态控制系统的任务是消除滑行段的姿态干扰，使第 3 级固体发动机点火时建立所需要的姿态，把长征 1 号运载火箭 01 批一组第 2 级滑行段的俯仰姿态角由起点自 32.6°调至终点的 − 25°。[9]

4.3.2 任务攻关

七机部八院在方案设计中碰到的问题是任务紧、技术新、要求高。设计人员认真学习了北京航天自动控制研究所工程师金钟骥等在设计中远程火箭第 2 级动力飞行段姿态控制系统设计的经验，刻苦钻研，终于在 1967 年 9 月由七机部八院何运国、刘杰荣、江斌等完成了长征 1 号（CZ - 1）滑行段姿态控制系统设计并编写出《CZ - 1（01 批一、二组）姿态控制系统设计报告》，如图 4 - 14 ~ 图 4 - 16 所示。他们设计的是一个简单、实用的姿态控制系统，它以第 2 级火箭的惯性器件（两个位置陀螺）作为敏感器件，采用高压氮气喷射作为调整姿态的动力。在系统设计过程中，何运国等先在北京计算机技术及应用研究所用该所的数字计算机进行计算，后来，束志业、崔绍春、陈祖齐、何运国等在七机部八院的模拟机上进行仿真计算，同时何振华等执行机构组的同志研制出了高压氮气喷射装置。[9]

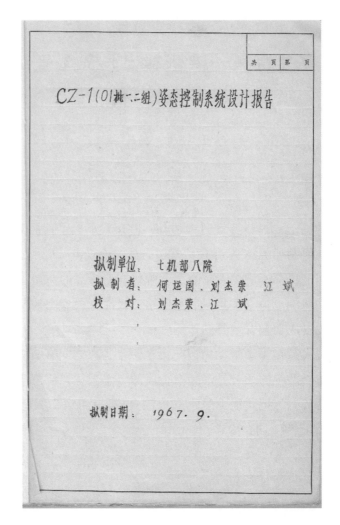

图 4 –14 《CZ –1（01 批一、二组）姿态控制系统设计报告》封面

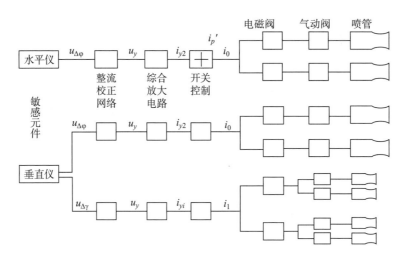

图 4 –15 长征 1 号运载火箭（CZ –1）第 2 级滑行段姿态控制系统结构示意图

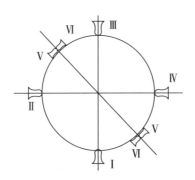

图 4-16 长征 1 号运载火箭（CZ-1）第 2 级滑行段姿态控制系统的喷管安装位置示意图

1968 年，北京航天自动控制研究所以非线性控制理论为基础，阐明了液体推进剂在失重条件下紊乱运动对火箭姿态控制的影响，建立了相应的数学模型，解决了系统的理论和实践问题。同时又在推进剂箱底附近增加了阻尼板以减少晃动。

随后，七机部八院的于豫民、何运国、王怀义等参加了包括考验滑行段姿态控制系统的飞行试验，试验取得了成功。

4.3.3　方案在长征 1 号运载火箭首飞中得到验证

1970 年 4 月，七机部八院王怀义等赴酒泉卫星发射中心执行东方红 1 号卫星的发射任务。4 月 24 日，火箭推进剂加注完毕，在最后一次总检查中却发现运载火箭第 2 子级俯仰姿态转弯脉冲数不正常。王怀义作为运载火箭第 2 子级滑行段姿态控制系统脉冲源设备的技术主管，认真细致地分析排查，准确定位并排除故障，卫星正常发射。[10]

东方红 1 号卫星发射成功后，何运国等同志根据航天长征火箭技术有限公司所测得的姿态角和开关控制器的输出信号，对滑行段姿态控制系统进行了分析，分析结果表明，滑行段姿态控制系统在整个滑行段工作正常，系统稳定，且性能满足设计要求。

4.4　完成了东方红 1 号卫星观测系统的研制，解决了"看得见"的问题[11]~[14]

4.4.1　任务由来

1965 年 10—11 月召开的我国第 1 颗人造卫星方案论证和工作安排会议并未提

出东方红 1 号卫星要满足地面上的人用肉眼可以"看得见"的要求。

1967 年 10 月孙家栋主持东方红 1 号总体论证工作后，简化了东方红 1 号卫星的总体方案，制定了东方红 1 号卫星新的总体方案。

1967 年 12 月 11 日国防科委召开了东方红 1 号卫星方案论证协调会，确定了我国第 1 颗人造卫星的基本任务是"上得去，转起来，看得见，听得着"。[11]

经分析，东方红 1 号卫星直径为 1m，在天气、光线都好的情况下，它的亮度仅相当于七等星，而人的肉眼最多只能看到六等星，基本上看不到七等星。

于是，北京空间飞行器总体设计部决定在末级火箭上安装观测系统，利用卫星在运行早期离末级火箭不远的特点，借助它来观测卫星。

1968 年年初七机部八院接受了北京空间飞行器总体设计部提出的研制末级火箭观测裙（后改为观测系统）的任务，在王希季的指导和史日耀[7]（时任第八设计院回收技术室负责人）的带领下，沈祖炜、林仙友、朱福林、陆章福等设计人员和工厂工人师傅沈金龙、费铭权、唐雪龙等组合成三结合小组（指由领导干部、技术人员和工人组成的研制小组），从事东方红 1 号卫星观测系统的研制，参加研制的还有黄爱、李志强、朱治文等。

4.4.2 观测系统方案的制定

经过论证，卫星观测体必须采用球形，因为球形从各方面看都有相同的同一面积，裙式的观测体不具备这个特性，但是球直径应该多大才能够达到在地面上的人用肉眼能够看见的要求，经过沈祖炜等去中国科学院请教光学专家，去北京天文台请教专家，结合星箭之间允许安装的空间，最后确定球体直径可以达到 4m，而且球表面具有镜面效果，可见光反射率为 0.6 以上。

观测系统由高压气瓶、爆破阀、球皮包与球皮、火工品（解锁装置）和控制器等组成。

经过调研，球皮基材选用聚酰亚胺绸，这种材料可耐低温 -269℃ 保持柔软、耐高温 300℃ 100 小时材料强度仍为常温强度的 74.5% 、耐辐射 10^9 Rad 材料强度比常温强度仅下降 10%；然后再在球皮基材上面真空镀铝，以达到反光率为 0.6 以上的要求。

系统和结构设计制定了新方案，观测体的外形由半锥角为 45° 的裙，改为直径为 4m 的球，为了使环状包内的球皮（见图 4 - 17）在卫星入轨并与末级火箭分离后能伸展成直径 4m 的球，在末级火箭的法兰盘上设有支撑杆及其伸展结构，由它们轴向伸展柔性织物的球皮，其在旋转（末级火箭自旋180~240r/min）与移动过程中，支撑杆伸展机构拉出球皮，使球皮展开形成4m直径的球（观测体）。

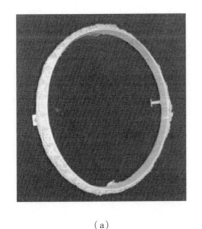

（a）

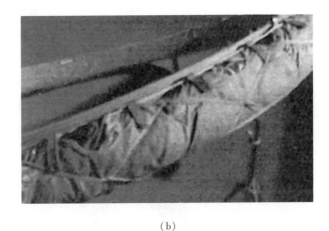

（b）

图4-17　安装在长征1号末级火箭观测体的环状包（供地面试验用）

（a）环状包全部；（b）环状包局部

末级运载火箭虽然可安装弹射杆的长度达2.7m，但还需要伸展机构使内杆外伸1.3m，杆端装有滑轮机构，用来展开直径4m的球皮。末级运载火箭为固体推进剂的火箭，工作结束后其金属外壳有100℃多，中部有四个切向安装的起旋火箭，因此要用支撑物把弹射杆架空，在球皮展开的过程中不会灼伤球皮。

球皮两端都缝有大铝环，用以保持球皮展开后的形状，如图4-18所示。大铝环的一端在星箭分离后可沿支撑杆向前滑行，另一端固定在球皮座上。在发射状态时，球皮被包叠成圆环，固定在火箭下部的承力裙处，如图4-19所示。

图4-18　安装在长征1号末级火箭上的观测体环状包在地面展开的状态

（供地面试验用，展开后为圆筒状）

图 4-19　观测体环状包在长征 1 号末级火箭上的安装位置（发射前状态）

　　观测系统的工作程序（卫星入轨后星箭分离距离达到 2m 以上即可启动程序）如图 4-20 所示。

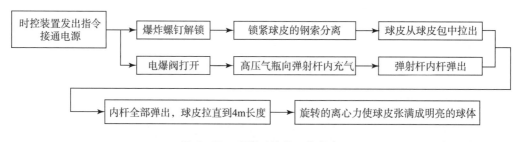

图 4-20　观测系统的工作程序

4.4.3　方案的地面试验验证

（1）球皮高真空试验

　　在中国科学院科仪厂进行了 1.3×10^{-6}Pa 真空度下压紧的球皮在展开后镀铝层是否会因冷焊而相互粘连，试验结果满意。

（2）旋转展开试验

缝制了直径为400mm的小球皮在大气中旋转，由于有空气阻力影响，不能展开成满意形状。在七机部八院的真空箱内进行了1.3×10^{-3}Pa真空度下的旋转试验，小球皮可以旋转成球状。证明在真空下旋转可以展成球状。

（3）单杆弹射试验

外管和内管都选用管状金属型材，尺寸精度不高，很细的内管要从外管中弹出1.3m是不容易的。最初选用长弹簧压缩后顶在内管底部弹射，全部弹出后把外管管头冲掉了。后来虽加上缓冲垫片解决了这一问题，但4根长弹簧的质量达4kg，系统质量超标；为减小质量，采用火药气体作为动力，弹射内杆，虽然质量大大减少，但由于瞬时产生的火药气体压力太大，以致管子爆裂。基于研制周期紧，只得放弃此方案，最后采用气瓶高压气体弹射内杆，高压气瓶和爆破阀门是T-7气象火箭上使用的成熟产品，不需研制。高压气瓶和阀门重2.5kg，作为配重，可在任意位置上配置，至此，观测系统质量降至17.5kg以下。

为了保证使用寿命30天，内杆伸展到位后自锁。

（4）全系统试验

全系统试验在七机部八院44-1火工品试验大厅进行。

全系统试验利用车床作为旋转支架和旋转动力，将观测体组装到型架的法兰盘上，然后车床开车，将转速调到大于180r/min，然后电爆阀打开高压气瓶向弹射杆内充气，弹射杆内杆弹出，与此同时，爆炸螺钉点火，球皮座解除封包，球皮从球皮包处拉出，最后内杆全部弹出球皮，拉直到4m长度。起初4根杆能同步弹出，但是内管弯曲了（即伸不直），经分析是在大于180 r/min的旋转速度下弹出悬臂的内管时它带动展开直径为4m的球体，致使内管承受很大的空气动力扭矩，而在真空情况是不存在的。后来把球体改成圆柱形，但内管弹出后仍有弯曲，虽然主要是由空气阻力引起的，但研制人员还是把内管壁厚由1mm增至1.5mm，弹射后获得满意效果，内杆全部弹出，圆柱形球皮全部拉到顶部后展开。

4.4.4 关键技术攻关

由于此项任务要求完成的时间只有一年多，又由于观测体装置是后来增设的，所以总体布局的位置和允许观测体装置的质量都有很苛刻的限制；观测体装置世界上未曾见过先例，没有成功的资料可供借鉴。研制过程中遇到不少技术问题和工艺上的问题，例如，主要结构初样件产品的质量超过了总体给出的许可值，设计人员综合考虑结构件质量、刚度、强度、启动力之间的关系，大胆地决定改换构件材料以及采用压缩气体做弹射动力的方案，经设计人员与工艺人员、工人师傅日夜奋战，解决了构件超重的问题。观测体的织物材料有光学漫反射性能的要求，还要能适应空间高低温度交变的环境、真空环境、耐辐射、柔软易包装的要求，经过设计人员做了多品种材料工艺的研究和测试后，与协作单位合作研制出符合要求的新式的镀铝的聚酰亚胺绸，用来制造球状观测体，还设计了一套观测体弹射、张开机构。上天前观测体被包在环状包内，环状包固定在球皮环形支座上，该支座固定在运载火箭承力裙上。卫星入轨后 4 s，高压气瓶向弹射杆内充气，弹射杆内杆弹出；同时，解开环状包，观测体球皮沿导杆被拉出，然后借助末级火箭 180 r/min 自旋而产生的离心力展开成直径为 4.0 m 的球形反光体，能达到 2~3 等星的亮度，肉眼就能直接看到，从而解决了"看得见"的问题，如图 4 - 21 所示。

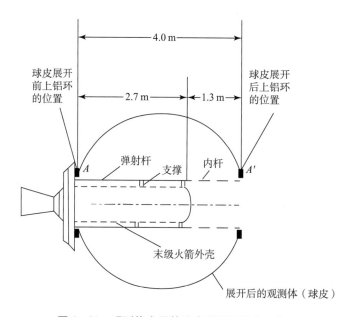

图 4 - 21　观测体在星箭分离后展开状态示意图

从图 4 - 21 可见，在弹射杆内杆弹射出 1.3 m 左右的过程中，在球皮上安装的上铝环需要由图 4 - 21 中的 A 处移至 A′，即移动 4.0 m。这需要借助于两个滑轮组及钢索拉动上铝环在弹射杆上滑动来实现，如图 4 - 22 所示。

在图 4 - 22 中，①为球皮（包装状态）；②为下铝环（它被固定在末级火箭的环状包安装座上）；③为上铝环，A 为钢索与上铝环的连接点（在弹射杆工作前的

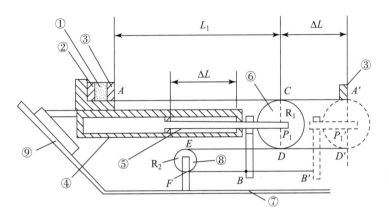

图 4 – 22   内杆伸出 1.3m 时上铝环移动 4.0m 的原理示意图

位置）；①②③合起来为环状包；④为弹射杆外杆（它被固定在与末级火箭固连的末级火箭承力裙⑨上）；⑤为弹射杆内杆（在弹射前的位置）；⑥为安装在弹射杆内杆上的滑轮 R_1，其半径为 r_1。⑦为末级火箭壳体；⑧为安装在末级火箭上的滑轮 R_2，其半径为 r_2；⑨为与末级火箭固连的末级承力裙。弹射杆动作前，钢索由 $\overline{AC}$ 连 $\overparen{CD}$ 连 $\overline{DE}$ 连 $\overparen{EF}$ 连 $\overline{FB}$，点 B 是钢索与内杆固连的连接点。ΔL 是内杆移动的终点长度，点 P_1' 为内杆移动到终点时点 P_1 的位置，当滑轮 R_1 的中心点 P_1 移至 P_1' 时，相应的点 D 移至点 D'，点 B 移至点 B'。

由图 4 – 22 可见，在弹射杆动作前，钢索的全长 L 为

$$L = \overline{AC} + \overparen{CD} + \overline{DE} + \overparen{EF} + \overline{FB}$$

所以

$$L = L_1 + \pi r_1 + \overline{DE} + \pi r_2 + \overline{FB} \tag{4–1}$$

弹射杆在动作过程中，钢索将拉点 A 固连的上铝环移动，若内杆相对外杆的移动为 ΔL，且点 A 移动至点 A'，则

弹射杆动作完成后，钢索的全长

$$L' = \overparen{A'D'} + \overline{D'D} + \overline{DE} + \overparen{EF} + \overline{FB} + \overline{BB'}$$

所以

$$L' = \pi r_1 + \Delta L + \overline{DE} + \pi r_2 + \overline{FB} + \Delta L \tag{4–2}$$

若使 $L = L'$，由式（4–1）及式（4–2），得

$$L_1 + \pi r_1 + \overline{DE} + \pi r_2 + \overline{FB} = \pi r_1 + \Delta L + \overline{DE} + \pi r_2 + \overline{FB} + \Delta L$$

即

$$L_1 + \Delta L = 3\Delta L \qquad (4-3)$$

根据观测系统的设计要求，$L_1 + \Delta L = 4.0$（m），由式（4-3）得

$$\Delta L = \frac{L_1 + \Delta L}{3} = \frac{4.0}{3} = 1.333 \text{（m）}$$

故此设计在内杆弹出 1.333m 时球皮上安装的上铝环由图 4-21 中的点 A 处移至点 A' 处，即移动了 4.0m，满足设计要求。

研制团队在一年多的时间内完成了东方红 1 号卫星观测系统的方案论证、初样设计与试制、环境试验和地面模拟试验、样件的改进、最终正样生产和交货等，如期完成了研制任务。完成研制任务后，1969 年 4 月，研制团队的大部分同志去了东北军垦农场和军马场劳动。仅史日耀同志亲临酒泉卫星发射中心。1970 年 4 月 24 日，东方红 1 号卫星发射成功，实现了"上得去、转起来、看得见、听得着"的要求，卫星观测体的良好工作状态，大大增加了东方红 1 号卫星的政治效益和社会效益，是中国发展航天技术的良好开端。

1970 年 4 月 25 日晚 8 时 29 分，当东方红 1 号卫星飞经北京上空时，首都人民怀着无比喜悦的心情争相观看。研制团队成员沈祖炜、林仙友、陆章福等在黑龙江嫩江草原的军马场仰望星空，看见了亮亮的东方红 1 号卫星观测体在群星中缓缓移动，心情更加激动。[11][12]

东方红 1 号卫星观测系统作为优秀科技成果荣获 1978 年全国科学大会表彰。

4.5　增强国际传播能力，讲好中国航天故事

为了增强国际传播能力，讲好中国航天故事，为了传承中国军工精神和"两弹一星"精神，北京空间机电研究所的研究人员从 2013 年以来积极接受采访，参加北京电视台和中央电视台等开展的电视片制作活动。

4.5.1　李颐黎作为嘉宾参加北京电视台科教频道《〈直通科考站〉特别节目——缅怀钱学森》电视片的拍摄

该电视片上集于 2013 年 4 月 3 日 20：53 首播，下集于 2013 年 4 月 4 日 20：53 播出，播出后经李颐黎核对并提出修改意见后，字幕订正版于 2013 年 5 月 27 日完成，如图 4-23 所示。

图 4-23 《〈直通科考站〉特别节目——缅怀钱学森》的光盘封面

4.5.2 李颐黎、沈祖炜、王怀义作为被采访人参加《军工记忆》系列电视片的拍摄

2015 年国家国防科技工业局（以下简称国防科工局）离退休干部局和国家国防科技工业局新闻宣传中心开展了"回顾历史、传承精神"的活动，由国防科工局新闻宣传中心拍摄制作《军工记忆》系列电视片，北京空间机电研究所李颐黎、沈祖炜、王怀义三位研究员作为被采访人员参加了活动。《军工记忆》系列电视片在中央电视台播出后在全行业及社会上引起强烈反响。国家国防科技工业局离退休干部局及国家国防科技工业局新闻宣传中心特发感谢信给北京空间机电研究所。

4.5.3 参加中央电视台《国家记忆·钱学森与中国航天》电视片第 1 集至第 7 集的拍摄

李颐黎作为《国家记忆·钱学森与中国航天》的学术顾问，李颐黎、沈祖炜作为被采访人于 2016 年参加了《国家记忆·钱学森与中国航天》的第 1 集至第 7 集的电视片制作活动，该片已在中央电视台播出。该片播出后李颐黎对该片提出了书面的修改意见，电视台对此进行了一些修改。该片播出后，受到了观众的好评。

4.5.4 参加了制作"两弹一星"元勋任新民、屠守锷、黄纬禄和中国航天开拓者梁守槃的《国家记忆》电视片的拍摄

为了制作"两弹一星"元勋任新民、屠守锷、黄纬禄和中国航天开拓者梁守槃的《国家记忆》电视片，李颐黎、沈祖炜受中央电视台中文国际频道的邀请，经北京空间机电研究所党委办公室的批准，于 2018 年 3 月 29 日作为被采访人接受了央视编导鞠澄浩的采访。2018 年 4 月 25 日，张履谦院士、李颐黎、沈祖炜等参加了该电视片的审查会，提出了修改意见，央视进行了修改。该电视片已于 2018 年 5 月上旬在中央电视台中文国际频道"国家记忆"栏目播出，受到了观众的好评。

第 4 章　参 考 文 献

[1] 孔祥言. 钱学森的科技人生 [M]. 北京：中国宇航出版社，2011：326 – 332.

[2] 李颐黎. 钱学森培养我成为技术骨干 [M]//王春河，陈大亚，刘登锐，等. 钱学森的大师风范. 北京：中国宇航出版社，2011：179 – 186.

[3] 王春河，陈大亚，刘登锐，等. 钱学森的大师风范 [M]. 北京：中国宇航出版社，2011：彩色插页 2.

[4] 石磊，王春河，张宏显，陈中青. 钱学森的航天岁月 [M]. 北京：中国宇航出版社，2011：482 – 498.

[5] 李颐黎. 我国第一个卫星运载火箭总体方案的优化 [J]. 航天器环境工程，2015 (2)：130 – 134.

[6] 张钧. 当代中国的航天事业 [M]. 北京：中国社会科学出版社，1986：153.

[7] 朱晴. 王希季院士传记 [M]. 北京：中国宇航出版社，2014：147，151，彩页 4.

[8] 中国科学院."两弹一星"功勋奖章获得者——王希季 [EB/OL]. [2018 – 06 – 01]. http：//www. 60yq. cas. cn/zgkxyyldyx/gxjzhdz/wxj/.

[9] 何运国，刘杰荣，江斌. CZ – 1（01 批一、二组）姿态控制系统设计报告（内部报告）R. 七机部八院，1967：封面，图 1，图 2，6.

[10] 孙继文. 王怀义——痴心求索追梦人 [M]//李扬. 无悔航天——中国航天科技集团公司五院五〇八所建所五十周年文集. 北京：中国航天科技集团公司

五院五〇八所（内部出版），2008：203.

[11] 王建蒙. 孙家栋院士传记 [M]. 北京：中国宇航出版社，2014：68.

[12] 林仙友. 东方红 1 号卫星观测裙研制纪实 [M]// 李扬. 无悔航天——北京空间机电研究所建所五十周年文集. 北京：北京空间机电研究所，2008：71 - 72.

[13] 沈祖炜. 忆东方红 1 号卫星观测体研制往事 [M]// 高树义. 那一年　那一刻唱响宇宙（1970 - 2010）. 北京：北京空间机电研究所回收着陆技术研究室，2010：17 - 22.

[14] 陆章福. 难忘的时刻 [M]// 高树义. 那一年　那一刻　唱响宇宙（1970 - 2010）. 北京：北京空间机电研究所回收着陆技术研究室，2010：23 - 24.

第 5 章　中国的返回式卫星及其回收系统

在中国的卫星中，返回式卫星是起步比较早的一类卫星，自 1966 年开始研制，至 2016 年该类卫星已研制成功 5 种型号，代号分别为 FSW - 0、FSW - 1、FSW - 2、FSW - 3 和 FSW - 4 以及实践 8 号和实践 10 号卫星，共发射成功 24 颗返回式卫星。每一次飞行的卫星都是在前一次飞行的卫星的基础上提高或创新的结果。它是低轨道飞行、返回舱可以安全返回地面的遥感卫星，也是中国各类卫星中发射数量较多、社会效益和经济效益都比较好的一类卫星，本章介绍了中国第 1 种返回式卫星 01 批星（先后由七机部八院和北京空间飞行器总体设计部承担总体设计）的总体设计及各个分系统（特别是回收分系统）的研制和攻关情况及取得的成果。同时，也介绍了中国返回式卫星 01 批星之后的卫星回收系统的技术改进。

5.1　中国第 1 种返回式卫星 01 批星

中国第 1 种返回式卫星 01 批星是指 1975 年至 1978 年发射成功的 FSW - 0 - 1、FSW - 0 - 2 和 FSW - 0 - 3 共 3 颗卫星，它们历次飞行的主要参数可参见本章参考文献 [2] 和 [3]。

5.1.1　任务由来[1]~[3]

1965 年 9—12 月，七机部八院的技术人员在院领导的支持下，深入各用户单位调研对卫星的需求，发现许多用户都对返回式遥感卫星有强烈的需求。结合七机部八院在卫星设计和探空火箭研制中积累的飞行器总体设计、结构设计、遥感系统设计、回收系统设计的经验，他们提出由七机部八院承担返回式卫星和载人飞船的总体研制任务，此建议受到领导的重视。

1965 年 12 月中旬，七机部副部长钱学森在听取七机部八院的工作汇报时说："国防科委罗舜初副主任对我说，科学院搞 4 个卫星系列，20 颗卫星是力不胜任的，4 个系列怎么个搞法？让七机部准备个意见，具体就是让你们八院准备意见。"1966 年 1 月 4 日，罗舜初副主任在中国科学院党委会为成立卫星设计院向国家科委党组并抄报国防科委的请示报告上批示："卫星设计不是一个院所能承担的，同时应发挥七机部八院的作用，请考虑两个院分工的意见。"

根据上级领导的意见，七机部八院在王希季总工程师的主持下，于 1966 年 1 月开始了中国第 1 种返回式遥感卫星的总体方案的论证工作。经论证，认为应把当时已开始设计的远程火箭作适当改装来发射返回式卫星。1966 年 5 月，在王希季总工程师向七机部领导汇报卫星系列的情况时，钱学森副部长指示："如果用这种火箭（作者注：指远程火箭）发射返回式卫星，那么返回式卫星应结合远程火箭搞……返回式卫星工作要迅速做，飞船以后再考虑，八院现在有多大劲就用多大劲。"

1966 年 5 月 17 日，七机部召开党组会议，钱学森副部长在会议上发言，力主返回式卫星和载人飞船任务由七机部承担。会后，部党组统一了这一意见。

返回式卫星总体方案论证的难点在于寻求正确处理继承和创新的关系、综合优化的技术方案，既要满足用户对返回式遥感卫星的需求，又要充分利用远程火箭的运载能力，在 20 世纪 70 年代初期成功发射。

5.1.2 七机部八院承担的工作

七机部八院在我国第 1 种返回式遥感卫星（简称返式卫星）研制中主要承担的任务有两项：一是论证并提出返回式遥感卫星的总体方案，完成方案论证阶段的任务，并开展部分方案设计工作，二是完成返回式遥感卫星回收系统的研制。

（1）论证并提出返回式遥感卫星的总体方案，完成方案论证阶段的任务，并开展部分方案设计工作

第 1 种返回式卫星的研制经历了 4 个阶段：1966 年年初至 1967 年 9 月为方案

论证阶段，1967 年 9 月至 1970 年 3 月为方案设计阶段，1970 年 3 月至 1973 年 1 月为初样研制阶段，1973 年 1 月转入正样研制阶段。[2]

1966 年年初至 1968 年 4 月的返回式卫星总体设计工作是在王希季总工程师的主持下由七机部八院完成的，1968 年 4 月中国空间技术研究院北京空间飞行器总体设计部成立，1968 年 4 月之后的返回式卫星总体设计工作是在孙家栋的主持下由北京空间飞行器总体设计部完成的。

返回式卫星的第一个难关是要突破卫星返回技术，包括返回调姿关、制动关、防热关、软着陆关、标位及寻找关；第二个难关是突破卫星遥感技术，返回式卫星的总体方案要为突破这两个难关创造良好的保证条件。

从 1966 年年初开始，七机部八院在该院总工程师王希季的主持下，在吴开林、李颐黎等技术骨干的带领下，开始对发射返回式卫星的总体方案进行探讨。[1]1966 年年末拟定出我国返回式卫星方案设想。与此同时，星上的有些分系统（如摄影分系统、姿态控制分系统等）也陆续开始方案调研。1967 年 3 月至 9 月，正处在"文化大革命"时期，虽然研制人员，尤其是一些骨干蒙受着各种打击和压制，但他们还是以高度的事业心和强烈的责任感，在兄弟单位的大力配合下，于 1967 年 9 月完成了方案论证阶段的任务。并于 1967 年 7 月提出了我国《返回式卫星总体方案论证报告》。这个报告借鉴了国外返回式卫星的合理成分，在比较充分调研的基础上，认真考虑了我国的技术水平，正确处理了先进性和可行性的关系。因此，尽管该方案在以后各个阶段不断完善，但没有发生总体性的反复。

1967 年 9 月 11 日国防科委在北京召开了返回式卫星总体方案论证会议。七机部八院吴开林、李颐黎、陈中青等参加了该会议，李颐黎、陈中青共同编写了《返回式卫星的轨道、返回及对地面系统要求介绍提要》一文，并在会上做了介绍。

中国第 1 种返回式遥感卫星由仪器舱和返回舱两个舱组成，如图 5 - 1 和图 5 - 2 所示。仪器舱内携带一台可见光地物相机，在轨道上对国内预定地区进行摄影，并用一台星空相机同时对星空摄影，以利于事后校正卫星姿态误差。在完成预定的拍摄任务后，将装胶片暗盒的返回舱收回，以获取遥感资料。[3]

卫星重约 1 800kg，运行轨道为高轨道倾角的近地轨道，其典型初始轨道（按 1976 年发射的返回式卫星的实际初始运行轨道）为：近地点高度为 173km，远地点高度为 493km，周期为 91min，轨道倾角为 59.5°。

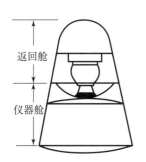

图 5 - 1　中国第 1 种返回式卫星
外形示意图

返回舱
仪器舱

图 5 - 2　1975 年发射的返
回式卫星（孙家克摄）

为了精心设计卫星的返回轨道，李颐黎、张荣保等技术人员对返回制动角（即返回式制动火箭推力方向与当地水平面方向的夹角）进行了优选，确定了最佳制动角。以约 -110° 的最佳制动角工作，返回轨道的航程最短，落点散布也最小，如图 5 - 3 所示。由于返回舱起旋的目的是在制动火箭工作期间，保持返回舱的姿态稳定，起旋后转速的大小直接关系到返回舱落点的散布，他们又认真分析了转速大小与返回舱抗干扰能力的关系，将返回舱起旋后的转速选择为 100r/min。

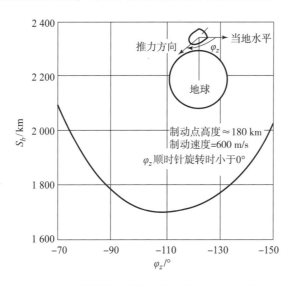

图 5 - 3　典型的返回舱航程 S_b 随制动角 φ_z 的变化

回收区的选择涉及很多复杂的技术问题。美国第 1 颗返回式卫星采用空中飞机钩取的方式回收。根据我国的条件，经多方反复比较，最终决定选择四川盆地的一个区域作为回收区。优点是该地区地势较平坦，在卫星返回前一圈运行中可以飞经我国大陆上空，能预先测轨；在卫星返回时可以利用酒泉卫星发射中心的测量设备测轨。按照这个方案，只需在国内布置测控站就可以完成卫星运行和返回的测控任务（不需海上测控船）。

1968年4月李颐黎编写了《返回式卫星轨道的选择》一文，主要解决的问题如下：

a）找到了卫星返回轨道的设计计算方案；

b）找到了最佳制动角；

c）正确地选择了回收区方案；

d）对运载火箭提出了较优的按卫星运行的周期关机方案。

该文对返回式卫星后续的设计和研制工作起了重要的作用。

从1968年4月起，返回式卫星的总体设计及研制工作移交给中国空间技术研究院北京空间飞行器总体设计部承担。

（2）完成返回式卫星回收系统的研制

1967—2016年，七机部八院（后改名为北京空间机电研究所）承担并完成了中国第1种至第5种返回式卫星以及实践8号和实践10号卫星回收系统的研制任务，详情参阅本书第5.3～5.7节。

5.1.3　返回式卫星总体设计与攻关[2]

（1）总体方案的确定

1976—1978年发射的中国返回式卫星的技术状态如下：

卫星由结构系统、温度控制系统、空间摄影系统、姿态控制系统、程序控制系统、遥测系统、遥控系统、跟踪系统、返回系统、天线系统和供配电系统共11个分系统组成。分为仪器舱和返回舱两个舱段。

仪器舱由仪器舱结构、地物相机、星空相机、姿态控制系统、程序控制系统、跟踪系统等组成。

返回舱由返回舱结构、起旋和消旋装置、制动火箭发动机、回收系统、跟踪设备、遥测设备和片盒暗道等组成。

1976—1978年发射的返回式卫星的返回过程可概述如下（如图5-4所示）：为了使制动火箭按预定的推力方向工作，卫星首先进行姿态调整，即将卫星从轨道运行时的头部向前姿态转到制动角 $\varphi_z = -100°$ 的状态（φ_z 的定义见图5-3），然后，返回舱与仪器舱分离。接着，用起旋发动机使返回舱绕纵轴旋转，以稳定返回舱的姿态。随后，制动发动机点火、工作，使返回舱从卫星运行轨道转到一条飞向地面的轨道。在进入大气层前，消旋发动机工作，使返回舱的自旋速度减小，以便返回舱再入大气层后能较快地转到头部朝前的姿态。返回舱在下降到离地面16km左右的高度时抛掉制动火箭壳体和底部防热罩。然后，装在返回舱内的降落伞系统的4顶降落伞依次打开。返回舱乘着主降落伞最后以14m/s的速度安全着陆。

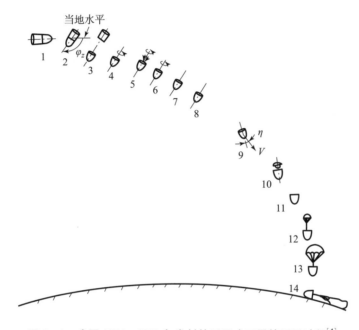

图5-4　我国1976—1978年发射的返回式卫星的返回过程[4]

1—在轨运行姿态；2—调整姿态结束；3—两舱分离；4—返回舱起旋；5—制动发动机点火；

6—制动发动机熄火；7—返回舱消旋；8—再入大气层；9—过载开关启动；10—抛伞舱盖；

11—回收舱下降、减速；12—减速伞收口状张开、全开；13—主伞收口状张开、全开；14—着陆

1976年和1978年发射的返回式卫星和1975年发射的卫星相比，在返回程序上最大的不同是：在1976年和1978年发射的返回式卫星在卫星返回制动后，在再入大气层前增加了一个返回舱消旋的动作，如图5-4中的序号为7的部分所示，从而使返回舱在再入大气层后可以较快地降低返回舱的总攻角，有利于返回舱再入防热和回收系统采用"过载-时间"控制方案。

卫星返回舱的形状为球头—圆锥台—球底形。为保证返回大气层后，返回舱能逐渐转到头部朝前的姿态稳定飞行，要求返回舱具有足够的正向静稳定性。为此，经北京空间飞行器总体设计部和气动力研究所共同努力，进行了大量分析工作及多个模型的超声速测力试验及高超声速测力试验后，选择了满足设计要求的返回舱外形，并对这一外形又进行了多次风洞试验。这些试验为正确地给出返回舱的空气动

力系数和表面压力系数提供了依据。

（2）几个分系统方案的确定与攻关

1）空间摄影系统

摄影系统包括地物相机和星空相机，是返回式卫星的"主角"。摄影系统方案设计的好坏直接关系到能否获得高质量的照相胶片。

1966 年春至 1967 年 10 月，中国科学院长春光学精密机械研究所（以下简称长春光机所）承担了摄影系统的方案论证工作。承担地物相机研制任务的科技人员过去虽搞过航空摄影相机，但从未接触过航天摄影相机。他们查阅了大量国外文献资料，认真分析了我国已有的各种航空相机的使用情况，提出了地物相机的方案设想。星空相机是拍摄恒星照片的相机，用来确定地物相机拍摄的方位。星空相机的研制是一个全新课题，王金堂等设计师接受这一研制任务时，对星空相机的曝光时间、镜头的相对孔径等基本参数如何选取还心中无数。他们在实践中摸索，从模拟试验中寻找答案。例如，他们把曝光时间先后取 1/100s、1/50s、1/20s，但都因星光太弱，在拍出的照片上找不出恒星，直到把曝光时间取为 0.5s，才拍出恒星。1967 年 5 月，长春光机所和中国科学院化学研究所在北京沙河天文台进行了模拟试验，获得了卫星在轨道上运行时相对于天空的角速度的数据，对确定星空相机的方案起了重要作用。

由于当时的"文化大革命"，相机研制工作无法在长春继续进行下去，只得从长春光机所、公安部 811 厂和北京工业学院 3 个单位抽调部分人员在北京研究，在 1967 年 11 月 1 日，由王大珩专家和原国防科工委于家本参谋共同在北京组成一个相机工程组（后来该单位几经变化，最终 1986 年 6 月合并到北京空间机电研究所），承担相机研制任务。在王大珩等专家指导下，经全体研制人员的努力，于 1968 年 1 月初，提出了摄影系统方案。

1968 年 2 月，相机工程组相继开始了摄影系统的初样设计和生产。1969 年春，经过试验发现，地物相机储片结构有卡死现象，输片系统易出现堆片。镜筒气密达不到要求，有些连接件在振动时出现松动。回收片盒和暗道耐受不住规定的内压，薄壳结构的外壁变形严重。另外，密封、关闭结构也达不到要求。对于地物相机本身存在的问题，后来经过改进设计，技术关键逐个得到了解决。片盒暗道研制任务于 1970 年 3 月转由七机部八院（现北京空间机电研究所）承担，该院研制人员提出了外壳和胶片支架相结合的片盒新方案。这一方案结构紧凑，重量又轻。在试制过程中，工人师傅克服了缺少设备的困难，用手工敲出壳体，用刨床滚压出壳体上的凸筋，用手工控制在立式铣床上铣出形状复杂、精度要求高的密封槽（当时没有数控铣床）。试验件初步通过了密封试验。在初样设计阶段，又改进了加工工艺，并做了大量环境试验。该院研制的片盒暗道在历次飞行试验中，完全符合设计要求。一次，片盒浸泡在 7.5m 水下 7 天 7 夜，仍能保证结构的完整性和密封性，使盒内的胶片完好无损。

1969 年 10 月进行的地物相机飞机摄影试验，采用保定胶片厂研制生产的胶片，取得了令人满意的地面图像。

1970 年 6 月以后，初样相机先后参加了整星的一些地面试验，发现的问题经过改进设计都得到了解决。1974 年 10 月，生产出可供返回式卫星飞行试验使用的摄影系统。

2）姿态控制系统

返回式卫星的姿态控制系统有三种功能和用途：一是在入轨后消除星箭分离时对卫星产生的初始姿态干扰；二是在轨道运行阶段进行三轴姿态控制，使地物相机对准地面拍摄的区域；三是返回前，将卫星的纵轴调整到返回姿态，使制动火箭的推力方向满足设计要求。

姿态控制系统的研制任务由北京控制工程研究所承担。1967 年，该所设计师张国富提出了返回式卫星的姿态控制系统方案并由他主持完成了方案论证和技术设计。他们本着从实际情况出发，在可靠的基础上求先进的原则，选取了主动式三轴姿态控制系统方案。这在我国卫星上是首次采用。为了解决卫星返回前俯仰姿态的大范围调整和偏航姿态的测量，经过调研和论证，选择了在水平陀螺仪上安装一个以恒定速度转动的程序机构。在接收到调整姿态指令后，切断红外地平仪信号，使水平陀螺仪处于自由状态，启动程序机构。这样，只要控制设计合理，就可以满足卫星返回前俯仰姿态调整的要求。关于偏航姿态的测量，经过自动控制专家杨嘉墀等反复论证，选择了当时较为先进的轨道陀螺罗盘。

圆锥扫描式红外地平仪是偏航姿态测量的关键部件，这是我国的一项空白。上海技术物理研究所于 1969 年夏研制出了初样产品。1969 年 6 月至 7 月，利用 T - 7A 气象火箭改制成的试验火箭 T - 7A（Y_6），在酒泉卫星发射中心进行了两次红外地平仪的高空试验，获得了宝贵资料，为完善设计提供了依据（详见本书第 3.6 节）。

1970 年，在杨嘉墀领导下，对姿态控制系统的初样产品进行 3 次大型模拟试验；利用三轴机械转台进行了半物理模拟试验；利用单轴气浮台和三轴气浮台（如图 5 - 5 所示）分别进行了全物理模拟试验。通过这些大型试验，验证了系统的可靠性和正确性，选定了系统的一些参数。在方案中采用了增益自调整、参数最优选择等技术，使该系统技术性能指标达到 20 世纪 70 年代初的世界先进水平。

图5-5 装有姿态控制系统的三轴气浮台

在返回式卫星的各个系统中，研究人员率先对姿态控制系统从元器件、部件到整个系统进行了可靠性分析和评估，最早制定了有关元器件筛选和质量控制的各项制度，对保证产品质量起了很好的作用。

3）温度控制系统

返回式卫星具有结构复杂、热流分布特殊、舱外无整流罩等特点，这给温度控制系统的设计造成一定的困难。北京空间飞行器总体设计部在专家闵桂荣的领导下，很好地完成了温度控制系统的设计任务，在国内首次应用了热缩比模化技术和热管技术等。

热缩比模化技术是按照相似准则，设计与制造一个小尺寸的卫星热比例模型，将模型在小设备中进行热真空试验，试验结果可以转换为原型的数据。在研究工作中，碰到的主要问题是满足相似准则的困难。从1969年起，经过几年的反复试验，终于基本上解决了被动温度控制卫星稳定工况热缩比模化的技术问题，模拟尺寸可以缩小到原型的几分之一。热比例模型和原型热真空试验结果比较，仪器舱温度偏差在5℃以内。

1966年闵桂荣在国外杂志上看到关于热管的简讯，认为发展热管这一新技术是温控的一种好办法，并提议将它用于卫星温度控制系统。

热管技术是一种新的温度控制手段。从1969年开始研究，于1976年起在我国返回式卫星上得到应用，取得了满意的效果。

另外，为了保证返回舱在轨道运行期间不过多地向外散热，且在返回过程中，使片盒温度在50℃以下，于是，在玻璃钢球头的内侧加上由多层镀铝薄膜敷成的隔热层。该隔热层需用一个质量轻又有良好绝热性能的非金属材料做成的框架把它撑起来。这种材料在国外一般选用一种昂贵的高分子合成材料——聚砜。1970年，温控设计人员选用多种材料，做了大量的计算和试验，进行综合分析、比较，最后选用一种比较理想的新材料，质量和价格均有显著下降，经过卫星飞行试验，表明使用性能良好。

4）返回舱结构

返回舱结构的设计，除了需要考虑发射上升段和轨道运行段的环境外，还需要着重考虑在返回过程中所经历的高热环境（表面温度可达1 000℃～2 000℃）、外压和制动过载。在质量指标给定的情况下，如何确保在返回过程中舱体结构不被强烈的气动加热烧毁，并确保舱内温度不超过仪器、设备允许的工作温度，这成为返回舱结构设计人员面临的难题。1967年秋，这项任务交给了几位过去从未接触过防热结构方面工作的青年科技人员。他们知难而进，通过调查研究，在有关单位的大力协助下，初步确定了返回舱结构的防热方案。根据返回舱各部段热环境的特点，分别采取了不同的防热方式。

返回舱的球头部分受热最严重，在返回过程中最大热流率可达600kcal/(m²·s)，总加热量达6 000kcal/m²。采用烧蚀式防热最为合适。如果采用高温熔化烧蚀材料，势必使结构做得沉重，也是重复国外20世纪50年代后期走过的老路。然而，一步就跨到国外在20世纪60年代中期才发展起来的低密度碳化烧蚀材料，不可能在近期内突破。于是研究人员决定利用我国比较成熟的成型工艺，寻求一种立足于国内、适合于卫星使用的碳化烧蚀材料。为此，进行了大量的材料筛选试验。经过烧蚀机理分析、物理化学性能的比较以及成型工艺摸索，初步选定一种复合材料作为返回舱头部结构的防热材料。

第1批球头结构的初样件于1971年8月在北京空间环境工程研究所的KM3热真空模拟试验罐中进行试验，如图5-6所示。当环境温度低于-40℃时，球头的防热层破裂了。经分析，主要原因是这种防热材料与金属基体材料的线膨胀系数值相差悬殊，经受不住低温环境的考验。这是因为在选材料时过多地偏重于烧蚀热性能的考虑，而忽视了机械物理性能。

北京空间飞行器总体设计部有关研制人员从这次热真空试验的挫折中吸取了教训，促使他们去寻求一种不但具有良好防热性能，而且兼有较好的热相容性的材料。经过北京材料工艺研究所科技人员的努力，终于找到了一种新的复合材料

图 5 - 6　将罩有金属网的卫星装入热真空模拟试验罐 **KM3** 中

"XF"。试验结果表明，其有效热容明显地大于高温熔化烧蚀材料，而且其表面碳层结实，抗气动剪切能力较强，经过一定的后热处理，其线膨胀系数略低于铝镁合金。以"XF"为防热层的球头结构，顺利地经受了 - 100℃ ~ 120℃ 的热真空环境试验，并在历次飞行任务中顺利地经受了返回条件的严峻考验。

1975 年发射的返回式卫星的返回舱裙部防热采用辐射式防热方案，并选定钼合金作为返回舱裙部结构的辐射防热式蒙皮材料。通过 1975 年发射的返回式卫星首次返回地面后的情况分析，研究人员认为这个方案未考虑返回舱裙部凸出物引起局部热流增加的问题，是不可行的。

底部防热罩的热流率较小，表面辐射平衡温度不太高。在这种条件下虽可采用辐射式防热，但考虑到在返回过程中，再入大气层后随着返回舱姿态逐步调整到球头朝前，底部防热罩的热流率才迅速减小，辐射防热系统能充分发挥作用的时间极短，采用辐射式防热在质量上不经济，且工艺复杂。经分析，最后决定底部防热罩采用烧蚀防热涂层加内部高温隔热式结构。经过对当时各种烧蚀防热材料进行筛选试验，大量防热性能良好的有机涂料在地面试验中经受不住空间的高真空和紫外线辐照环境条件的考验，都被淘汰了。最后，新研制了一种硅橡胶涂料，顺利地通过了各种空间环境试验。

1975 年 11 月 29 日，我国返回式卫星 FSW - 0 - 1 首次从太空归来。虽然防热结构保护了卫星上预定要回收的主要产品（胶片片盒），首次获得了由空间返回的成果，但是返回舱裙部的钼合金结构在返回过程中被巨大的热流烧坏了。承担防热设计的科技人员心情十分沉重。他们分析，导致返回舱裙部烧毁的原因是局部凸出物附近的热环境过于恶劣，同时，卫星返回舱是无控制再入飞行器，在再入过程中，它的外部热流的变化比较大，辐射防热结构难以适应。为此，在北京空间飞行器总体设计部结构设计室主任范本尧的带领下，在吴国庭、汪炳麟等同志的努力下，大家果断决定在 1976 年发射的返回式卫星上将返回舱裙部也改用"XF"复合材料作为防热结构材料，与球头结构一致。这样做虽然质量稍有增加，但提高了可靠性。果然，1976 年 12 月 10 日 FSW－0－2 自太空返回时，返回舱裙部就安然无恙。

返回式卫星的结构复杂，不但采用了相当数量的烧蚀材料、高温密封材料、耐热合金和钛合金材料，而且应用了较多的整体壁板、整体薄壁铸件和曲面加工件等形状复杂的物件。精度要求高，加工难度大。许多零件就其材料和结构形式来说，在国内的机械产品中是没有的。因此，其加工方法很难找到借鉴之处，必须采用特殊的工艺。

北京卫星制造厂在厂长孙立言的领导下，在承担返回式卫星星体结构的生产任务中，突破了四个技术难关：

一是整体薄壁镁合金井字梁的精密铸造工艺。井字梁是返回舱中仪器的安装骨架，又是一个主要承力件，需承受较大的冲击和过载。因此，采用了整体铸造成型工艺。由于该件壁薄、形状复杂、尺寸精度要求高，研制初期，做了许多试验件都不符合设计要求。后来，北京卫星制造厂在三机部铸造专家胡忠的指导下，经全体人员奋力攻关，终于制造出国内从未生产过的、工艺难度高的精密铸造件——井字梁，满足了返回式卫星的需要，并为以后大型薄壁镁合金铸造打下了良好的基础。

二是钛合金型材框的成型和机加工工艺。北京卫星制造厂将该工艺成功地用于返回式卫星的钛合金型材的加工中。

三是卫星密封舱口框的制造加工工艺。密封舱（仪器舱）口框是一种立体曲面形状的零件，密封槽圆角处呈双曲面形状。对这类复杂的零件，在国内无五坐标数控设备的情况下，采用将立体曲面零件进行展开计算，先转化为平面零件，再用模具将零件压弯成型，最后用强制热校形的方法加工而成。这是我国卫星加工工艺上的一个突破，为我国各种卫星中同类零件的加工提供了一种新的加工工艺。

四是大型复杂曲面形蜂窝结构的制造工艺。仪器舱的大舱门盖是一个大型锥面形蜂窝板块。1969 年年初，七机部八院（后改为北京空间机电研究所）接受了该部件的研制任务。当时，由于没有热压罐，只好利用铸造的模具进行机械加压的方式制造。虽然加工出了试验部件，也通过了强度试验，但是胶接质量低，脱胶面积大、部位多，还有局部凸起现象。后来，改用由铝板焊接成的模具在热压罐内胶接固化，并对黏结剂配方进行了调整，终于制造出合格产品，顺利通过了地面试验和实际飞行试验。这是在我国卫星上首次使用的蜂窝夹层结构。

5）制动火箭发动机

制动火箭发动机（如图 5 - 7 所示）的功用是给返回舱在预定的制动方向以一定的速度增量，使返回舱脱离原来的运行轨道，转入返回轨道。制动火箭发动机研制任务由中国河西化工机械公司（今航天动力技术研究院）杨南生领导的研制团队承担，采用球形燃烧室、星球形装药、潜入式喷管和尾部环形点火方式。这种结构形式的发动机在我国是首次研制。自 1968 年 3 月到 1971 年 5 月，通过多次地面试车，解决了大部分关键技术问题。

1971 年 8 月，总体部对制动火箭发动机提出了新的技术指标，要求减轻发动机总质量，减小总冲量的偏差。根据总体部的新要求，1971 年第 4 季度重新进行了发动机方案论证和修改设计工作。选用了能量较高的推进剂，对药型参数做了相应变动。自 1971 年 8 月到 1974 年年底，进行了多次综合性地面试车，终于研制出我国第 1 代卫星使用的固体火箭发动机。它成功地经受了历次飞行任务的考验，如图 5 - 7 所示。

图 5 - 7　制动火箭发动机（中上部分）

6）回收系统

回收系统的任务是保证返回舱以一定的安全速度着陆。它包括从卫星上发出信标信号，供地面尽快发现目标，打开降落伞减速。这是完成整个飞行任务最后关键的一步。如回收系统发生故障，就会前功尽弃。

承担回收系统研制的北京空间机电研究所，在降落伞设计中碰到的主要困难是强度问题。由于缺乏航天器用降落伞的设计经验，1970 年 7 月在进行第 1 批次空投试验时，两套全尺寸空投模型全部坠毁。后来采用了加强降落伞伞衣结构的措施，于同年 10 月进行了第 2 批次空投试验，仍然失败了。他们总结了前两批次失败的教训，找到了失败的原因，提出了降低开伞冲击载荷的措施。在 1970 年年底的空投试验中初步获得成功，使降落伞的方案初步确定下来。

回收标位，以无线电标位为主。在卫星上设置无线电信标机，在卫星返回过程中分别发出超短波和中波信标信号，供地面回收队伍定向搜索。地面跟踪设备为中波定向器、定向车和直升机装载的超短波定向罗盘。返回舱在下降过程中，以机载定向罗盘和地面定向车寻找为主，着陆后以中波定向器寻找为主。

为了使天线既能承受高温，又能承受着陆冲击，落地后继续工作，承担回收系统天线设计的西安无线电技术研究所选取了耐高温天线和套筒鞭天线接替工作的方案。经过用十多种耐高温复合材料进行数十次烧蚀试验，最后以铌作基材的一种复合材料的方案获得成功，使回收天线方案得以确定。

1974 年年初以前，回收系统的主要技术关键仍是降落伞。在空军的热情支持和协助下，到 1973 年年底，从低空到高空进行了多批共数十架次的空投试验，对回收系统，特别是降落伞在返回过程中各种可能的工作情况，包括极限情况和超设计情况，进行全面、充分的试验。通过试验，不断改进和完善设计，到 1974 年年初达到了可交付使用的状态。

引导伞的开伞方式最初沿用探空火箭上使用的开伞方式，用弹伞螺钉弹出引导伞。由于返回舱的尾流区较大，弹伞螺钉的能量有限，在 1971 年 1 月的一次空投试验中，出现了引导伞憋在伞衣套内、弹不出来的情况，致使减速伞不能开伞，模型坠落。为此，后来又设计了一种基于弹射筒原理的弹伞器和由主引导伞与辅助引导伞串联组成的双引导伞，保证了引导伞可靠地开伞。

减速伞和主降落伞开伞方式最初沿用人用伞的做法，先拉伞衣套出伞、后拉直伞绳。这种方法虽然在多次空投试验中获得成功，但从光测照片中发现，有时伞衣套刚离开返回舱后端，伞绳尚未拉直就已脱开。如果伞衣套脱开时伞衣陷在尾流区内，有可能导致不能开伞，这是一个隐患。北京空间机电研究所回收技术研究室技术负责人林华宝带领研制人员，在 1972 年 7 月进行的空投试验中，将开伞方式改为半倒拉式开伞，1973 年，又进一步改为全倒拉式开伞，保证了开伞的可靠性。

通过这些空投试验，获得了降落伞比较确切的各种性能参数；同时表明与原定设计要求相比，拥有相当大的安全裕度。1974 年林华宝和他的同事们将返回式卫星回收系统历次空投试验的大量数据进行系统整理，得出降落伞系统的各种气动参数，为最后确定降落伞系统的设计方案提供了依据。

在回收控制方面，采用了以"过载－时间"控制为主、以单纯时间控制为辅的方案。它兼有适应能力强、可靠性高的优点。"过载－时间"控制的原理是：在卫星返回过程中，返回舱所受的大气过载逐渐增加，当其轴向过载达到一定值后，使卫星上的过载开关接通，再次启动时间控制器，而后由时间控制器依次按预定时间发出各个回收动作的信号。单纯时间控制则是在返回舱与仪器舱分离时将时间控制器启动，而后由它按预先规定的时间发出各个回收动作的信号。

这一方案的实现需要解决两个技术问题：一是如何进行轨道偏差的分析；二是如何具体制定切换判别准则（即在返回过程中由遥控指令将两种控制并用切换成只用"过载－时间"控制的准则）。前者采用随机函数法进行分析，后者选用根据实测返回轨道计算出的高度特征量进行判别，圆满地解决了这两个技术问题。

当返回舱下降至 16km 左右高度时，需将其底部的防热罩（含制动火箭壳体）用弹射筒弹掉，以便为降落伞出伞打开通道。由于此时返回舱以高速运动，在其尾部形成一个强烈的尾流区。如果设计的分离速度太小，分离后的防热罩会与回收舱重新结合，降落伞就出不来，如果设计的分离速度过大，弹射筒的推力也大，致使弹射中承力的有关结构质量增加。因此，需要合理地确定最小分离速度及弹射防热罩时的弹射筒推力。

1974 年，北京空气动力研究所（今中国航天空气动力技术研究院）所根据北京空间机电研究所提出的风洞试验任务书，改装了风洞试验段的设备，进行了底部防热罩在返回舱尾流区内的跨、超音速风洞测力试验。这是我国首次进行的有关卫星尾流区的试验，试验获得了满意的结果。北京空间机电研究所根据这些试验数据，对防热罩分离动力学进行了探讨，获得了实用的工程计算方法。用此方法计算出防热罩的最小分离速度，以此作为弹射筒设计的依据。在我国返回式卫星历次飞行中，防热罩分离均获得完全成功。

为提高回收系统各部件的可靠性，有关单位做了大量工作。例如，在时间控制器的热真空环境试验中，出现了润滑油挥发和变质的现象，致使钟表越走越慢。经清洗重新上油后，又走时正常。在北京材料工艺研究所（今北京航天材料及工艺研究所）、北京环境试验工程研究所、兰州物理研究所等单位的协助下，北京空间机电研究所对 6 种真空润滑油进行了热真空条件下的各种性能试验，最后选择了合适的润滑油。

解决了真空润滑问题以后，又出现了磨损问题。个别时间控制器在静态走时 10 次左右，就出现摆幅明显下降、误差突增的现象。经显微镜检查测量，发现擒纵轮等轴孔严重磨损。为此，西安钟表工业科学研究所（今轻工业钟表研究所）工程技术人员在容易磨损的擒纵轮等轴孔上，镶嵌耐磨性能较好的铅黄铜衬套。

（3）卫星综合性地面试验

为了保证卫星在轨道上正常工作、安全返回，我国返回式卫星在初样研制阶段进行了一系列综合性地面试验。其中与卫星返回关系较为密切的有整星热真空试验、卫星两舱分离试验等。

1）整星热真空试验

这是在特殊的试验设备（热真空罐 KM3）内，模拟卫星在轨道运行期间的受热和真空度状况，测量卫星表面及星内仪器设备温度变化的试验。试验所得到的轨道运行结束时的温度，也就是卫星返回过程的初始温度。

经北京环境试验工程研究所（今北京卫星环境工程研究所）和兰州物理研究所（今兰州空间技术物理研究所）的共同努力，于 1970 年建成了热真空罐 KM3。北京环境试验工程研究所设计师黄本诚是这项工程的技术负责人。热真空罐 KM3 的真空度达 10^{-9} 托，它不仅满足了返回式卫星热真空试验的需要，而且是真空技术上一项新成果，达到了 20 世纪 70 年代的国际水平。

整星热真空试验，国外一般使用比卫星尺寸大 2 倍的真空低温容器，还要用大功率氙气灯组成的太阳模拟器来模拟阳光对卫星的加热。虽然当时我国已着手研制大型热真空罐 KM4，但其进度无法满足返回式卫星研制工作的需要。北京空间飞行器总体设计部利用直径 3m、长 5m 的中型热真空罐 KM3 完成了试验任务。他们用电阻片红外加热笼代替太阳模拟灯，改进了测温引线方法，提高了测温仪器的工作能力。1971 年 7 月至 10 月进行了 2 次试验，取得了所需的数据，为返回式卫星温控系统的研制生产提供了可靠的依据。

2）卫星两舱分离试验

为了保证返回舱的正常回收，需要在地面模拟轨道上的失重条件，进行两舱（仪器舱与返回舱）分离试验，如图 5 - 8 所示。分离是采用 4 个爆炸螺栓及 2 个分离小火箭依次工作完成的。

这项试验的目的是：检查两舱分离结构的可靠性；测量分离速度及分离时产生的冲击过载；测量分离过程中两舱姿态角的变化。

北京环境试验工程研究所不断探索试验方案，改进试验手段，使返回舱和仪器

图 5 - 8　返回式卫星两舱分离试验

舱都能自由地进行运动，先后进行了 2 次两舱分离试验，获得了必要的满意的数据。

（4）"天""地"配合试验

在返回式卫星的初样研制阶段，需进行星上与地面无线电系统的配合试验。这些试验分两类：星地校飞试验与星地对接试验、回收区地面跟踪系统试验及联合空投试验。

1）星地校飞试验与星地对接试验

这是模拟卫星在轨道运行期间返回初始阶段的跟踪、外测、遥测、遥控等项试验，通称星地校飞试验和星地对接试验。试验的目的在于检查星上仪器设备和地面仪器设备的性能及协调性；试验星上和地面主要工作程序的协调性，让指挥员及操作员做操作训练，以便为正式执行任务积累经验。

第 1 次星地校飞试验于 1972 年夏在山东省进行。经过 2 个月的试验，达到了预期目的，证明地面台站和星上系统的方案是正确的、可行的，设备使用是可靠的。返回式卫星的主要飞行程序得到了试验验证。

2）回收区地面跟踪系统试验及联合空投试验

回收区地面跟踪定向系统由国防科委渭南卫星测控中心（今中国西安卫星测控中心）负责。其中，机载超短波定向罗盘由三机部 3327 厂（今千山仪器厂）生产。1970 年首次进行校飞试验，确定罗盘在直五型机上的安装位置及其主要性能指标。1971 年年底又进行了一次空中跟踪定向试验，由轰五飞机自高空空投带有信标机的模型，由在低空飞行的载有罗盘的直五型机进行跟踪定向。两次试验结果表明，定向罗盘符合设计要求。在此期间，天津渤海电子仪器厂经过 1 年奋战，研制出了地面定向车。

为了使回收队伍得到实际训练，提高发现和回收返回舱的能力，同时也为了检验星上信标机与地面回收站及直升机、定向设备的协调性，并重复考验回收系统的可靠性，先后进行了 2 次回收区联合空投试验。第 1 次回收区联合空投试验是在成都军区的领导下，由渭南卫星测控中心和中国空间技术研究院于 1972 年 5 月至 6 月在四川省卫星回收区内进行的。这次空投试验是在模拟真实条件下进行的回收卫星演习，是一次规模比较大、参加单位多、涉及面广、协调关系复杂的一次联合试验。全体参试人员以高度的责任心，大力协同，在 1 个月内比较顺利地进行了 3 次试验，基本上达到了预期的试验目的。1974 年 9 月，在四川省卫星回收区又进行了第 2 次联合空投试验。

（5）卫星的总装与测试

1973 年年初，返回式卫星进入正样研制阶段。正样产品技术要求高、工作量大。在研制中，技术人员和工人严格控制产品质量，从设计、生产、试验、总装、测试各个环节，紧紧把住质量关。

卫星的质量特性测试是卫星总装测试工作中一项必不可少的环节，包括质心、质量、静平衡、动平衡、转动惯量等的测量工作。由于返回舱在制动火箭发动机点火工作期间是靠自旋稳定的，必须做返回舱的动平衡检测及配重，以保证返回舱的姿态少受干扰、减小落点散布。但是，卫星返回舱不像一般机器构件具有固定的旋转轴，因而动平衡检测比较困难。北京卫星制造厂将一台卧式动平衡机进行改装，并设计了专用平衡夹具，使返回舱绕其几何轴旋转，成功地进行了返回式卫星动平衡试验。

根据卫星总体设计的要求，必须对整星和返回舱绕三轴的转动惯量进行测量。但我国当时没有先进的扭摆机测量设备。北京卫星制造厂采用三线扭摆法测量了整星和返回舱绕其纵轴的转动惯量。采用二线扭摆法测量了仪器舱和返回舱绕两个横轴的转动惯量，测量精度满足要求，如图5-9所示。

图5-9 测量返回式卫星绕纵轴的转动惯量

5.1.4 第1种返回式卫星前3颗星的发射与回收

（1）首次回收卫星FSW-0-1获得基本成功

1975年8月，国防科委主任张爱萍听取了关于即将出厂的返回式卫星FSW-0-1及长征2号运载火箭质量情况的汇报，他要求大家对产品要做到"精心保健"，确保质量，力争这次发射"一鸣翔天"。

1975年11月15日，我国返回式卫星FSW-0-1及长征2号运载火箭在酒泉卫星发射中心完成了技术阵地的测试工作，随后即转往发射阵地，在发射阵地完成了火箭第 1 级与第 2 级的起竖和对接、卫星与火箭的对接，以及卫星与火箭的测试，如图 5-10 所示。

图 5-10　发射前在发射阵地上的返回式卫星 FSW-0-1
及长征 2 号运载火箭（刘栋摄）

在完成了临射前的一切准备工作之后，1975 年 11 月 26 日按时发射。火箭按预定程序飞行，卫星进入了预定的轨道，轨道近地点高度 173km，远地点高度 483km，轨道倾角 63°，入轨精度符合设计要求。

卫星入轨后，由分布在我国大陆上的卫星地面测控站对卫星进行跟踪、测轨、遥测和遥控。

当卫星运行到第 47 圈时，遥控站按时发出了卫星返回调姿遥控指令。地面接收站立即收到了卫星调姿过程的遥测参数，调姿正常。遥控站又发出了返回舱与仪器舱解锁和启动时间控制器的指令，仪器舱上的分离火箭随后点火工作，两舱分离。接着，根据时间控制器发出的指令，返回舱起旋，返回舱上的制动火箭点火、工作。这时，在渭南测控中心的控制室里，人们的视线转向了显示卫星飞行轨道参数的记录仪。它所显示的轨道参数表明，制动火箭工作正常。顿时，人们精神振奋，握手致贺。8 年来，为返回式卫星辛勤操劳的人们日夜盼望的这一时刻终于来到了，我们的卫星很快就要返回祖国的大地。

卫星上天后，七机部和渭南测控中心参加这颗卫星测控工作的技术人员，在卫星运行的 3 天中，不管卫星什么时间经过我国上空，他们都在控制室内监视和收集卫星运行情况的信息，及时商定对策，全神贯注地坚守在各自的岗位上。某遥控站在卫星过站的关键时刻，偏偏发生了遥控天线自动、手动操纵均失灵的情况。为争取时间，抓住时机，副队长和 3 名操作人员冒着生命危险，爬上了 15m 高的天线塔实施应急方案。他们面对大功率的高频辐射，临危不惧，沉着冷静，按照预报的角度操纵天线跟踪卫星，圆满地完成了任务。

卫星在发射和回收过程中，得到了全国各方面的大力支援。例如，邮电部调出 103 路线路用于通信，27 个省、市、自治区参加了通信工作，沿途民兵参加值勤，保证线路的畅通。

我国第 1 颗返回式卫星在轨道上运行了 3 天，各主要系统工作正常。1975 年 1 月 29 日，卫星按预定时间返回我国大地，取得了预定的遥感试验资料。但在回收中，还存在一些问题，如卫星返回舱再入稠密大气层的过程中裙部被烧坏，部分电缆和仪器被烧坏，返回舱落点偏差大等。

（2）再接再厉圆满回收卫星 FSW－0－2

针对 1975 年发射的卫星 FSW－0－1 返回舱裙部被烧坏及返回舱落点偏差大这两个主要问题，中国空间技术研究院有关单位认真进行了故障分析工作。有关人员到落点察看现场，向目击者了解卫星返回的情况，获取有关回收现场的实物和资料，对所有回收物都进行了仔细的检查和测试；为判断烧坏裙部的最高温度，对烧坏的裙部和碎片进行了金相分析；对回收到的返回舱内的微型磁记录的数据进行了处理和分析。

因为返回中的故障主要是由设计方面的原因造成的，所以，要想使卫星安全回收，就必须从改进设计着手。北京空间飞行器总体设计部返回式卫星总体室技术负责人孔祥才在 1975 年曾组织力量研究过改进设计以解决返回舱的防热问题，因而为改进设计创造了有利的条件。1976 年 5 月，中国空间技术研究院确定在 1976 年发射的返回式卫星上采取相应的改进措施。为了解决返回舱裙部被烧坏等问题，中国空间技术研究院的技术人员、工人和干部连续加班加点，重新设计和加工出合格产品并及时完成了这颗卫星的总装、测试任务。在这段时间里，北京空间飞行器总体设计部仅用半个月的时间就完成了裙部烧蚀式结构的设计。在兄弟单位的协助下，一个新的裙部仅用了 2 个月就生产出来。1976 年 10 月，在粉碎"四人帮"的大喜日子里，我国第 2 颗返回式卫星 FSW－0－2 及其运载火箭运到了酒泉卫星发射中心。

1976 年 12 月 7 日 12 时 22 分，离原定的火箭点火时刻只有 2 分钟了，指挥员下达了"摆杆摆动"的口令，操作员立即按下电钮，但是，摆杆没有动。再按一下，仍未动。显然，摆杆失灵。这时，指挥员果断地命令："人上去摆动摆杆。"只见 3 名战士如听到冲锋号一般，立即冲出地下室，奔向几十米外的塔架。由于即将发射，塔架上的电梯已断电。他们不怕苦，不怕死，在正常情况下不许人们再接近的装满推进剂的火箭旁，顺着塔架的扶梯，一口气爬到 30m 高的塔顶，用手成功地摆动了摆杆，然后又迅速跑回到地下室。他们仅仅用了 5 分钟就完成了任务。但是，此时已超过预定发射时间 10 多分钟，有人对能不能继续发射产生了异议。这时，北京空间飞行器总体设计部负责返回式卫星综合测试的郑松辉根据他丰富的实践经验，向指挥员建议可以继续发射。于是，卫星在最佳时间内发射了。这是在全体参试人员共同努力下，赢得的卫星最佳发射时间！

卫星进入轨道运行阶段之后，渭南测控中心的测试人员开始了连续三天三夜的战斗。在此阶段，碰到两个问题：一是姿态控制系统的耗气量偏大。因此，测试人员担心运行 3 天后返回时，进行返回姿态调整的用气量不够；另一个是消除引起返回舱姿态偏差的干扰所采取的措施失灵。现场指挥员集中了大家的正确意见，决定仍按运行 3 天后再回收的安排，并根据返回舱内的压力调整两舱解锁指令的时刻，使卫星返回舱能落入回收区。

1976 年 12 月 10 日，当卫星运行到第 47 圈时，遥控站发出姿态调整指令，卫星开始调整返回姿态（可参见图 5－4）。调姿完成后，遥测大角度传感器给出的姿态角表明返回姿态正常。接着，遥控站准时发出两舱解锁指令，卫星两舱顺利解锁，同时返回舱内的时间控制器启动。两台回收时间控制器依次发出起旋火箭点火、制动火箭点火、消旋火箭点火、回收信标机开机等指令，返回舱按预定轨道飞向地面。

渭南测控中心利用雷达测得的制动火箭熄火后的外测数据进行计算，根据回收控制的判别准则，发出遥控指令，把控制切换成"过载－时间"控制。当返回舱的轴向过载达到 6.5g 时，过载开关触点闭合，再次启动时间控制器。此后，由时间控制器依次发出弹射底盖及制动火箭壳体、弹射引导伞、减速伞分离及拉出主伞等信号。这几个动作均工作正常，返回舱乘主伞以 14m/s 左右的速度在四川省预定的回收区内安全着陆，返回舱以及舱内仪器设备完好无损。

在四川省的卫星回收区是一派繁忙的景象。5 台超短波定向车早在卫星返回的前一天，就根据入轨后实测轨道预报的落点位置和预定的回收寻找方案，进入各自的位置。4 架载有定向罗盘的直升机在卫星返回前半个小时先后起飞，到预定的待命点上空盘旋；带有中波定向仪的地面搜索分队也都各就各位。在回收区指挥所里，气氛严肃。在一张巨大的长方形桌上，铺着回收区的地图，上面标着预定的返回航迹和各跟踪站的位置，扩音器不断传来各个跟踪站的报告口令。

中午时分，在卫星预定着落区的上空传来一声低沉的轰雷声。有人看见，从西北方向飞来一个"黑点"（返回舱），分成了两个：其中一个（返回舱的防热罩）一闪一闪地下降得快一些，落在一条公路边；另一个后面拖着一个降落伞，徐徐下降。最后，返回舱降落在山坡上的一块菜地里，如图 5 – 11 所示。

图 5 – 11 1976 年回收的 FSW – 0 – 2 卫星返回舱

4 架直升机上的定向罗盘都收到了卫星自空中发出的无线电标位信号，并朝罗盘指示的方向飞去。不久，布置在回收区西北区域、离卫星落点最近的 1 架直升机，"目视"发现徐徐下降的返回舱，立即向它飞去。在返回舱着陆后 3 分钟，直升机在距它不到 100m 的一个坡顶上着陆。机上人员和当地群众及时赶到落点，进行警戒。不久，回收区工作人员分别乘直升机和汽车赶到现场，对返回舱进行检查、测试，取出有效载荷。整个返回舱完好无损，连一个螺钉都不少。

就在卫星圆满回收的当天，新华社宣布："我国 12 月 7 日发射的人造地球卫星已按预定计划准确返回地面……各跟踪、测测量和控制台站以及参加回收工作的全体人员，认真操作，圆满地完成了回收任务。"

（3）1978 年的开门红

在我国 1976 年返回式卫星返回及回收圆满成功之后，1978 年 1 月 26 日，我国又成功发射了 1 颗返回式卫星 FSW – 0 – 3。当天，中央军委副主席叶剑英在听到卫星发射成功的消息后，高兴地说："这是科研工作 1978 年的开门红，祝贺同志们取得的胜利。"这颗卫星在轨道上运行了 3 天，完成了卫星遥感试验等项任务，取得了大量遥感信息。于 1978 年 1 月 29 日按预定计划成功地返回地面。

在 1978 年春召开的全国科学大会上，中国空间技术研究院副院长孙家栋在大会上发言，详细介绍了我国第 1 种返回式卫星 01 批星的研制经过。我国第 1 种返回式卫星的多项优秀科技成果受到了全国科学大会的表彰。

5.2　中国第 1 种返回式卫星的 02 批星、03 批星

5.2.1　第 1 种返回式卫星 02 批星和 03 批星的方案

1977—1978 年，中国空间技术研究院有关单位反复研究了第 1 种返回式卫星的 02 批星的方案，决定充分利用已往试验成功的成果，在第 1 种返回式卫星 FSW - 0 - 2 技术状态的基础上进行修改设计。最后确定的第 1 种返回式卫星 02 批星与第 1 种返回式卫星 FSW - 0 - 2 相比，其主要区别或改进在于：卫星运行时间由 3 天改为 5 天，以获取更多的遥感资料；适当改变返回姿态角，提高落点精度；减轻卫星结构质量及返回舱配重；增加 1 台电子照相机（即 CCD），以试验电子照相技术；增加两舱解锁后一段时间的实时遥测，以便实时判别卫星对返回段动作的执行情况；增加再入攻角、裙部热流、热沉温度和外压的测量，以便进一步分析返回舱在再入大气层的过程中，返回舱的运动状态、承受的热流和载荷情况；回收时间控制器由手工上发条方式改为由电上发条方式，地面测试台上有是否上好发条的显示信号，以便简化操作，方便使用；卫星上增加 1 台供回收寻找用的气象雷达应答机，地面相应的雷达与之配合，以提高返回舱落点预报精度。

第 1 种返回式卫星 02 批星完成飞行试验后，又进行了第 1 种返回式卫星 03 批星的飞行试验。

5.2.2　第 1 种返回式卫星 02 批星和 03 批星试验情况

提高整星可靠性是第 1 种返回式卫星 02 批星和 03 批星研制的指导思想。为此，研究人员采取了一系列质量控制措施。中国空间技术研究院明确规定，所有修

改部分都必须经过充分的论证和地面试验，经总设计师批准后方能进行；卫星上的所有电子设备都要进行老练试验，以便及早发现仪器设备早期失效的环节。整星总装测试完毕后，仍需进行一次全星振动试验方可出厂；继续坚持质量复查制度。

1981 年春，遥控、遥测、跟踪及程控在 7 个台站进行了静态或动态对接校飞试验，保证了接口协调可靠。

在卫星上增加 1 台供回收寻找用的气象雷达应答机，这是卫星测控总体部门提出的，旨在增加预报落点的手段和提高预报落点的精度。经过 1982 年以来的 3 次飞行试验结果表明，效果良好，定位精度显著提高。

为了考验改进后的回收系统，特别是试验星上回收应答机与地面气象雷达之间的协调性，1981 年冬，进行了 5 架次空投试验，全尺寸模型自 10 000m 高空投下，全部回收成功。

1982 年 9 月 9 日至 1987 年 8 月 5 日，我国先后成功发射了 FSW－0－4～FSW－0－9 共 6 颗返回式卫星。卫星回收都获得成功，取得了比 FSW－0－1～FSW－0－3 卫星质量更高、数据更多的遥感资料。电子照相也首次试验成功，拍摄出清晰的照片。为研制我国实时传输型遥感卫星创造了条件。

1982 年我国应用型返回式卫星发射成功时，正值中国共产党第十二次全国代表大会召开之际。党的第十二次全国代表大会主席团特向参试人员发去贺电，给全体参试和研制人员以极大的鼓舞和鞭策。贺电说："正当党的第十二次全国代表大会召开之际，获悉你们发射卫星成功，这是贯彻执行党的独立自主、自力更生方针的又一胜利，特向参加研制、试验、跟踪、测控及技术保障的全体科学技术人员、工人、干部、解放军指战员致以热烈的祝贺。希望你们认真总结经验，再接再厉，努力奋斗，为我国科学技术攀登新的高峰，为四个现代化作出新的贡献。"

1985 年 10 月，我国成功地发射和回收了一颗用于国土普查的返回式遥感卫星 FSW－0－7，获得了我国国土资源的大量资料，为国家进行国土规划和宏观经济决策，提供了重要的科学依据。1975 年至 1987 年，我国连续成功发射 9 颗返回式卫星，取得了大量遥感资料，并全部按计划回收。返回式卫星拍摄了我国国土大量的照片，已被广泛用于科研和生产建设领域，包括矿产石油勘探、地震地质调查、海洋海岸测量、港口河道建设、地图地形测绘、历史遗迹考古等许多方面，取得了良好的效益。返回式卫星正在吊装至火箭顶端如图 5－12 所示；直升机吊运回收回来的返回舱如图 5－13 所示。

图 5 - 12　返回式卫星正在吊装

图 5 - 13　直升机吊运返回舱

返回式卫星是一个复杂的航天飞行器，要做到稳妥可靠是不容易的。卫星中有数万个元件和零件，如有一个环节出问题，就可能导致整个试验失败。国外返回式卫星曾经过多次失败才获得成功。我国第 1 种返回式卫星第 1 次回收就取得成功，以后连续 8 次取得返回与回收的圆满成功。这表明我国第 1 种返回式卫星是以较小的飞行试验代价取得了令人瞩目的成就。

5.3　中国第 1 种返回式卫星 01 批星回收系统

5.3.1　任务由来

1967 年，根据当时中国第 1 种返回式卫星（代号 FSW - 0）总体部门（七机部八院七室）提出的技术要求，七机部八院回收技术研究室（以下简称回收室）开始了第 1 种返回式卫星 01 批回收系统的研究和设计工作，1968 年 4 月之后，返回式卫星总体设计由北京空间飞行总体设计部（以下简称总体部）负责，回收系统就根据该部的技术要求进行研究，回收室与该部在研究设计中不断地进行技术磋商，取得了 1976 年发射的中国返回式卫星回收系统的圆满成功。[2]

中国第 1 种返回式卫星 01 批回收系统的技术负责人是林华宝、李颐黎和陆章福。

总体部要求回收系统回收的载荷为 640kg，着陆速度不大于 14m/s，回收系统在 1967 年年底提出了使用钟表及过载开关控制底盖分离及拉出减速伞的方案，而降落伞装置的方案是由弹射器弹引导伞→减速伞收口状开伞→减速伞全开→主伞收口状开伞→主伞全开组成的比较复杂的系统。

5.3.2 关键技术攻关

（1）1970 年年底至 1973 年的关键技术攻关[5][6][7]

在经历 1970 年 7—8 月和 10 月的两次返回式卫星回收系统空投试验均失败的情况下，研制团队从组织编制和技术力量上进行了调整，增加了很多新来的技术骨干。

1970 年年底，林华宝奉命负责返回式卫星回收系统的研制工作。[6]当时他面对的任务艰巨，条件艰苦，人文环境艰难。于是他虚心向那些在回收技术研究上有多年经验的同志学习，诚心诚意依靠他们，如负责系统工作的杨礼明、负责电路的郑伯桥、负责钟表的秦瑞林和于年鹤、负责降落伞的魏立存、负责火工品的史瑾文、负责过载开关的陈永发和毛惠民、负责试验工作的闵志祥以及刚从军垦回来的陆章福等，他们都是回收技术的骨干力量。整个研制工作是在王希季总工程师的指导下进行的。当时最突出的问题是伞衣的强度问题以及出伞的可靠性问题。

1971 年 3 月，研制团队在大同进行了 4 架次的小模型试验（模型质量和伞与真实卫星相同，但模型外形缩小）获得成功，这是一次摸底性试验。5 月，研制团队在郑州用安–12 飞机成功地进行了 6 架次空投试验，由于靶场的限制，空投的高度为 4 000m。

1971 年 8 月，研制团队在西北进行了 8 架次空投试验，王希季总工程师亲自指导。这次试验是首次在 9 000m 高度投放，首次运用了 KT50 电影经纬仪、KcT60 电影望远镜、高速摄影机、黑龙江雷达等光测和雷测手段，测量了模型的下降轨迹，拍摄了开伞过程，首次得到了模型下降速度及降落伞气动力特征参数。这次试验的最后两个架次是强度试验，即把开伞动压提高到超过设计动压，以求得到降落伞系统的承载能力。这两次试验都失败了，模型坠毁。经查阅空军二基地拍摄的 KcT60 电影望远镜胶片，发现最后两个架次主伞开伞失败的原因是主伞的开伞部件上有设计缺陷，这是研制人员原来没有认识到的技术问题。

由于 1971 年 8 月的空投试验最后两个架次未达到试验目的，又由于研制团队要求在 10 000m 高空投放，于是，在 1971 年 12 月下旬，王希季、林华宝等在内蒙古土贵乌拉黄旗海畔的空军靶场进行了空投试验。当试验到第 4 架次时，发生了减速伞"人"字连接绳缝线处断开的故障。王希季亲自带着故障连接绳赶回北京，指导加工新的，加强了的"人"字连接绳，再赶回大同，使试验得以继续进行，最后达到预期目的。

降落伞系统虽已基本达到设计要求，但在出伞方式上还出现一个隐患：伞衣有可能落在尾流区内出不来，于是，研制团队申请在 1972 年 5 月到西北再进行一次空投试验。

根据上级安排，在四川回收区要进行一次卫星回收作业联合演练，上级决定的时间也在 1972 年 5 月。

于是，只好"兵分两路"，由军管会带队，林华宝、秦瑞林、郑伯桥、杨礼明、闵志祥等参加了赴四川的试验队。在四川顺利地空投了 3 个架次，圆满地完成了空投任务试验。由王希季带领陆章福、周寄潼等，成功地在西北进行了 4 个架次空投，成功地把出伞方式由顺拉法开伞改为半倒拉法开伞，提高了可靠性。

1973 年 7 月，林华宝等研制团队在西北成功地进行了 8 架次空投试验。这是研制团队第一次用大型飞机在 12 000m 高度进行空投，对降落伞做了最后一次改进，把半倒拉法开伞改为全倒拉法开伞，[8] 如图 5 - 14 所示；同时对

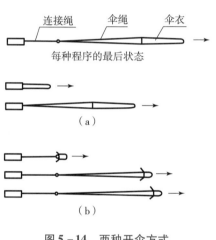

图 5 - 14　两种开伞方式

（a）先伞衣拉直法（顺拉法）；

（b）先伞绳拉直法（倒拉法）

降落伞系统的各种工况、性能指标做了全面测试，这是一次重要的鉴定试验，至此，卫星回收系统中的降落伞子系统完全达到并超过预定的设计指标。

此外，这期间在回收系统总体方面，也展开了技术攻关工作。例如，1972 年 4 月沈祖炜结束了军垦劳动锻炼，回到回收室工作，他借鉴了美国阿波罗飞船防热罩在尾流区的风洞测试资料，向北京空气动力研究所提出了返回式卫星返回舱亚声速和跨声速下底盖分离风洞试验任务，为解决底盖的成功分离创造了条件。[7]

（2）1973 年年底至 1976 年的关键技术攻关[9]

1973 年年底，李颐黎被调往北京空间机电研究所回收技术研究室系统组（三室一组），从事返回式卫星回收系统的设计工作。三室副主任林华宝同志、系统组

组长陆章福同志以及组内同志热情地向李颐黎介绍情况，加上李颐黎过去曾从事过返回式卫星的返回轨道设计，便较快地掌握了我国返回式卫星返回轨道的设计状况和回收系统的设计情况。

当时，尽管我国返回式卫星回收系统的研制取得了很大进展，但还面临四大难题。

第一个难题是首批返回式卫星（共 4 颗）的控制方案尚未确定，虽然返回式卫星回收系统早在 1967 年就提出了使用控制钟表及过载开关控制底盖分离及拉出减速伞的方案，但是到 1973 年年底，回收控制方案尚未确定，这也是当时亟待解决的问题。1973 年 12 月 4 日，林华宝副主任在布置返回式卫星回收系统的任务时说了六个任务："一定弹射底盖高度、二算弹射底盖后的轨道、三确定控制方案、四确定降落伞开伞高度、五确定（返回舱）落点散布范围、六制定现场用表。"可见当时回收控制方案尚未确定。

第二个难题是首批返回式卫星回收系统再入舱底盖弹射时所需的最小弹射分离速度未确定，因此弹射筒最终的技术参数没办法确定。

第三个难题是首批返回式卫星弹射筒地面模拟试验的正确方法没有找到。

第四个难题是过载开关在返回舱再入大气层的过程中是否会由于振动环境而导致提前接通（误启动），这个问题未能在地面模拟试验中验证，回收系统"过载－时间"方案能否使用不确定。

1974 年年初，李颐黎负责返回式卫星回收系统控制方案和回收轨道设计和计算工作，1974 年 5 月至 1978 年 5 月，李颐黎担任系统组返回式卫星回收系统负责人。在此期间，李颐黎和同事们潜心研究，攻克了回收系统控制方案、再入舱底盖所需最小弹射速度、弹射筒地面模拟试验相似准则、过载开关启动的可靠性试验四大难题；同时积极研究与实践返回舱消旋方案，始终坚持质量第一的原则，和同志们一道取得了 1976 年发射的返回式卫星圆满回收的佳绩。

1）攻克回收系统控制方案的难题

要制定出合理的回收系统控制方案，必须依据合理的返回轨道。1973 年 10 月，北京空间飞行器总体设计部给出的各干扰轨道的偏差是按代数和计算的偏差返回轨道，这使大家对回收系统在正常返回轨道的情况下都无法制定出有效的回收系统控制方案。经李颐黎向总体设计部提出应采用各轨道参数按均方和偏差计算返回轨道后，1974 年上半年总体设计部给出了各种偏差引起的干扰轨道。经李颐黎等用概率论方法分析，确定了第 1 颗返回式卫星回收系统可以采用以时间控制为主的方案。1976 年发射的返回式卫星采用了在制动发动机工作后对再入舱实施消旋的方案，进而可以采用更为先进的以"过载－时间"控制为主的方案。李颐黎等给出了回收系统控制方案的具体参数，比如过载开关在达到多少 g 值（$g = 9.81 m/s^2$）时接通，接通后经过多少秒发出弹射再入舱底盖信号，多少秒发出弹出引导伞、拉出减速伞信号，多少秒发出减速伞脱伞、拉出主伞的信号等，还给出了由时间控制与"过载－时间"控制并用的方案切换到仅用"过载－时间"控制的控制切换判别准则，圆满解决了第一个难题——回收系统控制方案的确定。

上述"过载－时间"控制方案连续在 1976 年和 1978 年发射的返回式卫星上成功应用。1990 年，李颐黎系统地总结了回收系统"过载－时间"控制方案的理论和实践，写出了题为《返回式卫星回收系统的控制问题》一文，并在《中国空间科学技术》学术期刊 1990 年第 6 期上发表，受到了业内人士的欢迎。[10]

2）攻克返回式卫星底盖弹射所需最小弹射速度计算的难题

首先，李颐黎在 1973 年至 1974 年导出了返回式卫星底盖弹射时所需的最小弹射速度计算公式，并利用北京空气动力研究所完成的风洞试验结果，采取数理统计方法，计算出了返回式卫星再入舱底盖正常分离所需的最小分离速度，并作为弹射筒设计的依据。这一研究成果已应用在我国 1976 年和 1978 年发射的返回式卫星上，并取得圆满成功。

1982 年，李颐黎系统地总结了返回式卫星底盖（或称防热罩）的分离动力学问题，撰写了《返回式卫星防热罩的分离动力学问题》一文，并在《中国空间科学技术》学术期刊 1982 年第 2 期上发表，受到业内人士的欢迎。[11]

3）攻克分离弹射筒地面模拟试验相似准则的难题

返回式卫星的再入舱当下降到十几千米的高度时，需利用两个分离弹射筒将再入舱的防热罩（含制动火箭发动机壳体）弹掉，以便为开伞做好准备。防热罩的弹射分离速度及弹射时的最大弹射力直接影响着防热罩的分离及再入舱的结构设计。因此，在地面模拟试验中，准确地求得飞行中防热罩的分离速度及最大弹射力是设计卫星回收系统必须解决的一个问题。

在地面进行防热罩弹射分离试验时，一般采用将一个弹射筒一端固定的方案，即将弹射筒一端（外筒）用螺纹连接在固定座上；另一端（内筒）固定在一台试验车（上面加配重）上，如图 5 - 15 所示。当弹射筒点火工作后，弹射筒内的高压燃气推动弹射筒（内筒）向外移动，和内筒连接的试验车在导轨上也随之向外移动。弹射过程中的约束力可用加在试验车上的拉杆或其他办法模拟，试验中弹射筒的弹射力可通过贴在固定座上的应变片测量，而弹射分离速度可通过测试验车的速度来得到。

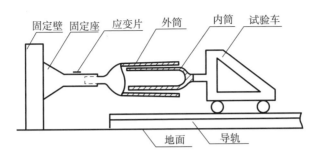

固定壁　固定座　应变片　外筒　内筒　试验车

地面　导轨

图 5-15　防热罩弹射分离地面试验装置示意图[4]

由于弹射筒在其主动段时一边燃烧火药，一边内筒产生相对于外筒的运动，而火药的燃速基本上是不变的。弹射筒的弹射力随时间的变化受其所推动的试验车（包括弹射筒内筒及配重）的质量及试验车所受的约束力－时间曲线的变化而变化。在典型的存在约束力的情况下，弹射筒的弹射力的最大值比无约束力情况下增大了 62%。

那么，应该采用什么样的相似准则，即如何选取试验车的质量及约束力，从而使地面模拟试验的结果精确地用于飞行试验的状态呢？

实际飞行中是由两个弹射筒同时弹射防热罩的。在 1974 年 7 月前，弹射筒的地面模拟试验是用单筒推整个防热罩（含底盖及制动火箭壳体）的质量，将测出的分离速度乘以 1.41 来得到实际的分离速度。1974 年 7 月，李颐黎发现此种测试方案不合理，因为弹射筒的工作状态不反映实际飞行的状态，故测出的速度及推力值不合理、不可靠。经过李颐黎推导弹射筒地面模拟试验相似律，李颐黎提出采用单弹射筒推二分之一防热罩质量的试验方案，即可测得飞行时的分离速度及最大值，对于有约束力的情况，也给出符合相似律的模拟约束力计算公式。这一方案得到了林华宝、陆章福等同志的支持，并在 1974 年 8 月的首批返回式卫星弹射筒地面模拟试验中采用。

上述返回式卫星防热罩弹射分离模拟试验的相似准则，接连在 1976 年和 1978 年发射的返回式卫星上采用，并取得圆满成功。1982 年，李颐黎系统地总结了返回式卫星防热罩弹射分离模拟试验相似准则方面的理论和实践，撰写了《返回式卫星防热罩弹射分离模拟试验的相似准则》一文，发表在《运载火箭与返回技术》期刊 1982 年第 2 期上，[12] 受到了业内人士的欢迎，并在后续型号中使用。

4）攻克过载开关启动可靠性试验方案难关

1974 年 9 月前，回收系统过载开关在再入舱返回过程中的振动环境及气动力引起的过载联合作用上是否会误启动的问题，尚未找到地面模拟的试验方法。

1974 年 10 月，在酒泉卫星发射中心执行返回式卫星发射任务期间，林华宝、李颐黎等经讨论提出了地面模拟试验方法，经党支部支委扩大会议讨论，决定派陆永发和李颐黎立即回北京在振动台上进行地面模拟试验，北京空间机电研究所王希季总工程师也参加了试验。试验结果表明，过载开关启动值为 5.5g 以上是可靠的，不会产生误启动，于是决定在 1974 年发射的返回式卫星上不取消"过载－时间"控制。

根据这次试验结果，在 1976 年及 1978 年发射的返回式卫星上，均采用以"过载－时间"控制为主的方案，均未产生过载开关误启动的故障，回收系统获得圆满成功。

5）积极研究与实践返回舱消旋方案

1974 年 4 月 1 日，中国空间技术研究院在北京空间机电研究所召开返回式卫星方案问题研究会，李颐黎提出希望立即考虑返回舱设计的改进方案，即增设消旋火箭或冷气装置，在制动发动机工作结束后及返回舱再入大气层前对返回舱实施消旋，以解决返回舱的防热问题，以后又多次提出此意见。

1975 年 9 月 15 日，中国空间技术研究院召开用消旋方案解决返回舱在再入大气层的过程中外压过大问题的技术讨论会。为了准备采用消旋方案改进回收系统控制方案的论证，国庆节前，李颐黎去北京空间飞行器总体设计部朱仁璋家里取回他计算的消旋方案返回轨道的原始数据。回研究所后，李颐黎和组内的朱富林、黄元美、周培德等同志对消旋方案的返回舱轨道参数最大偏差量完成了计算。通过计算进一步得到的结果是：消旋方案不仅对解决返回舱防热有利，而且对于回收系统采用以"过载－时间"控制为主的方案也是很有利的。不消旋方案的返回舱在再入大气层的过程中的典型总攻角 η 在高度为 47km 时平均值为 45°，而若将返回舱在高度为 100km 以上消旋至 10r/min，则在高度为 47km 时的总攻角 η 只有 17° 左右。

针对 1975 年发射的返回式卫星返回舱裙部被烧坏及返回舱落点偏差大两个主要问题，中国空间技术研究院有关单位认真进行了故障分析工作。1976 年 5 月，中国空间技术研究院确定了在 1976 年发射的返回式卫星上采用多项改进措施的方案。5 月 15 日，在北京空间机电研究所召开的返回式卫星任务动员会上，王希季总工程师说："去年返回式卫星最大的问题是返回问题，返回轨道偏差大，再入防热没有解决；今后，凡是对返回方案有改进的项目，我们所要积极支持。"

北京空间机电研究所从事返回式卫星回收系统和消旋方案研制的同志们积极行动起来，在 1975 年对返回式卫星消旋方案分析的基础上，进一步分析了 1976 年发射的返回式卫星在制动发动机工作后、再入大气层前采用消旋方案下的回收控制方案。

1976 年发射的返回式卫星圆满回收成功的事实，证明了回收控制方案的正确性。为了增发消旋信号，回收系统修改了配电盒设计，并重新在北京卫星总装厂加工生产。第一批 5 只电路盒出现了质量不够好的情况，有的配电盒有时出现短路故障，李颐黎主张改进加工工艺重新投产，得到林华宝和研究所领导的支持。当时北京正遭受唐山大地震的影响，人们都住在防震棚中，楼一池、姜永宽和李颐黎到北京空间飞行器总体设计部防震棚里找人取配电盒上的接插件，北京卫星总装厂的老师傅加班加点，终于生产出优质的配电盒，经交货试验合格，并在 1976 年和 1978 年发射的返回式卫星上使用，证明配电盒质量优良、工作正常。

由于增加了消旋指令和再入舱充气指令，钟表触点电流增大，在此情况下，会不会将触点烧坏导致信号不能发出呢？为了保证充分的试验验证，李颐黎向北京空间飞行器总体设计部借来了返回式卫星上为回收系统供电的第五组电池，向北京空间机电研究所四室要来了点火器和引火头，李颐黎和楼一池同志一起做了模拟实际飞行状态的可靠性试验，并写出了试验报告。试验结果表明，虽然在试验过程中钟表的触点被烧焦一部分，但仍可正常发出指令和信号，不必修改设计。回收系统坚持产品质量第一，充分完成了各项地面试验，为 1976 年和 1978 年发射的返回式卫星取得圆满回收成功作出了贡献。

5.3.3　我国返回式卫星首次圆满回收

1976 年 12 月 7 日 12 时许，我国第 2 颗返回式卫星（代号为 FSW - 0 - 2）成功发射，卫星准确入轨。在卫星进入轨道运行段之后，李颐黎和林华宝等人转场到渭南测控中心执行卫星运行段和返回段的飞行控制任务。

为了监视卫星的工作状况和讨论应对措施，北京空间机电研究所卫星试验队和渭南卫星测控中心的测控人员连续战斗了三天三夜。在这三天三夜里，李颐黎和林华宝每天只能睡两三个小时。现场指挥员集中了大家的正确意见，决定仍按运行三天后回收的方案安排，并根据舱内压力调整两舱解锁指令发出的时刻，使返回舱落入回收区。

12 月 10 日，当卫星运行到第 47 圈时，遥控站发出姿态调整指令，卫星开始调整到返回姿态。调姿完成后，遥测大角度传感器给出的姿态角表明：返回姿态正常。接着，地面遥控站准时发出两舱解锁指令，卫星两舱顺利解锁，同时返回舱内的时间控制器启动；两台回收时间控制器依次发出起旋火箭点火、制动火箭点火、消旋火箭点火、回收信标机开机等指令，返回舱按预定返回轨道飞向地面（可参见图5-4）。

渭南测控中心利用雷达测得的制动火箭熄火后的外测数据进行计算，根据北京空间机电研究所制定的回收控制的切换判别准则发出遥控指令，把回收控制切换成"过载-时间"控制。在返回舱再入地球大气层的过程中，当返回舱的轴向过载达到6.5g时，过载开关触点闭合，再次启动时间控制器，此后由时间控制器依次发出弹射防热罩及制动火箭壳体、弹引导伞、减速伞分离、拉出主伞等信号。这几个信号均正常发出，相应动作均正常执行，FSW-0-2卫星返回舱乘主伞以14m/s左右的速度在四川省预定回收区内安全着陆，卫星圆满回收，如图5-16和图5-17所示。

图5-16　FSW-0-2卫星返回舱着陆后壳体完整无损，
可以看出壳体上突出的天线都烧掉了

1976年卫星圆满回收后，李颐黎和林华宝等人非常重视对该星回收系统飞行试验的技术总结工作。李颐黎根据卫星再入遥测缓变数据的分析和处理等资料，计算和分析了卫星实际的两舱（再入舱和仪器舱）分离过程和分离速度，计算和分析了卫星在实际返回过程中防热罩与回收舱的分离状况和分离速度，并编写了相应的计算和分析报告。同时，对回收系统返回地面的回收控制钟表、过载开关、电路转换盒、降落伞等产品，由该产品主管人员和系统组人员进行了回收后的测试或检查，对发现的问题提出了在后续卫星上改进的建议。在此基础上，1977年8月，由李颐黎和林华宝编写了《FSW-0-2卫星回收系统飞行试验技术总结》，王希季总工程

图 5-17　FSW-0-2 卫星返回舱在山坡上的一块菜地上安全
着陆，降落伞整齐地舒展在菜地上

师批准了这个总结，如图 5-18 所示。

1976 年中国返回式卫星的成功返回及圆满回收，标志着中国成为继美国和苏联之后，世界上第 3 个掌握卫星返回技术的国家。

1978 年 1 月 26 日，我国又成功发射了一颗返回式卫星 FSW-0-3，卫星在轨道上运行了 3 天后，完成了卫星遥感试验等项任务，取得了大量遥感信息，于 1 月 29 日按预定计划成功返回，圆满回收。

在 1978 年春召开的全国科学大会上，我国返回式卫星的多项优秀科学技术成果受到了表彰。1980 年 2 月，由国防科委批准"返回式卫星回收系统"获得 1978 年至 1979 年国防尖端科研成果一等奖。这是北京空间机电研究所全体从事返回式卫星回收系统研制人员的光荣。

图 5-18　FSW-0-2 卫星回收系统飞行试验技术总结报告封面

5.4　中国第 1 种返回式卫星 02 批星与 03 批星回收系统

中国第 1 种返回式卫星 02 批星与 03 批星的总体方案如 5.2.1 节所述。其中对回收系统的主要改进是：回收时间控制器改为用电上发条方式，地面测试台上有上

发条显示信号，以便简化操作，方便使用。

在中国第 1 种返回式卫星 02 批星与 03 批星回收系统采取了一系列质量控制措施，明确规定，所有修改部分都必须进行充分的论证和地面试验，经总设计师批准后方能进行，卫星上所有电子设备都要进行老练试验，以便及早发现仪器设备失效环节。整星总装测试完毕后仍需进行一次全星振动试验方可出厂，继续坚持质量复查制度，由于采取了如上的质量控制措施，使得第 1 种返回式卫星 02 批星与 03 批星（从 1982 年 9 月 9 日发射的 FSW - 0 - 4 至 1987 年 8 月 5 日发射的 FSW - 0 - 9 共 6 颗星）都取得了发射和回收的成功。[3]

第 1 种返回式卫星 02 批星和 03 批星回收系统的技术负责人是陆章福、陈国良、李淑慧。

5.5　中国第 2 种返回式卫星（代号 FSW - 1）的回收系统

中国第 2 种返回式卫星仍采用第 1 种返回式卫星的构型，如图 5 - 1 所示；仍采用第 1 种返回式卫星的返回程序，如图 5 - 3 所示。

5.5.1　技术改进

中国第 2 种返回式卫星的回收系统是在第 1 种返回式卫星回收系统的基础上改进设计而成的，它与 FSW - 0 回收系统相比主要做了以下 5 点改进：

a）用弹射筒弹引导伞代替了原来的弹射器弹引导伞的方案，从而彻底解决了引导伞开伞存在的一些隐患。这样不仅提高了降落伞开伞的可靠性，而且简化了引导伞的包伞。

b）取消了原来回收程序中纯时间控制的方案，只采用"过载 - 时间"控制方案。不需要现场进行高弹道的判断和切换，从而缓解了卫星控制中心现场紧张的工作气氛和工作量。

c）应答机供电，开主伞以后不再从第五组电池转换到第七组电池，减少了回收程序中的转换环节。

d）改变了超短波信号机的频率，避开了与飞机通信频率的交错，避开了同时工作时相互之间产生的干扰和错判。

e）在中波引导伞上增加了气囊标位装置，以满足卫星水上着陆的标位要求。

5.5.2 获得的成果

FSW-1卫星的首颗星FSW-1-1于1987年9月9日在酒泉卫星发射中心升空，在轨运行8天后，于1987年9月17日安全着陆在预定回收区，取得了首颗星飞行试验的圆满成功。以后又陆续发射了4颗星FSW-1-2～FSW-1-5，只有1993年10月8日发射的FSW-1-5由于姿态控制系统出现故障，当返回调姿时把卫星姿态调反了，当制动火箭发动机工作时，将卫星推入更高的轨道，从而导致返回失败，回收系统的工作基本没得到考验，其他3颗星都圆满回收。[3]

FSW-1卫星回收系统研制的主要技术负责人是陈国良主任设计师和黄元美、沈祖炜等。

5.6 第3种返回式卫星（代号 FSW-2）回收系统

5.6.1 研制背景与总体方案

1978年我国决定研制第3种返回式卫星，代号 FSW-2，FSW-2卫星是中国第2代国土普查遥感卫星，其外形是在前两种返回式卫星的底部增加了一个直径2 200mm、长1 500mm的圆柱段，起飞质量近3t，由返回舱和仪器舱组成，如图5-19所示。而返回舱又由回收舱和制动舱组成，仪器舱又由密封舱和服务舱组成。它与FSW-0相比，返回质量由约640kg提高到770kg左右。

由于增加了制动舱以及将制动发动机移至返回舱的外面，使返回程序有较大的变动，增加了制动舱（含制动发动机）与回收舱的分离

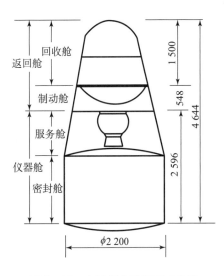

图5-19 中国第3种返回式卫星
（代号 FSW-2）外形图（尺寸/mm）

（即二次分离），如图 5 – 20 所示。后来，研制成功新的降落伞着陆系统，伞衣面积增加了 64.4%，采用了开伞载荷比较低的伞型，并在顶部增加了一个气囊（气囊在主伞开伞后在气流动压作用下逐渐充气）。如果回收舱在水上着陆，则气囊漂浮在水面上，作为一种标位手段。

图 5 – 20　FSW – 2 卫星返回过程示意图

1—轨道运行；2—调整返回姿态；3—仪器舱与回收舱分离；4—起旋；5—制动
火箭点火工作、离轨；6—消旋；7—制动舱与回收舱分离、回收应答机工作；
8—弹射天线盖；9—弹射小伞舱盖、减速伞张开；10—主伞张开、中波回收信
标机工作；11—着陆（若着水，有气囊标位）

5.6.2　第 3 种返回式卫星回收系统的改进

FWS – 2 卫星的主要改进如下：

a）根据卫星总体结构设计的变化，回收系统改为用单只弹射筒弹射小伞舱盖的方法，实现小伞舱盖与卫星大舱盖的分离，并利用该分离力直接拉出减速伞。去掉了引导伞，减少了一个开伞环节，提高了开伞可靠性。

b）回收应答机的天线从原来装在返回舱的端面，改为装到回收舱的内表面，相互间呈 120° 分布并有防热功能，这样天线不用伸出就可以开机工作，从而可以获

得更多的位置信息。

c）将原来 FWS－0 卫星的抛大舱盖改为抛小舱盖的方案，简化了技术难度。

d）回收系统的降落伞做了改进，详见 5.6.3 节。

5.6.3　第 3 种返回式卫星回收系统降落伞的改进[13][14]

我国第 1 种返回式卫星（代号 FSW－0）及第 2 种返回式卫星（代号 FSW－1）的回收降落伞虽然能够完成回收任务，但在系统设计方面不太理想，即存在单点失效环节多、降落伞包装工艺复杂、要求严苛、使用不便等问题。因此，在研制第 3 种返回式卫星时，要求降落伞的技术水平能得到全面提升。

第 3 种返回式卫星的回收载荷比第 2 种返回式卫星增加了 30% 以上，但降落伞的质量、开伞动载、着陆速度等技术指标却有所减小，此外，仍附加一项水上标位功能。因此，要完成该项研制任务并非易事。

第 3 种返回式卫星回收系统于 1987 年开始研制，经方案论证，确定只用单只弹射筒弹小伞舱盖，实现小伞舱盖与卫星大舱盖的分离，并用该分离力直接拉出减速伞。去掉了引导伞，这样可减少多个单点失效环节，从而可提高系统的可靠性。经过任务分析，该型号的关键技术在于减速伞的拉直程序，主要体现在减速伞包的结构设计和封包的可靠性上。

为适应单个弹射筒中轴弹射减速伞，其伞包必须设计成空心圆柱形结构形状，而且能承受强大的弹射过载。封包要求既牢靠，又能方便解脱。

研制团队发扬团结协作、自力更生的精神。在技术攻关阶段，为了赶进度，降落伞加工组师傅与设计人员相结合，只凭草图进行试制，老师傅不厌其烦地反复修改，摸索合理的加工工艺，试制出复杂的减速伞包。然后通过试包、地面弹射试验，最终确定各种设计要素。试验组技术人员也积极配合，自行制造了各种专用包伞工具（如压盘、芯棒等），使研制工作能够顺利开展。

第 3 种返回式卫星的减速伞最初是为曙光 1 号缩比模型空投试验而设计的，回收质量为 1 000kg，而后来用作飞航式导弹整体回收的减速伞，其回收质量为 1 500kg，空投试验最大开伞动压达到 35.4kPa。因此，该减速伞的技术条件是成熟的，只需稍作修改，就可以供本型号使用。研制团队攻克技术难关，通过多次地面弹射试验，弹盖和减速伞拉直工作程序正常，达到了预期的目的。

第 3 种返回式卫星的主伞选用环帆伞结构。因为该伞型开伞性能优越，具备阻力效率高、稳定性好、抗破坏能力强、特性参数便于调节等优点，并且此前已积累了丰富的设计经验，因此容易获得成功。为减小开伞动载，主伞与减速伞都采用了渐开伞技术，一次收口。

1984 年 9 月 17 日，FSW－0－6 返回式卫星在返回时返回舱掉入沱江，后来花费了不少人力与物力把返回舱打捞回来。因此要求第 3 种返回式卫星在降落伞上附设水上标位装置。设计方案是在主伞顶上固连一个漂浮气囊。考虑主伞拉直长度为 20m 以上，陆上江河湖泊水深超过 20m 的水域极少，因此漂浮气囊不必将整个返回舱托起，而只要提供主伞组件的浮力，能漂浮在水面，目视可见即可。主伞组件质量虽然有 16kg，但置于水中，其本身具有浮力，实测水中吊挂称重还不到 2kg。经过试验表明：一个容积为 50L 的气囊，漂浮于水面，在 1km 开外目视观测，目标也清晰可见。后来经过商定，漂浮气囊的设计容积定为 50L。

漂浮气囊上部为半球形，下部为倒截锥台形，通过加强带与主伞顶孔边缝接。气囊靠冲压气流自行充气，进气口采用鸭嘴式单向活门。第 3 种返回式卫星的漂浮气囊在水面上的漂浮状态如图 5－21 所示。

图 5－21　第 3 种返回式卫星的漂浮气囊在水面上的漂浮状态

第 1 种和第 2 种返回式卫星的中波天线作为独立部件设计，装在 1 根长套带内，由 1 个牵引伞实现拉直。第 3 种返回式卫星则不用牵引伞，而是将中波天线下段与一根伞绳用棉带分段捆绑在一起，上段附着在对应径向带上方特制的套管中，随着主伞拉直而拉直，这样简化了结构设计，从而减轻了结构重量。

主伞的开伞方式是靠分离后的减速伞气动力拉出主伞包，以倒拉方式开伞。

主伞包采用隔腔式结构。在伞包内部，伞衣与伞绳由内封包盖片分隔开来。在存放伞绳部位的内侧，设有多层扣襻带，用以分段捆绑伞绳和连接带。内封包靠集束伞绳回折后，穿过内封包中间盖片的扣襻来实现。外封包用封包绳锁紧。解除封包绳用切割刀自动切割。

第3种返回式卫星回收降落所用的金属件，如伞绳吊环、收口环、切割刀等都是采用标准件，只对旋转接头进行了优化设计。由于减速伞和主伞所设计的最大开伞动载比较接近，为了节省研制经费和便于互换，将减速伞和主伞的旋转接头设计成统一规格。

第3种返回式卫星的小伞舱盖又称作小球底，为了适应弹射筒弹射，特附设了一个承力支架。在减速伞弹射拉直后，小球底连同支架便成为自由飞行物。人们担心它可能尾随降落伞，出现撞击现象。此外，由于小球底下降速度较快，有可能对人、畜造成伤害，因此，要求附设一个减速伞（称作支架减速伞），对小球底及支架进行减速，使其着陆速度减到 12m/s 左右。支架减速伞置于减速伞包底部，伞顶通过拉断绳与减速伞顶部相连。当减速伞脱离伞包时，顺便将支架减速伞拉出。在空投试验中，曾发现有 1 个支架减速伞未曾打开，分析其原因，原来是拉断绳的强度不足，后来予以加强，经试验验证，问题得到解决。

降落伞的功能与性能是否满足技术指标的要求，主要通过空投模拟试验进行考验。第3种返回式卫星空投试验总共实施了 4 批次，合计 13 架次。空投试验采用航弹式配重模型和外形与返回舱相似的模型，共两种模型。航弹式配重模型原先是用于曙光 1 号飞船空投试验，后经过改装为本型号使用，因而不但节省了加工经费，而且加快了研制进度，如图 5-22 所示。

图 5-22　第 3 种返回式卫星空投试验中主伞携带航弹式配重模型下降

5.6.4　获得的成果

1992 年 8 月 9 日，首颗 FSW-2-1 卫星在酒泉卫星发射中心成功发射，卫星在轨运行 16 天后，于 1992 年 8 月 25 日安全着陆在预定回收区，首颗星回收成功。随后分别于 1994 年和 1996 年又连续成功回收两颗卫星。

FSW－2－1及FSW－2－2卫星回收系统的技术负责人是陆章福主任设计师、李淑慧和文光宏副主任设计师等。FSW－2－3卫星回收系统的主任设计师是陈国良。林斌、张贡年等为FSW－2卫星回收系统降落伞子系统的研制作出了贡献。

5.7　FSW－3、FSW－4、实践8号与实践10号卫星的回收系统[15]

5.7.1　发展历程

FSW－3卫星，由于技术状态继承性强，针对改进设计的回收系统，在充分地面试验基础上，仅做了一个架次系统性的综合鉴定性空投试验，就交货参加飞行试验。FSW－3首发星（FSW－3－1）于2003年10月3日在酒泉卫星发射中心升空，卫星在轨运行18天后，于10月21日成功回收（见图5－23）。其后两年中，于2004年10月15日又取得第2颗星的成功回收，以及2005年9月16日第3颗星的成功回收。2004年8月29日，FSW－4首发星（FSW－4－1）在酒泉卫星发射中心升空，卫星按预定飞行程序在轨运行27天后，于9月25日安全返回地面，这是我国返回式卫星中迄今为止在轨飞行时间最长的卫星（见图5－24）。FSW－4第2颗星于2005年8月29日也圆满地回收成功。

图5－23　FSW－3－1卫星回收着陆现场

图 5 - 24　FSW - 4 - 1 卫星回收着陆现场

实践 8 号育种星是我国第一个直接为农业服务的卫星，用户主要是农业部，中国科学院也搭载了不少试验项目。2004 年 5 月 10 日，卫星总体室正式提出了回收系统研制任务书及技术要求。其技术条件与 FSW - 3 卫星回收系统基本一样，所不同的主要有以下 3 个方面：

a）由于有效载荷的改变，随着摄影系统的取消，配套产品数量少了；

b）为了防止卫星着落在水中时，造成回收舱进水，要求降落伞舱结构有防水能力；

c）随着返回程序的减少，回收系统的时间控制器、配电器在控制信号数量和传发上要做适应性修改。

研制队伍根据上述不同点，在 FSW - 3 第 3 颗卫星回收系统产品技术状态的基础上，进行了有针对性的修改设计，主要有以下 3 个方面的工作：

a）梳理了前几颗卫星发射后所剩下的库存和备份产品数量，复测了其性能参数，在弄清其履历的情况下，提出可能应用的意见；

b）在查清可用产品的前提下，进行产品配套，数量不够的，重新加工；

c）由于大部分产品都超过了规定的使用期，如何将这些过期产品重新装星、通过什么样的试验验证才可以使用、在技术上需要做什么处理等做了分析研究。

上述 3 个方面工作的结果，最终得到总体的认可。卫星经过充分的地面试验后，于 2006 年 9 月 9 日在酒泉卫星发射中心升空，卫星按预定飞行程序，经过 15 天的在轨运行后，于 9 月 24 日在预定的回收区域降落，并及时地成功回收，从而使我国第 1 颗农业卫星圆满地完成了飞行试验任务，如图 5 - 25 所示，达到了预期的航天育种目的。

图 5 - 25　实践 8 号育种卫星回收着陆现场

实践 10 号卫星是我国空间科学先导专项"十二五"立项研制的首颗专门用于空间微重力科学和空间生命科学实验研究的返回式卫星，中国科学院是实践 10 号卫星工程总体单位。项目于 2012 年 12 月正式批复立项。2013 年 3 月卫星总体正式提出了对回收系统研制的技术要求，其技术条件与 FSW - 3、FSW - 4 返回式卫星回收系统基本一致。由于卫星重复使用了飞船测控与通信分系统飞行试验返回的信标机，回收系统不再提供回收信标机。

从 FSW - 3 - 1 卫星到实践 10 号卫星，由于已时隔 10 年，在这 10 年里航天技术发生了很大的变化，原材料、元器件、工艺大量更新，很多原材料、元器件都已无处购买或者已不在航天器选用目录内，很多工艺都被列入了禁限用工艺，因此，回收系统面临着很多必须改进之处。此外，实践 10 号卫星回收系统必须在电接口方面进行大量的适应性改进。由于进度紧张，回收系统除回收配电器外，所有产品都采用"一步正样"的研制模式。在充分识别技术风险的前提下，采取相应的措施。开展了 2 次空投试验，分别验证了回收系统在正常工况和极限工况下的性能。

2016 年 4 月 6 日，实践 10 号卫星在酒泉卫星发射中心发射升空，经过 12 天的在轨运行，回收舱于 4 月 18 日在内蒙古四子王旗预定的区域着陆，并及时地实现了回收，从而使我国第 1 颗空间微重力科学实验卫星圆满地完成了飞行试验任务。如图 5 - 26 所示。

图 5 - 26　实践 10 号空间微重力科学实验卫星回收舱落地现场

5.7.2　关键技术

FSW - 3、FSW - 4 返回式卫星以及实践 10 号卫星的回收系统技术指标与 FSW - 2 卫星的回收系统技术指标基本一致，在充分继承原方案的情况下，针对使用环境条件的不同进行了适应性的修改设计。主要有 4 个方面的修改内容：

a）为了满足该卫星在轨飞行时间增长，以及运输到发射基地不再像以前那样需要分解、再总装的工作程序的特点和要求，有针对性地进行了降落伞的贮存期和过载开关的可靠性试验，以验证其适应性。

b）对直接沿用 FSW - 2 卫星设计状态的各种火工装置产品，按 FSW - 3、FSW - 4 卫星使用的环境条件分别进行了复算和校核，确认其性能余量。

c）重新设计了回收标位方案，取消了回收应答机和中波信标机，由卫星五公分应答机一直工作到落地，并按总体设计要求，将回收信标机的频率由原来的 160MHz 改成 243MHz，向标准标位频率靠拢。

d）对支架伞的拉断绳和连接带进行了局部加强，保证其既能使支架伞正常拉出，又能在支架伞拉出后正常断裂。

实践 8 号卫星技术方案与以往基本一致，关键技术重点是解决了降落伞舱结构防水问题。

实践 10 号卫星与实践 8 号卫星的研制工作也相隔多年，回收系统需要解决的主要是技术更新和复核复产的问题。回收系统在研制中进行了降落伞系、回收控制装置、回收结构以及卫星火工装置的全面设计优化。解决了降落伞、火工装置等重要指标不可测产品的高效仿真及试验验证问题，解决了重要精密产品——过载开关长期停产后的状态恢复问题。提高了回收系统的强度、寿命、可靠性，提高了回收系统耐受点火电流、飞行环境和着陆冲击的能力。配合整星通过全面仿真分析工作，确立了返回式卫星首次在内蒙古四子王旗着陆场回收的方案。此外，通过改进火工品结构，解决了首次大型外挂辐射器防护罩空间弹射问题。

5.7.3　成果与应用

3 颗 FSW - 3 卫星按计划完成了摄像测量任务，均拍摄并回收得到了所需要的地物照片和恒星照片，可以测制不同比例尺的地形图和专题图，其成果具有很高的经济效益和社会效益。该卫星任务科技成果获得国防科学技术奖一等奖和国家科技进步奖二等奖。两颗 FSW - 4 卫星按计划完成了详查遥感任务，拍摄并回收得到了我国当时最高分辨率的对地遥感照片。其科技成果获得国防科技进步奖二等奖。3 颗 FSW - 3 和两颗 FSW - 4 卫星回收系统都分别进行了批量研制，经过 6 年的努力工作，圆满地完成了规定的任务，不论在靶场的技术阵地，还是发射阵地；不论在卫星控制中心，还是回收现场；不论是星上产品，还是地面设备，均保质、保量、按期圆满地完成了任务。回收着陆技术进一步成熟。

实践 8 号育种卫星是我国第一个以空间育种为主要任务的返回式科学技术试验卫星。除实施空间育种任务外，卫星还搭载了中国科学院 9 项空间微重力科学和空间生命科学实验项目、控制推进剂剩余量测量、铷钟搭载和中国科学院紫金山天文台暗物质探测等试验项目。在卫星有效载荷中，有约质量为 300kg 的有效载荷随回收舱成功返回，回收后交付的种子样品完整无缺，飞行试验圆满成功。

实践 10 号返回式科学实验卫星利用我国成熟的返回式卫星技术，对于推动我国空间微重力科学和空间生命科学发展具有重要意义。2016 年 4 月 18 日 16 时 31 分左右，回收舱在内蒙古四子王旗预定的区域着陆，并及时地实现了回收，中国科学院的科学家们利用此星在空间微重力科学和空间生命科学领域开展的研究工作获得了丰硕的成果。

实践 10 号卫星项目获得航天科技集团公司科学技术进步奖一等奖。[15] 卫星回收系统首次实现弹道式返回航天器在四子王旗着陆场回收，拓展了返回式卫星的应用范围，为其他弹道式返回航天器的回收提供了借鉴基础，在回收技术方面还取得了以下成果：

a）利用全面的仿真分析、试验验证手段，确定在回收配电器内部、外部同时实施缓冲措施，以提高耐着陆冲击性能，首次实现耐着陆冲击的航天器回收供配电状态维持；

b）小型化机械式时控器是实践10号卫星上回收程序控制的重要设备，在进行状态优化设计后，该设备在实践10号卫星上实现了航天器回收阶段的首次飞行工作验证，为其他返回航天器的使用提供了借鉴基础；

c）降落伞顶浮囊采用全新高强复合材料及加工工艺，结构强度和气密性大幅提高，该材料及工艺首次在航天器上应用，可以有效减小产品质量和包装体积并将浮囊贮存寿命延长至和降落伞产品完全匹配；

d）掌握了火工装置内弹道仿真新技术、解锁螺栓楔块式承载新设计、小火箭总冲测试新方法、弹射器模块化可靠性评估新方法，使北京空间机电研究所的火工装置研制水平得到了新的提升。

第5章 参考文献

[1] 李颐黎. 钱学森与中国返回式卫星的开创 [J]. 航天器工程. 2011（6）：1-10.

[2] 李颐黎，林华宝. 返回式遥感卫星 [M]//张钧. 当代中国的航天事业. 北京：中国社会科学出版社，1986：289-320.

[3] 闵桂荣，林华宝. 中国返回式卫星的进展 [M]//王希季. 20世纪中国航天器技术的进展. 北京：中国宇航出版社，2002：40，41.

[4] 李颐黎. 航天器返回与进入的轨道设计 [M]. 西安：西北工业大学出版社，2015：46，48，189.

[5] 陈国良. 忆首颗返回式卫星回收系统研制初期和一次空投试验 [M]//北京空间机电研究所. 筑梦先锋——我国第1颗返回式卫星成功回收四十周年纪念文集. 北京：北京空间机电研究所，2015：66-71.

[6] 林华宝. 天边飘来的云彩——我国第一张卫星降落伞诞生记 [M]//李杨. 无悔航天——中国航天科技集团公司五院五〇八所建所五十周年文集. 北京：中国航天科技集团五院五〇八所，2008：113-115.

[7] 沈祖炜. 忆参加返回式卫星早期工作点滴 [M]//北京空间机电研究所. 筑梦

先锋——我国第 1 颗返回式卫星成功回收四十周年纪念文集．北京：北京空间机电研究所，2015：56 – 61.

[8] 王希季，林华宝，李颐黎，等．航天器进入与返回技术（下）[M]．北京：中国宇航出版社，1991：162.

[9] 李颐黎．记我参加的返回式卫星回收系统的攻关和研制 [M]//北京空间机电研究所．筑梦先锋——我国第 1 颗返回式卫星成功回收四十周年纪念文集．北京：北京空间机电研究所，2015：45 – 55.

[10] 李颐黎．返回式卫星回收系统的控制问题 [J]．中国空间科学技术，1990（6）：30 – 33，43.

[11] 李颐黎．返回式卫星防热罩的分离动力学问题 [J]．中国空间科学技术，1982（2）：1 – 6.

[12] 李颐黎．返回式卫星防热罩弹射分离模拟试验的相似准则 [J]．运载火箭与返回技术，1982（2）：1 – 4.

[13] 张贡年．我国第 1 颗返回式卫星回收降落伞研制工作回顾 [M]//北京空间机电研究所．筑梦先锋——我国第 1 颗返回式卫星成功回收四十周年纪念文集，北京：北京空间机电研究所，2015：62 – 65.

[14] 林斌．打造高性能高可靠性卫星回收降落伞 [M]//北京空间机电研究所．筑梦先锋——我国第 1 颗返回式卫星成功回收四十周年纪念文集，北京：北京空间机电研究所，2015：76 – 81.

[15] 北京空间机电研究所．安全返回——航天器回收与着陆技术的发展与成就 [M]．北京：北京理工大学出版社，2018：62 – 70.

第6章 中国载人飞船工程的起航

　　早在 20 世纪 60 年代至 70 年代，我国就曾经闪现过载人航天的第一缕曙光——研制曙光号载人飞船工程。1970 年 4 月，在北京召开曙光号载人飞船总体方案论证会后的短短 4 年多的时间内，各承制单位开展了大量的研究、试验工作，取得了许多研究成果，但终因我国政治、经济、技术等原因，在 1975 年 3 月，国防科委宣布曙光号载人飞船工程暂停。

　　1986 年 10 月，经中央政治局批准，我国开始进行中国高技术研究发展计划。当时，中国载人航天在面临首先发展航天飞机还是首先发展载人飞船方面存在很大的争议。北京空间机电研究所勇敢地承担起中国载人航天技术发展途径研究与多用途飞船概念研究的课题研究任务。研究人员在全面分析国外载人航天发展经验和教训的基础上，结合我国国情，论述了我国载人航天应走以飞船起步的技术发展途径，提出了多用途飞船的初步设想。这些研究对我国载人航天技术途径的选择起了重要的作用，对神舟号飞船的起航和发展产生了深刻和积极的影响。

6.1 中国曙光号载人飞船工程发展始末

　　曙光代表希望，它会引起人们对未来美好前景的遐想，也预示着新事物即将来临。早在 20 世纪 70 年代初，我国就曾经闪现过载人航天的第一缕曙光。

6.1.1 卫星起步

要实现把载有航天员的飞船送入太空的目标，首先要解决把人造卫星送上天的问题。20 世纪 60 年代中期，经过三年自然灾害后，我国的经济形势有了全面好转，在火箭和导弹技术方面也取得了一定的经验和成果。1964 年年底，在卫星技术基础研究和探空火箭应用实践的基础上，中国科学院提出研制卫星的设想。周恩来总理在 1965 年 1 月批示，由科学院提出具体方案。由此，我国首个人造卫星工程开始起步。

1965 年 7 月 1 日，中国科学院提出了《关于发展我国人造卫星工作的规划方案建议》，该建议很快在 8 月上旬的中央专委会上获得原则批准。为落实这项任务，中国科学院受国防科委的委托，于 1965 年 10 月召开了我国第 1 颗人造卫星方案论证及工作安排会议，初步确定了第 1 颗人造卫星工程的总体方案。1967 年 12 月国防科委召开了第 1 颗人造卫星研制工作会议，审核了总体方案和各系统方案，正式命名我国第 1 颗人造卫星为东方红 1 号。

1966 年 1 月，中国科学院成立了卫星设计院。1968 年 2 月 20 日，组建了中国空间技术研究院，负责人造卫星和载人飞船的研制。该研究院现隶属于中国航天科技集团有限公司。

6.1.2 规划出炉

我国载人航天技术从一开始就与卫星技术的发展联系在一起。就在我国研制第 1 颗人造卫星的同时，对载人航天技术的探索也提上了日程。

1965 年，为拟定我国人造卫星规划方案建议书，我国成立了 4 个专业组，其中就有一个由中国科学院生物物理研究所负责的生物组。生物组在随后的卫星系列研讨会上提出了发展我国生物卫星以及载人飞船的设想。1966 年 5 月 11 日，在卫星系列规划论证会上提出了"以科学试验卫星作为开始和打基础，特别是以返回式卫星为重点，在返回式卫星的基础上发展载人飞船"的规划设想。与此同时，中央专委委托中国科学院、中国军事医学科学院和中国医学科学院拟定"载人宇宙航行规划"中的医学生物学部分。规划设想的总目标是在 1973—1975 年发射我国第一艘载人宇宙飞船。这是我国第一次把载人航天列入航天发展规划中。

这份规划还提出了为保证航天员在航天飞行中的安全和正常活动必须解决的关

键技术问题，主要包括生命保障措施、安全返回与救生、航天员的选拔训练、飞行全过程中的医学监督和保证航天员与飞船之间的人－机关系、航天员的生理遥测和数据处理问题等。为了训练航天员，还必须建立各种大型的环境模拟试验设施等。

6.1.3 曙光初现

1965 年 9 月到 12 月初，七机部八院（即北京空间机电研究所前身）的技术人员在院领导的支持下，深入各用户单位调研对卫星的需求，发现许多用户对返回式遥感卫星都有强烈的需求，结合七机部八院在卫星设计和探空火箭研制中积累的飞行器总体设计、结构设计、遥测系统设计、回收系统设计的经验，他们提出由七机部八院承担返回式卫星和载人飞船的总体设计任务，此建议受到领导的重视。

1965 年 12 月中旬，七机部副部长钱学森在听取八院的工作汇报时说："国防科委罗舜初副主任对我说，科学院（要）搞 4 个卫星系列，20 颗卫星是力不胜任的。4 个卫星系列怎么个搞法，让七机部准备个意见，具体就是让你们八院准备个意见。"1966 年 1 月 4 日，国防科委罗舜初副主任在中国科学院党委为成立中国科学院卫星设计院向国家科委党组并抄报国防科委的请示报告上批示："卫星设计不是一个院所能承担的，同时应发挥七机部八院的作用，请考虑两个院分工的意见。"

根据上级领导的意见，七机部八院在王希季总工程师的领导下，于 1966 年 1 月开始中国返回式卫星和载人飞船总体方案的论证工作。

1966 年 5 月 17 日，七机部召开部党组会议，钱学森副部长在会议上发言，力主返回式卫星和载人飞船任务由七机部承担，会后，部党组同意这一意见，并报送国防科委。[1]

1967 年 3 月，七机部八院、中国科学院生物物理研究所和军事医学科学院的专家在七机部八院召开了一个座谈会，专题研究载人航天怎么搞，他们的统一意见是直接向七机部反映，尽快组织开展载人飞船的研究工作。钱学森听了大家的意见，鼓励大家说："你们的想法很好，抓紧干吧，我支持。"并鼓励大家说："不管外面怎么样，我们先把载人航天的锣鼓敲起来！"于是，七机部八院范剑峰组织了 20 多人开始对载人飞船进行调研论证。

在钱学森的直接关怀下，1967 年 6 月，七机部八院成立了载人飞船总体研究室，由卫星专家王希季组织开展载人飞船总体方案概念研究，研究工作由范剑峰具体负责。

同年9月，八院完成了载人飞船的任务分析、方案制定、总体性能参数分解与综合、轨道设计、构型设计及分系统设计等一系列研究工作，完成了载有1名航天员的飞船方案论证报告。10月，第七机械工业部钱学森副部长在听取1人飞船方案论证汇报时说："中央专委办公室建议中国第1艘载人飞船命名为曙光1号。"

1968年1月8日，在中国空间技术研究院成立前夕，钱学森主持召开了我国第1艘载人飞船总体方案设想论证会，参加会议的人各抒己见，争论时时发生，后来，5人飞船方案占了上风。[2]

6.1.4 曙光1号工程的曙光[3]

1968年2月20日，中国人民解放军第五研究院成立，钱学森兼任院长。4月，中国人民解放军第五研究院在北京空间飞行器总体设计部正式成立了载人飞船总体设计室，原先在七机部八院从事载人飞船论证的人几乎全部调了过去，由范剑峰任设计室主任。他们很快组织起40多名专家迅速开展工作，先后完成了载5名航天员和1名、2名、3名航天员的4种曙光号飞船的方案论证。

1970年4月24日，在北京城西的工程兵招待所里召开了曙光号载人飞船总体方案论证会，北京空间飞行器总体设计部展示了已初步设计出的载人飞船样图和一个飞船的模型。讨论会一共开了7天，会议结束前，钱学森赶到会场，他说："作为载人飞船的运载工具——东风6号环球运载火箭的方案论证工作正在抓紧进行中。"

1970年11月9—26日，国防科委的七机部在北京京西宾馆召开了曙光1号载人飞船方案论证会。与会人员一致通过了曙光1号飞船载有2名航天员，最长飞行时间为8天，运载工具准备采用东风6号环球运载火箭的方案。

1971年4月，全国80多个单位400多位专家和科技人员全面展开了曙光1号飞船的论证工作。[3]

曙光1号飞船是一个类似于美国第2代飞船——双子星座号的飞船，外形像一个倒扣的大漏斗，由座舱和设备舱组成。座舱里放置了2名航天员乘坐的弹射座椅，有仪器仪表、无线电通信设备、控制设备、废物处理装置，还配有食物和水、降落伞等，设备舱里有制动发动机、变轨发动机、推进剂箱、电源设备和通信设备。[2]双子星座号飞船的外形如图6-1和图6-2所示。

图 6 - 1　双子星座号飞船的外形[3]

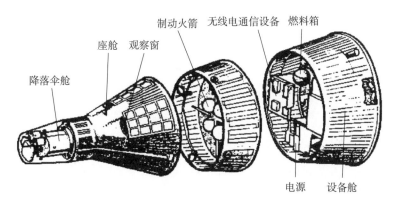

图 6 - 2　双子星座号飞船的组成[4]

　　然而，由于"文化大革命"的干扰，使得载人飞船的许多工作无法展开，远程火箭的研制计划也被迫推迟，东风 6 号环球运载火箭也因技术力量不足、研制经费不足被迫下马。

1975 年 3 月国防科委正式宣布曝光 1 号工程暂停，只保留核心技术的跟踪研究。直到 1992 年"921"工程立项之后，中国的载人飞船才获得新的生命。

6.1.5 曝光 1 号工程的预研成果

曝光 1 号工程筹备处在北京成立后，曙光 1 号飞船工程的研制工作全面展开。北京空间飞行器总体设计部负责飞船总体设计、总体结构、热控制、天线和总装测试；北京控制工程研究所负责制导导航和控制；西安空间电子信息技术研究所负责遥控和电视；航天医学工程研究所负责生命保障系统和航天员选训；北京空间技术研究所（即北京空间机电研究所）负责弹射座椅救生系统和降落伞回收系统的研制；兰州空间物理研究所负责部分有效载荷和燃料电池氢、氧罐的研制；北京卫星总装厂负责生产和总装飞船；国防科委负责发射场、地面测控网的建设和远洋测量船的研制；中国科学院等其他相关单位负责诸项协作项目的研制任务。[2]

在短短的 4 年多时间里，各承制单位积极投入研究工作，开展大量试验，取得了许多研究成果。在飞船总体设计方面，在飞船外形、质量特性设计、配平攻角选择、返回走廊设计和应急救生等方面进行了大量的分析计算工作，特别是在风洞气动力试验方面做了大量工作。在各分系统研究方面也做了大量工作，对结构、能源、热控制、制导导航与控制、测控与通信、数据管理、新型材料、环境控制和生命保障、回收等分系统进行了原理性设计和技术攻关，其中不少分系统已通过地面试验，有的完成了初样研制。例如，1971 年 4 月 18 日至 5 月 14 日，北京空间机电研究所在王希季总工程师的组织领导下，林华宝、林斌等人在河南省郑州市成功地进行了曙光 1 号载人飞船返回舱 8 架次 3 伞系统的空投试验任务，达到了预定目标。[2] 弹射座椅也进行了地面弹射试验。制导导航和控制分系统完成了全姿态仪和飞船用计算机的研制。在曙光 1 号飞船研制期间，研制单位进行了防热材料研究和大型试验，研制了飞船的运输车辆和航天食品，如图 6-3 所示。从全国空军 1 000 多名飞行员中初选出 88 名飞行员于 1971 年春来到北京进行复选，选拔过程既是对受试人员身体功能的检测，也是对其意志品质的考验。参试人员经过了振动、冲击、离心、低压、高温等 12 项训练试验科目的严格测试，1971 年最后选出了我国首批 19 名预备航天员，如图 6-4 所示。

图 6-3　中国早期研制的航天食品

图 6-4　1971 年我国选拔预备航天员的过程

（在离心机上做超重测试）

曝光 1 号工程也推动了一些设备的建设，如航天医学工程研究所的一号舱、二号舱、大型离心机、天象仪，以及北京卫星环境工程研究所的 KM4 热真空地面模拟试验设备相继建成并投入运行。1972 年 8 月 7 日，中国空间技术研究院向七机部呈报了载人飞船对航天医学工程的要求，推动了航天医学与工程基地的建设；在航天员选拔和训练方面，航天医学工程研究所对多名航天员进行了大量的人体科学研究，取得了人体耐受冲击、振动、噪声和过载的大量数据，为以后的载人飞船设计提供了极其宝贵的第一手航天医学数据。曙光 1 号载人飞船的预研成果，对我国后继的神舟号载人飞船概念研究和研制都奠定了一定的基础。

6.2 神舟号飞船工程的起航

本节以历史档案和相关重要著作为基础，详尽地记述了从 1986 年多用途飞船概念研究开始至 1992 年神舟号飞船立项完成为止的技术发展史，重点记述了北京空间机电研究所从事的多用途飞船的概念研究及中国载人航天技术发展途径研究的史实，论述了这一研究的主要成果及其对中国载人航天技术发展途径选择所起的重要作用及对神舟号飞船发展产生的深刻的积极的影响。本节还收录了重要的历史照片，以使读者加深了解。

6.2.1 新时期立项论证的背景

（1）国际背景

1）美国[5][6]

美国已在 20 世纪 70 年代建立了试验性空间站，以飞船作为天地往返运输系统。

天空实验室（Skylab）是美国的试验性空间站，1973 年 5 月 14 日发射，进入了离地面约 435km 高度的近圆轨道。同年还先后发射了 3 艘阿波罗号飞船（两舱状态）与天空实验室实现交会对接，这 3 艘飞船分别称作天空实验室 2、3、4 号。1979 年 7 月 11 日，天空实验室进入大气层烧毁。

1973 年 5 月 14 日，美国名为天空实验室的空间站（见图 6 - 5）由土星 5 号运载火箭发射升空。起飞后约 65s，在经历最大动压时，工作舱的外表面涂有防热层的铝质微流星防护罩提前打开，被强大的气流撕毁，轨道舱两侧的太阳能电池阵（以下简称太阳电池阵）有一个被防护罩刮掉，另一个太阳电池阵被防护罩的碎片缠住，致使入轨后无法展开，导致天空实验室入轨后严重缺电。由于失去了防护罩，舱内温度上升至 55℃，无法正常工作。

为了挽救天空实验室，1973 年 5 月 25 日，3 名航天员乘阿波罗号飞船奔赴天空实验室，把地面赶制的一顶遮阳伞从多用途对接舱的窗口撑出舱外，用于挡住阳光，使工作舱温度下降到 27℃ 左右。然后，两名航天员又出舱，用能自动伸长的割刀切割掉缠住太阳电池阵的防护罩碎片，使太阳电池阵展开，恢复了部分电源，从而使面临夭折危险的天空实验室又具备了接待航天员的能力，如图 6 - 6 所示。

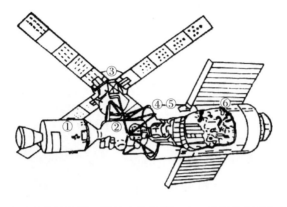

图 6 – 5　天空实验室结构图（设计在轨构型，在工作舱外有两个太阳电池阵）

1—阿波罗指挥 – 服务舱；2—多用途对接舱；3—阿波罗望远镜；

4—过渡舱；5—仪器舱；6—工作舱

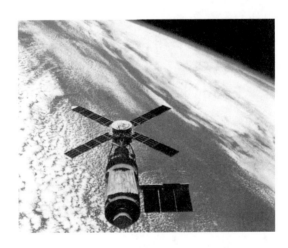

图 6 – 6　天空实验室实际在轨构型

（在工作舱外只有一个太阳电池阵）

天空实验室共接待了 3 批航天员，每批 3 人，航天员在空间站内分别工作和生活了 28 天、59 天和 84 天，用 58 种仪器进行了 270 多项天文、地理、遥感、空间生物学和航天医学试验研究。

2）苏联[6][7]

苏联已建立了空间站并以联盟号飞船和进步号货船作为天地往返运输系统。

①礼炮号空间站

礼炮号空间站是苏联的第一个载人空间站系列。自 1971 年 4 月 19 日到 1982 年 4 月底共发射了 7 个礼炮号空间站。其中礼炮 2 号、3 号和 5 号为军用空间站，主要携带大型光学遥感望远镜、大幅面照相机等军用侦察设备和可返回地面的胶卷舱。礼炮 1 号、4 号、6 号和 7 号为民用空间站，兼做一些军事试验。

礼炮 1 号至礼炮 5 号空间站由对接舱、工作舱和服务舱三个部分组成，总质量 18～19t，总长 14～16m。对接舱有一个供联盟号飞船对接的对接口，航天员由此对接口进出空间站。工作舱是航天员生活和工作的区域，装备有控制和通信设备、电源、生命保障系统。服务舱装有变轨发动机和推进剂。舱体外部安装有太阳电池阵、天线、传感器等。

图 6-7　礼炮 7 号空间站
（最下方是与之对接的飞船）

礼炮 1 号至礼炮 5 号是苏联第 1 代空间站，有 1 个对接口，只能与 1 艘联盟号载人飞船对接。礼炮 6 号、7 号为苏联第 2 代空间站，有 2 个对接口，可同时与联盟号（或联盟 T 号）载人飞船及进步号货船对接。图 6-7 为礼炮 7 号空间站，图 6-8 为礼炮 6 号空间站布局示意图。

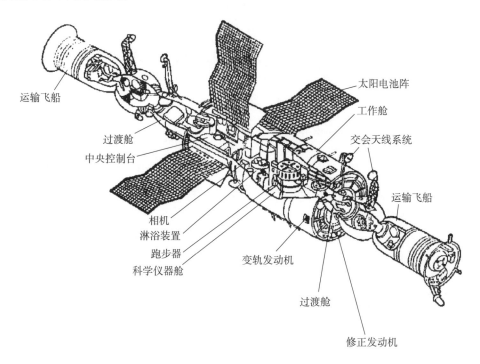

运输飞船
过渡舱
中央控制台
相机
淋浴装置
跑步器
科学仪器舱
太阳电池阵
工作舱
交会天线系统
运输飞船
变轨发动机
过渡舱
修正发动机

图 6-8　礼炮 6 号空间站布局示意图

1971—1991 年，在发射和运营的 7 个礼炮号空间站中，除了礼炮 2 号在轨飞行两天后因舱内减压和飞行控制系统失灵而放弃载人计划外，其余 6 个礼炮号空间站均取得成功。

②和平号空间站

和平号空间站是苏联/俄罗斯（1991 年苏联解体后）的第 3 代载人空间站，是世界上首次采用模块组合式构型的空间站。该空间站用于长时间在轨科学技术研究和考察长期失重环境对人体产生的影响。

和平号空间站质量约为 123t，轨道高度为 320～420km，轨道倾角为 51.6°。包括核心舱、量子舱、量子 2 号舱、晶体舱、光谱舱、对接舱、自然舱等。整个空间站与为它提供天地往返运输服务的联盟 TM 号载人飞船、进步 M1 号货运飞船对接后形成更大的轨道复合体，总质量超过 136t。

和平号空间站各个模块依次分别从地面发射入轨，并逐个组装在一起形成一个完整的大型空间设施，从 1986 年 2 月 20 日第一个模块（核心舱）入轨，到 1996 年 4 月 26 日最后一个模块（自然舱）与核心舱对接，整个和平号空间站的建造历时 10 年。图 6-9 为和平号空间站 1996 年 5 月 7 日的状态。

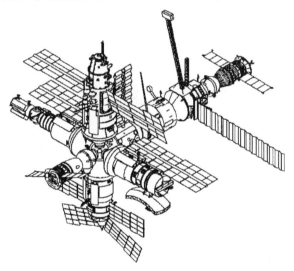

图 6-9　和平号空间站（1996 年 5 月 7 日的状态）

鉴于设备老化，不断出现故障，通过地面有效控制，和平号空间站于 2001 年 3 月 23 日再入大气层烧毁，其残骸落于南太平洋预定水域。

③联盟号系列载人飞船[8]

联盟号系列载人飞船是苏联/俄罗斯的第 3 代载人飞船，是联盟号飞船、联盟 T 号飞船、联盟 TM 号飞船和联盟 TMA 号飞船的总称。该系列飞船可乘坐 3 名航天员，具有在轨自主飞行、进行轨道机动飞行和进行交会对接的能力。联盟号系列载人飞船可为空间站接送航天员，又能在对接后与空间站一起飞行，作为空间站的轨道救生艇。是苏联/俄罗斯载人航天计划中重要的天地往返运输系统。

联盟号飞船由近似球形的轨道舱、钟形返回舱和圆柱形服务舱组成，对接装置安装在轨道舱的前段。飞船总长为 7.5m，最大直径为 2.7m，质量约为 6.8t，可居住空间为 9m³，太阳电池阵翼展为 8.4m。联盟号飞船主要是用来验证与礼炮 1 号 ~ 5 号的交会对接技术，并为这几座空间站接送航天员。联盟号飞船初始型的外形如图 6 – 10 所示。

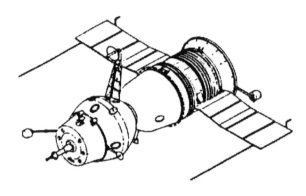

图 6 – 10　联盟号飞船初始型（1967—1981 年服役）

1979 年联盟号飞船改进为联盟 T 号飞船，主要为礼炮 6 号、7 号空间站接送航天员并兼作轨道救生艇。1984 年联盟 T 号飞船又改进为联盟 TM 号飞船（M 表示现代化之意），主要为和平号空间站接送航天员并兼作轨道救生艇。2002 年联盟 TM 号飞船又改进为联盟 TMA 号飞船，主要为国际空间站接送航天员并兼作轨道救生艇。2003 年 2 月 1 日美国哥伦比亚号航天飞机失事后，联盟 TMA 号飞船一度成为国际空间站唯一的人员天地往返运输系统。

④进步号系列货运飞船[8]

进步号系列货运飞船是苏联/俄罗斯研制的货运飞船，进步号系列飞船包括进步号飞船、进步 M 号飞船等。

进步号飞船可为礼炮 6 号和 7 号空间站补给推进剂 1 000kg 以及大量的食物、水和仪器设备等。其总质量为 7 050kg，总长度为 7.94m，载货物质量为 2 300kg，最大外径为 2.72m。其构型如图 6 – 11 所示。

礼炮 6 号空间站于 1977 年 9 月 29 日发射入轨，1982 年 7 月 29 日坠毁，在它在轨运行期间共有 12 艘进步号货运飞船为它运送货物。1978 年进步 1 ~ 4 号货运飞船为礼炮 6 号空间站运送货物。1979 年进步 5 ~ 7 号货运飞船为礼炮 6 号空间站运送

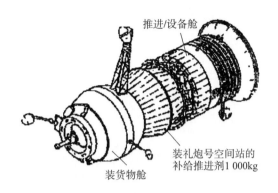

推进/设备舱

装礼炮号空间站的
补给推进剂1 000kg

装货物舱

总质量：7 050kg；
总长：7.94m；
载货物质量：2 300kg；
最大外径：2.72m

图 6 – 11　进步号货运飞船的构型

货物。1980 年进步 8 ~ 11 号货运飞船为礼炮 6 号空间站运送货物，1981 年进步 12 号货运飞船为礼炮 6 号空间站运送货物。

礼炮 7 号空间站在 1982 年 4 月 19 日至 1991 年 2 月 7 日有长达 8 年的运营期间，仅从 1982 年 4 月至 1986 年 10 月，就有 14 艘进步号货运飞船向礼炮 7 号空间站运送货物。

正是由于进步号货运飞船向礼炮 6 号和 7 号运送大量的货物，才保证了这两个空间站分别运营长达近 5 年和 8 年之久。

3）法国和欧洲[8]

法国提出拟采用赫尔墨斯号（Hermes，又称使神号）小型航天飞机作为空间站送人送货的天地往返运输系统。

20 世纪 80 年代以来，法国率先提出了西欧的尤里卡计划，并在迎接 2000 年空间产业革命挑战的口号下，制定了欧洲联合发展阿里安 5 号运载火箭和赫尔墨斯号小型航天飞机及哥伦布号空间站的计划，旨在建立欧洲自主的载人航天体系。

阿里安 5 号运载火箭可满足发射大型卫星和赫尔墨斯号小型航天飞机的需要，计划由阿里安 5 号运载火箭和赫尔墨斯号小型航天飞机组成西欧的第 1 代天地往返运输系统。

哥伦布号空间站计划包括与美国自由号空间站对接的哥伦布号实验室、哥伦布号自由飞行平台和哥伦布号极轨平台三个单元，它们将作为自由号空间站系统的一部分。

但是，赫尔墨斯号小型航天飞机的研究方案和技术发展工作面临巨大的困难，方案一变再变，进度一拖再拖，经费一加再加，最后不得不在 1992 年 11 月宣布下马。

①方案一变再变

（a）初期方案

初期方案的构型如图 6 - 12 所示。

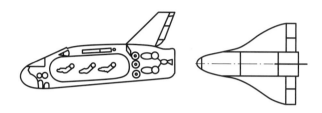

图 6 - 12　赫尔墨斯号小型航天飞机初期方案的构型

参数：机长 12.5m，翼展 10m，入轨质量 9.4t，着陆质量 8t。

能力：可运送 5 人，或运送 2 人加 1.5t 货物（上行状态）。

特点：气动布局类似美国的航天飞机，采用带边条的双后掠梯形翼、单垂直尾翼。无敞开货船及气闸舱。初期改进方案为小边条大后掠角三角形下单翼、双垂直尾翼、大敞开式货舱。

救生：出现故障时采用整机应急分离、固体火箭救生。

（b）1985 年达索公司方案

此方案的构型如图 6 - 13 所示。

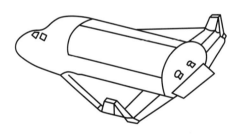

图 6 - 13　1985 年达索公司提出的赫尔墨斯号小型航天飞机方案的构型

参数：机长 17.9m，翼展 10.18m，入轨质量 15t。

能力：可运送 2 ~ 6 人，4.5t 货物（上行）。

特点：气动外形类似美国的 X - 20，为大后掠角的三角形下单翼，翼梢处有翼梢垂直尾翼，升降副翼可兼做减速板；机身中部有向上伸出的气闸舱，采用可敞开式货舱。

救生：出现故障时采用固体火箭整机分离与弹射座椅相结合的方式。

（c）1986 年的方案

此方案的构型如图 6 - 14 所示。

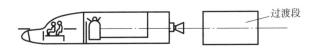

图 6 - 14　1986 年赫尔墨斯号小型航天飞机方案的构型

参数：机长 18m，翼展 11m，入轨质量 15 ~ 16.7t（至 1986 年 12 月达 25.186t，大大超过允许的质量），空重 8.69t（至 1986 年 12 月达到 15.268t，超过允许的质量）。

能力：可运送 4 ~ 6 人，4.55t 货物（入轨）。

特点：继承了达索公司提出的方案的构型（以后基本不变），有 7 个气动控制面，有 2 台轨道机动发动机，有容积为 35m² 的可敞开式货舱，机身中部有向上伸出的气闸舱。

救生：出现故障时采用整机逃逸方式救生。

（d）1987 年的 5MZ 方案

此方案构型如图 6 - 15 所示。

图 6 - 15　赫尔墨斯号小型航天飞机 1987 年的 5MZ 方案的构型

参数：机长 15.5m，翼展 10.57m，入轨质量 21t，空重 13.9t。

能力：可运送 3 ~ 4 人，3t 货物（入轨）。

特点：去掉轨道机动发动机，把赫尔墨斯号小型航天飞机与阿里安 5 号运载火箭之间的过渡段变成入轨助推级（L5B 级），有容积为 18m³ 的气密货舱，有向后伸出的气闸舱，外形为大后掠角三角形下单翼加翼稍垂直尾翼（之后不变）。

救生：出现故障时，采用弹射座舱（驾驶舱）应急分离方式。把驾驶舱与其他部分分开设计，机身布局从前至后依次为弹射座舱、过渡通道、气密货舱、生活舱、气闸舱。

（e）1988 年的 5MX 方案

此方案构型如图 6 - 16 所示。

参数：机长 13.1m，资源舱长 5.9m，组合体 19.1m，翼展 9.5m，起飞质量 23t，其中轨道器质量 17t，资源舱质量 6t，再入时轨道器质量 16t。

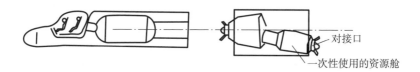

图 6-16 赫尔墨斯号小型航天飞机 1988 年的 5MX 方案的构型

能力：上行可运送 3 人，3t 货物（其中轨道器载 1.6t，资源舱载 1.4t）；
返回可运送 3 人，580 ~ 1 500kg 货物。

特点：把赫尔墨斯号小型航天飞机与阿里安 5 号运载火箭之间的 L5B 级变为资源舱一同入轨，把部分货物和部分子系统移到资源舱中，资源舱为一次性使用，赫尔墨斯号小型航天飞机的轨道器气动外形不变，但尺寸缩小。

救生：出现故障时采用弹射座舱救生。

（f）1989 年 8 月的方案[9]

此方案的构型如图 6-17 所示。

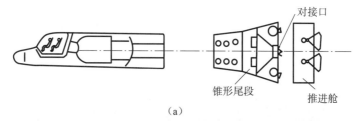

（a）

（b）

图 6-17 赫尔墨斯号小型航天飞机 1989 年 8 月方案的构型

（a）线条图；（b）外形图（不含推进舱）

参数：组合体（不包括推进舱）18.3m，其中轨道器长12.7m，翼展9m；对接舱底部直径5.4m；起飞质量23.9t，再入质量15t；推进舱质量2t；锥形尾段质量8.5t。头锥温度1 820℃（超过美国航天飞机300℃）。

能力：上行可运送3人，3t货物；

返回可运送3人，1.5t货物。

特点：外形不变，整体尺寸进一步缩小。整体由带翼小型航天飞机轨道器、锥形尾段和推进舱三部分组成，后两部分一次性使用。锥形尾段由资源舱、对接舱及在轨推进组件组成。

救生：出现故障时，从弹射座椅、弹射驾驶舱及头锥、逃逸塔三种方式中选取一种。

②进度一拖再拖

赫尔墨斯号小型航天飞机首次载人飞行的时间如表6-1所示。由表6-1可见首次载人飞行时间不断拖延。

表6-1 计划赫尔墨斯号小型航天飞机首次载人飞行的时间

事件	计划赫尔墨斯号小型航天飞机首次载人飞行时间
初期方案	1990年
1985年罗马会议	1995—1996年
1986年威尼斯会议	—
1987年海牙会议	1998年
1988年文献报道	1999年
1989年8月《Flight International》报道	最早2001年

③经费一加再加

预计赫尔墨斯号小型航天飞机的研制费变化如表6-2所示。

表6-2 预计赫尔墨斯号小型航天飞机的研制费变化

事件	预计赫尔墨斯号小型航天飞机的研制费
1985年罗马会议	17.5亿欧元（13亿美元）
1986年8月威尼斯会议	21.2亿欧元（22亿美元）
1987年11月海牙会议	44.3亿欧元（55亿美元）

④欧洲调整载人航天计划，停止了赫尔墨斯号小型航天飞机的研制

1992年11月欧洲太空局（以下简称欧空局）对欧洲长远的载人航天计划作出

重大调整，停止了赫尔墨斯号小型航天飞机的研制。1995年10月欧空局部长会议批准了欧洲参加国际空间站（ISS）的计划。

4）西德

西德提出以桑格尔号两级火箭飞机作为运人运货的天地往返运输系统的方案。

西德除了参加欧空局的阿里安5号运载火箭和赫尔墨斯号小型航天飞机计划之外，也提出了一个水平起飞、水平着陆二级入轨的空天飞机桑格尔号（Sanger）方案。这个方案是1988年作为阿里安5号–赫尔墨斯号系统的后继型号提出的。1988年仅处于概念的研究阶段。后来，此方案停止，没有继续下去。

5）英国

英国基于自己在航空发动机研制领域的技术优势以及在研制协和超音速客机方面的经验，于20世纪80年代初期提出了一个单级、水平起飞、水平着陆的空天飞机霍托尔号（HOTOL）方案，这是一个先进的完全重复使用的天地往返运输系统，但是实现这个方案，技术上有很多未知因素。特别是研制一个在稠密大气层内以航空喷气式发动机方式工作，在飞出稠密大气层后，以火箭发动机方式工作的发动机难度很大。在20世纪80年代只处于概念研究阶段，此项目至今未作为工程项目进行研制。

（2）国内背景

1）中国首届太空站研讨会

1985年7月，在中国航天工业部科学技术委员会主任任新民的倡导下，中国首届太空站研讨会在秦皇岛召开，与会代表的报告被汇编成《太空站讨论会文集》，任新民为该文集作序，会上周晓飞作了《美国和苏联的空间站》的报告，报告在分析国外航天现状的基础上，研讨了中国载人航天的技术经济可行性，受到了任新民的赞赏。

代表们各抒己见，虽然意见大相径庭，思路也不成熟，但却有一个共识：发展载人航天是大势所趋。任新民在《太空站讨论会文集》序言中这样写道："太空站迟早是要搞的。但等到人家都成了常规的东西，我们才开始设想，到时候就晚了。所以从现在开始，就应有一个长远规划，对其中的某些单项关键技术应立即着手研究。一旦国家下决心发展载人航天，就能及时起步。我们要争取在21世纪初，让地球的近地空域翱翔着中国的永久性太空站，在太空站和地球之间有中国的运载工具，装载着人员、物资、设备穿梭往来，我们的航天员、科学家和工程师在太空站上紧张地进行各种各样的科学技术活动。"[10]

2）四位科学家上书党中央

1986年3月3日，著名科学家王大珩、王淦昌、杨嘉墀、陈芳允上书党中央，提出了关于跟踪研究外国战略性高技术发展的建议。3月5日，邓小平同志对四位科学家的建议作了重要批示："这个建议十分重要，请找专家和有关负责同志提出意见，以凭决策。此事宜速作决断，不可拖延。"随即中央组织了数百位科学家进行了反复论证，制定了《中国高技术研究发展计划（纲要）》（即"863"计划），并于1986年10月21日经中央政治局扩大会议批准，开始实施。

航天技术领域（"863－2"）是国家"863"计划的7个组成部分之一。经论证，我国航天专家认为应把发展空间站工程作为"863"计划航天技术领域的目标，并在发展空间站工程和大型运载火箭（后者作为前者的发射工具）方面取得了一致意见，但在天地往返运输系统发展上存在争议。

在中央尚未批准飞船工程立项的阶段，在1986年4月至1990年6月间，航空航天界众多专家、学者和单位参与论证，这是一个百家争鸣的时期。论证的焦点是中国载人航天是以多用途飞船还是以小型航天飞机起步。北京空间机电研究所的技术专家最早提出发展中国载人航天应以多用途飞船起步，并进行了深入的研究。[8]

3）北京空间机电研究所从事中国航天技术发展途径研究及多用途飞船概念研究的条件

北京空间机电研究所成立于1958年8月21日，当时称为中国科学院第一设计院，从事卫星运载火箭的研究和设计。1958年11月该院搬迁至上海，更名为上海机电设计院，从事探空火箭的研制。1960年2月，该院研制的我国第一枚液体探空火箭T－7M成功地飞上蓝天，揭开了我国空间探测活动的序幕。至1978年，研究所共研制发射3代16种型号近200枚探空火箭。1965年7月，上海机电设计院迁京，更名为第七机械工业部第八设计院。1965年至1967年，七机部八院将探空火箭和导弹技术结合起来，提出了我国第1枚卫星运载火箭长征1号的技术方案，并完成了初样研制，涌现出了以"两弹一星"功勋奖章获得者王希季院士为代表的一批航天专家。七机部八院（后改为北京空间机电研究所）还于1966年至1978年提出我国返回式卫星的技术方案，并承担了返回式卫星回收着陆分系统的研制，使我国成为世界上第3个掌握卫星回收技术的国家。研究所在1979年至1985年进行了长征1号丙A弹头试验火箭和长征1号丙运载火箭的研制，取得了阶段性的重大成果。长征1号丙A弹头试验火箭总体设计和长征1号丙运载火箭总体方案设计于1985年获1984—1985年航天工业部科学技术进步奖二等奖。但由于种种原因，长征1号丙A弹头试验火箭和长征1号丙运载火箭项目于1985年停止研制。

正是上述研究工作的开展，培育和锻炼出一批在火箭和航天器研制方面的高素质的专家和人才。当 1986 年 3 月我国启动"863"计划航天领域项目时，北京空间机电研究所以这批从长征 1 号丙 A 弹头试验火箭和长征 1 号丙运载火箭战线上退出的一些人员为主，勇敢地、主动地承担了中国载人航天技术发展途径研究和多用途飞船概念研究工作，成立了直属研究所领导的飞船论证组，该组人员最多时达 25 人，1986 年到 1990 年，该组成为我国航天界载人航天技术发展途径研究的主力军之一，成为由"863"计划航天领域专家委员会及其专家组资助的从事多用途飞船概念研究的唯一单位。

6.2.2　多用途飞船早期概念研究（1986 年 4 月至 1987 年 3 月）[8][11]

（1）1986 年 3—4 月北京空间机电研究所率先提出用飞船作为空间站运输系统及轨道救生艇

1986 年 3 月 22 日，中国空间技术研究院科技委主任王希季主持召开了中国空间技术研究院空间站及空间运输系统小组成立会。会议决定由北京空间飞行器总体设计部范剑峰任该小组组长，北京空间机电研究所李大耀、徐焕彦、冯祖钺、文光宏等参加了会议，并参加了这一小组。会议决定 4 月底在中国空间技术研究院召开会议，由该小组提出我国空间站及空间运输系统的初步设想。

1986 年 3 月 24 日，李大耀主持会议，北京空间机电研究所参加中国空间技术研究院空间站及空间运输系统成立会的四位同志及有关室主任杨广耀、李颐黎、陈纪鸿参加会议，传达了 3 月 22 日会议的情况。

1986 年 4 月初，李大耀主持会议，北京空间机电研究所参加中国空间技术研究院空间站及空间运输系统成立会的四位同志及有关室主任杨广耀、李颐黎、陈纪鸿参加会议，讨论了空间站及空间运输系统论证工作的分工事宜。

1986 年 4 月 21 日上午，召开了北京空间机电研究所所务会议，研究国防科工委 2000 年国防科技战略发展研究及空间站与空间运输系统的论证工作。所务会议决定研究所由林华宝（时任北京空间机电研究所副所长）、钱振业（时任北京空间机电研究所副所长）和董世杰（时任北京空间机电研究所科技委主任）抓此项论证工作，并决定派遣钱振业、董世杰、李惠康、李颐黎、杨广耀、徐焕彦、冯祖钺、文光宏等同志参加中国空间技术研究院第 1 次太空站讨论会（又名"五院空间站及运输系统战略发展研究讨论会"）。由此可见，北京空间机电研究所的领导十分重视此项研究工作，并派出技术骨干参加研讨会。

1986 年 4 月 22 日至 24 日，中国空间技术研究院第 1 次太空站讨论会召开。会议由该院科技委主任王希季主持，会议讨论了该院如何开展空间站论证工作，确定了各研究所开展研究的课题。北京空间机电研究所由钱振业、董世杰、李惠康、李颐黎、徐焕彦、冯祖钺、文光宏等同志参加了会议并提出了用飞船作为空间站运输系统兼做空间站轨道救生艇的建议，得到了王希季主任和与会同志的赞同。会议确定了由北京空间机电研究所负责多用途飞船（含空间站轨道救生艇）的论证，飞船电源系统由北京空间飞行器总体设计部和北京空间机电研究所等单位论证，航天员舱外活动系统由北京空间机电研究所和北京控制工程研究所认证。

1986 年 4 月 25 日，上午参加中国空间技术研究院第 1 次太空站讨论会的北京空间机电研究所的人员讨论该所如何开展空间站论证工作。晚上，向该研究所党委领导马联谨（时任所党委书记）和宋忠保（时任所党委副书记、所长）汇报开展空间站论证工作的建议。研究所党委确定由李惠康、李颐黎负责组织人员提出"轨道救生艇方案的建议"。

（2）1986 年 5 月北京空间机电研究所成立空间站论证小组，承担多用途飞船（含轨道救生艇）的论证工作及准备在中国空间技术研究院第 2 次太空站讨论会上发表的文章

1986 年 5 月初，研究所成立空间站论证小组，承担多用途飞船的论证工作，首先从飞船作为空间站轨道救生艇的方案入手。5 月 7 日及 8 日，研究所空间站论证小组研究工作，确定了小组成员的分工。

为了使在空间站上需设置轨道救生艇的设计思路被空间站总体方案的论证单位（总体设计部）所接受，1986 年 5 月 22 日，钱振业、林华宝、李惠康、李颐黎一同去北京空间飞行器总体设计部，与该部的范剑峰（时任四室主任，院空间站及空间运输系统小组组长）及朱毅麟（时任四室副主任）交换意见，钱振业等四人谈了空间站设置轨道救生艇的必要性，并希望总体设计部予以支持，在写空间站总体方案时把轨道救生艇作为空间站组成的一部分。范剑峰、朱毅麟两位同志表示支持。在 1986 年 10 月他们编写的《我国空间站总体方案设想》一文中，已将轨道救生艇作为空间站的组成部分之一，如图 6 - 18 所示。

1986 年 6 月 11 日召开研究所空间站论证小组会议，钱振业副所长参加。钱振业传达了 6 月 9 日及 10 日航天工业部与中国科学院联合召开的建立我国空间站研究会议的情况，并传达了王希季主任 6 月 7 日的意见：北京空间机电研究所集中力量搞多用途飞船论证研究。行走背包由航天医学与工程研究所搞。电源系统由北京空间飞行器总体设计部搞。会议确定由李颐黎负责于 7 月 17 日写出空间站救生艇方案设想报告，马宏林和徐焕彦于 7 月 14 日前提供素材给李颐黎，李颐黎在中国

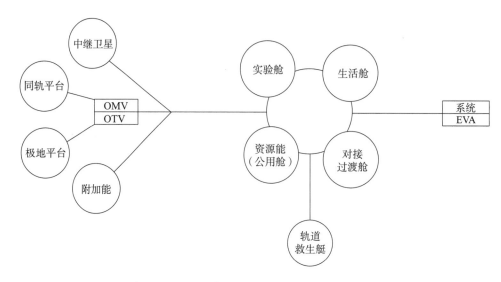

图 6-18　1986 年 10 月编写的《我国空间站总体方案设想》一文的空间站组成

空间技术研究院第 2 次太空站讨论会上作空间站救生艇论证报告。

1986 年 6 月 19 日，北京空间机电研究所召开高技术技论证汇报讨论会。会议由宋忠保所长、钱振业副所长主持。研究所领导、研究所科技委全体成员、总设计师、研究所空间站论证小组成员参加，李颐黎在会上作了题为《我国空间站救生系统方案设想》的报告，与会人员表示同意这一报告。

1986 年 6 月 30 日，李颐黎执笔完成了《我国空间站救生系统方案设想》一文，由钱振业审阅后交王希季主任。王希季主任审阅后说："这一份报告写得很好，你们又是第一个交来的。"

1986 年 7 月 17 日，李颐黎完成了《我国空间站救生系统方案设想》的最终稿。[7] 7 月 21—26 日中国空间技术研究院第 2 次太空站讨论会召开，7 月 23 日李颐黎代表研究所空间站论证小组作了题为《我国空间站救生系统方案设想》的报告。报告提出了空间站的 3 种救生方法，并指出"我们认为比较成熟的方法是像美、苏发射的空间站那样在空间站上设置一个像联盟号、双子星座或阿波罗号类型的飞船作为救生艇使用。这种救生艇是升力控制式半弹道式返回飞行器，有选择落点的能力，并可将再入时的最大过载值限制到 3～4g。"报告中提出的我国空间站的救生系统方案 2 及相关参数如下：

a）救生艇再入舱为升力控制式半弹道式再入飞行器，救生艇与空间站分别发射，在轨道上二者进行交会对接。

b）返回过程自动化，以便于航天员在返回过程中在无操纵能力或无操纵技术的情况下，救生艇能将 3 名航天员自动送回地球。

c）救生艇的质量应限制在运载火箭能力范围之内，即 6.5 ~ 7t。

d）此救生艇也可以作为轨道交会对接技术试验飞行器使用，必要时，也可作为运货及运人的飞船使用（当作为运货飞船时，需将再入舱换成不回收的运货舱，每次可运货 2t）。

e）救生艇最大直径为 2 250mm，总长为 7 000m。

救生艇由推进舱、再入舱及后勤 - 对接舱 3 个舱构成，其外形及构成如图 6 - 19 所示。

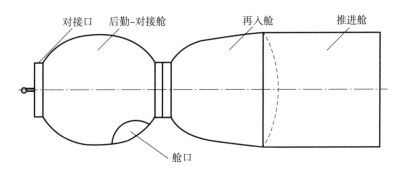

图 6 - 19　救生艇的外形及构成（1986 年 7 月 17 日）[7]

李颐黎的上述报告引起了与会代表及专家们的重视。7 月 31 日，中国空间技术研究院办公室张学会给李颐黎打电话说："院科技委屠善澄副主任（后被任命为 '863 - 2' 专家委员会首席科学家）急要你这份报告材料。"李颐黎遂将此报告送达。随后在中国空间技术研究院空间站论证小组于 1986 年 10 月完成的《我国空间站总体方案设想》中引用图 6 - 19，当时称作轨道救生艇示意图。

中国空间技术研究院第 2 次太空站讨论会后，北京空间机电研究所空间站论证小组进行了多用途飞船的论证、分析和计算工作，先后编写出多篇广泛和深入的论证资料。

（3）1987 年 2 月钱振业、李颐黎完成的《我国空间站轨道救生艇及其应用》的论文及其影响

1986 年 10 月 29 日至 11 月 1 日，在北京西郊国防大学第一招待所召开了中国空间技术研究院第 3 次太空站讨论会。北京空间机电研究所钱振业、李惠康、李颐黎、徐焕彦、冯祖钺、王宝兴、陈灼华等同志参加了会议。该所为此次讨论会提供了如下 5 篇报告（括号内为作者姓名）：

a）《载人航天安全与救生技术途径探讨》（钱振业、李惠康、徐焕彦）；

b）《我国航天高技术发展途径探讨——兼谈飞船及其应用》（钱振业、杨广耀、徐焕彦）；

c）《空间材料试验火箭》（姚锦麟、范晟）；

d）《载人飞船、救生艇和轨道机动飞行器的比较》（冯祖钺）；

e）《试验飞船的返回轨道和着陆区》（王宝兴）。

在中国空间技术研究院第 3 次太空站讨论会后，在研究院科技委主任王希季等人的关怀下，在进一步调研、计算和分析的基础上，1987 年 2 月北京空间机电研究所钱振业和李颐黎合作完成了题为《我国空间站的救生艇及其应用》的论文；1987 年 3 月 17—21 日在北京国颐宾馆召开了航天工业部科技委第 3 次全体会议，会议由航天工业部科技委主任任新民等主持。会议的主要内容之一是探讨我国航天高技术发展的途径。北京空间机电研究所钱振业、李颐黎参加会议。李颐黎在空间站系统分组会上宣读了钱振业与李颐黎合写的论文《我国空间站的救生艇及其应用》。[8] 该论文在以下 3 个方面引起了与会者的关注：

a）系统地阐述了以飞船作为中国轨道救生艇及近期天地往返运输系统的理由和意义；

b）提出了具体的救生艇兼作载人飞船的方案；

c）使用"系统模型法"给出了中国空间站轨道救生系统和空间运输系统各 3 种方案的经费估算，明确指出采用飞船作为空间站的轨道救生艇及空间运输系统所需的经费最低，是中国国力唯一可以承担的方案。

1987 年 3 月 31 日，在"863 - 2"航天领域专家委员会会议上，特邀李颐黎作题为《"863"工程航天高技术领域技术发展途径的探讨——发展多用途飞船》的报告。

6.2.3 飞船天地往返运输系统和轨道救生艇概念研究阶段（1987 年 4 月—1989 年 4 月）[8]

（1）飞船天地往返运输系统概念研究（第 1 阶段）及轨道救生艇概念研究（1987 年 4 月—1988 年 6 月）

1987 年 4 月 10 日，中国空间技术研究院副院长韦德森主持召开研究院航天高技术领域的行政会议，出席会议的有各所领导、主管领导及机关人员。韦德森宣布：航天高技术关系到"八五""九五"期间研究院的发展问题。从即日起就要组织队伍开展工作，要成立空间站总体组，要求各单位领导支持这一工作。

1987 年 4 月 13 日，中国空间技术研究院空间站总体组（以下简称总体组）成立。王希季主任主持成立会。明确总体组具有组织、协调研究院高技术工作的责任，闵桂荣院长到会讲了话。中国空间技术研究院空间站总体组名单如下：

组长：王希季；

副组长：杨嘉墀、屠善澄、韦德森、钱振业；

组员：朱毅麟、范剑峰、褚桂柏、张永维、成器、王旭东、李果、姜昌、董世杰、李颐黎、达道安。

会议还确定由北京空间机电研究所承担"轨道救生艇可行性研究"及"轨道机动飞行器和轨道转移飞行器可行性研究"两个专题项目。

1987年4月18日"863-2"航天领域"大型运载火箭及天地往返运输系统"主题专家组发出关于大型运载火箭及天地往返运输系统的概念研究、可行性论证实行招标的通告。

1987年5月9日北京空间机电研究所向"863"工程航天领域"大型运载火箭及天地往返运输系统"主题专家组上报《承担天地往返运输系统的概念研究和可行性论证投标申请书》，建议由该所承担飞船天地往返运输系统概念研究工作。

为了更好地开展多用途飞船的论证工作，1987年4月21日召开了北京空间机电研究所飞船论证组成立会。副所长钱振业、科技委副主任董世杰、人事处处长沈伟铭、组织处处长俞爱英在成立会上讲了话。董世杰同志宣布了研究所领导的决定：第一批飞船论证组的同志有11人，他们是：李颐黎、李惠康、徐焕彦、梁国寅、王宝兴、单志祥、姚锦麟、冯祖钺、何运国、崔绍春、尹可民。13室的杨广耀和马宏林在原室参加论证工作。飞船论证组组长为李颐黎，副组长为李惠康。论证工作由副所长林华宝、科技委副主任董世杰领导，论证组联络协调人员为季蓉芬。

从北京空间机电研究所飞船论证组成立起，飞船论证组就对飞船作为近期的天地往返运输系统和空间站的轨道救生艇进行了全面的概念研究工作。5月8日李颐黎向飞船论证组通报了1987年1月以来航天高技术领域活动情况和对发展载人飞船的看法及前景预测；1987年5月9日，确定了飞船论证组工作大纲；6月1日召开飞船论证组讨论会，讨论了先搞轨道救生艇还是先搞载人飞船以及飞船总体对生保和结构系统的要求；6月9日范剑峰等5名同志来研究所协调空间站对轨道救生艇的技术要求；6月12日董世杰等10名同志到航天医学工程研究所参观和调研，该所魏金河副所长、科技委张汝果主任、尚传勋等同志很支持中国载人航天以载人飞船起步。6月18日召开了飞船论证组会议，研究与运载火箭的协调情况，单志祥、尹可民提出飞船布局设想草图。6月20日，董世杰、李颐黎、崔绍春、季蓉芬到北京控制工程研究所与该所耿长福、陈义庆、陈祖贵、孙全胜商谈对飞船控制系统的要求；6 月 26 日，大型运载火箭及天地往返运输系统主题专家组到北京空间机电研究所来参观和调研。

以上这些事实说明：飞船论证组的飞船论证工作重视顶层设计，充分与相关的分系统研究人员进行技术协调，从而使论证工作不断深入，使飞船论证组提出的飞船方案有了可靠的基础。

鉴于飞船论证组的党小组 1 年来发挥先锋模范作用，带领全组同志圆满完成了飞船论证工作。1987 年 7 月北京空间机电研究所飞船论证组党小组被评为先进党小组。

1987 年 7 月，大型运载火箭及天地往返运输系统主题专家组与北京空间机电研究所签订了飞船天地往返运输系统概念研究（第 1 阶段）合同，“863”工程航天领域空间站及其应用专家组与北京空间机电研究所签订了轨道救生艇概念研究协议书，多用途飞船论证工作从此正式开始。从 1987 年 8 月 4 日起，飞船论证组组织了一系列的报告会，介绍了回收着陆分系统、推进分系统、生保分系统、制导导航与控制分系统和结构分系统的技术方案和总体布局、气动力计算，并进行了充分的讨论。为保证概念研究结果的可靠性，在中国空气动力研究与发展中心进行了飞船返回舱的高超声速风洞试验，获得了满意的效果。

1988 年 1 月 12 日，北京空间机电研究所发出《关于撤销所科技委员会和加强飞船论证组的通知》（以下简称《通知》）（〔1988〕所人字第 08 号），该《通知》称：为了加强高技术工作，决定飞船论证组从 1988 年 1 月 7 日起独立编制，将原六室 65 组成员全部调整充实到飞船论证组并由董世杰、李惠康、李颐黎三位同志负责该组工作。后指定董世杰和李颐黎为“飞船天地往返运输系统概念研究”的课题负责人。在飞船论证组的努力下，研究所 1988 年 6 月完成了飞船天地往返运输系统概念研究（第 1 阶段）的合同。7 月编写了《飞船天地往返运输系统概念研究（第 1 阶段）报告》（含综合报告和专题报告），如图 6－20 所示。

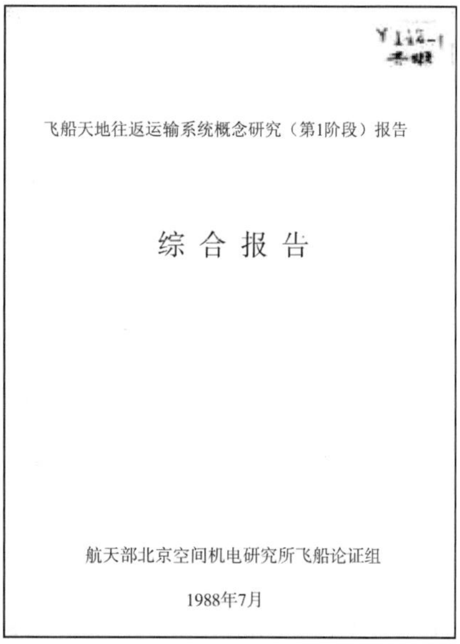
飞船天地往返运输系统概念研究（第1阶段）报告

综 合 报 告

航天部北京空间机电研究所飞船论证组

1988年7月

图 6－20　1988 年 7 月北京空间机电研究所飞船论证组完成的《飞船天地往返运输系统概念研究（第 1 阶段）报告》之一：综合报告

（2）1988 年 7 月参加哈尔滨会议[8]

1988 年 7 月，"863" 工程航天领域大型运载火箭及天地往返运输系统主题专家组（以下简称 863 运输系统专家组）在哈尔滨召开天地往返运输系统概念研究和方案论证第 1 阶段论证结果评议会。该专家组组织论证的 5 种天地往返运输系统方案的论证单位代表在会上作了各自的论证结果介绍，如图 6 - 21 所示，与会者有梁思礼院士、王希季院士、杨嘉墀院士、屠守锷院士等，会议由 863 运输系统专家组组长钱振业主持，北京空间机电研究所飞船论证组负责人董世杰、李惠康参加了会议。

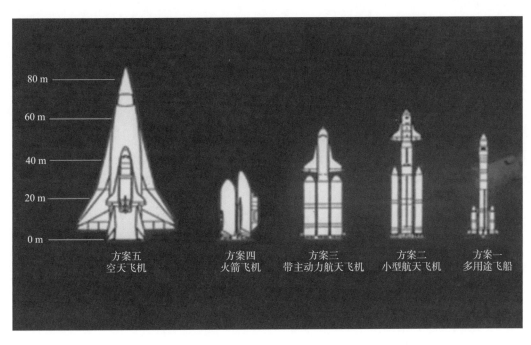

图 6 - 21   863 工程航天高技术领域大型运载火箭及天地往返运输系统专家组组织论证的
5 种天地往返运输系统方案

（方案一是由北京空间机电研究所提出并完成论证的）

在这次会议上，北京空间机电研究所董世杰作了《关于发展我国多用途飞船的设想》的报告，李惠康作了《飞船方案·参数选择·性能分析》的报告，受到与会者的重视和好评。

（3）飞船天地往返运输系统概念研究（第 2 阶段）及轨道救生艇概念研究的完成（1988 年 7 月—1989 年 4 月）[8]

根据"863 - 2"航天领域 863 运输系统专家组的安排，北京空间机电研究所飞船论证组在完成飞船天地往返运输系统概念研究（第 1 阶段）的基础上，继续承担了飞船天地往返运输系统概念研究（第 2 阶段）的任务。1988 年 10 月北京空间机电研究所又与 863 运输系统专家组签订了飞船天地往返运输系统概念研究（第 2 阶段）合同，1989 年 4 月完成了该项合同，并通过了 863 运输系统专家组的验收。

1989 年 4 月 8 日，863 运输系统专家组一行到北京空间机电研究所参加会议，听取了飞船天地往返运输系统概念研究（第 2 阶段）工作汇报。

参会人员有：专家委员会成员李志广、黄志澄、朱毅麟；863 运输系统专家组组长钱振业和 863 运输系统专家组成员施金苗、李椿萱、朱森元、严诚忠、刘兴洲；出席会议的还有国防科工委五局舒昌廉总师、田锡亭处长；中国空间技术研究院科技委林华宝；北京空间机电研究所出席会议的有宋忠保、马联瑾、薛继忠、刘蔚、张叔良、周祥元，以及飞船论证组全体同志和一室冯瑞江、顾正铭、张蔚、余志平等，共 40 余人。

会议地点：北京空间机电研究所招待所会议室。

主持人：863 运输系统专家组成员施金苗。

会议上论证组负责人董世杰作了《飞船天地往返运输系统概念研究（第 2 阶段）工作报告》和《飞船重复使用可行性研究报告》，李颐黎作了《飞船定点着陆实施方案研究报告》。会上展出了载人飞船和多用途飞船的模型。播放了《可控伞定点着陆试验》录像片。最后施金苗对会议做了总结，对北京空间机电研究所飞船论证组的工作做了充分的肯定评价。

1989 年 4 月北京空间机电研究所飞船论证组提出的多用途飞船方案如图 6 - 22 所示，载人飞船方案如图 6 - 23 所示。

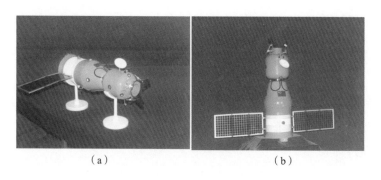

（a）　　　　　　　　　　　　　　（b）

图 6 - 22　1989 年 4 月北京空间机电研究所飞船论证组提出的多用途飞船方案

（图中为飞船 1∶10 模型的照片）

（a）多用途飞船的前侧视图；（b）多用途飞船的俯视图

(c)

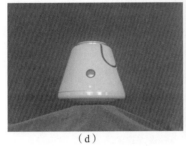

（d）　　　　　　　　　　　（e）

图 6 – 22　1989 年 4 月北京空间机电研究所飞船论证组提出的多用途飞船方案（续）

（图中为飞船 1∶10 模型的照片）

（c）多用途飞船的轨道舱；（d）多用途飞船的返回舱；（e）多用途飞船的推进舱

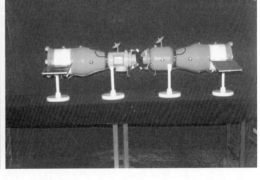

（a）　　　　　　　　　　　　　　（b）

图 6 – 23　1989 年 4 月北京空间机电研究所飞船论证组提出的载人飞船方案

（图中为飞船 1∶10 模型图片）

（a）载人飞船；（b）载人飞船与多用途飞船的对接状态

　　与此同时，飞船论证组于 1988 年 9 月完成了轨道救生艇概念研究（第 1 阶段）工作，并向 863 工程航天领域空间站及其应用专家组提出 5 篇综合报告和多篇专题报告，根据该专家组的意见，于 1989 年 4 月完成了全部概念研究工作，并通过了该专家组的验收。

为了庆祝和纪念北京空间机电研究所飞船论证组圆满完成飞船天地往返运输系统概念研究和轨道救生艇概念研究两项任务，飞船论证组的同志分别与飞船模型合影留念。

1989 年 5 月北京空间机电研究所飞船论证组完成的 3 份研究报告归档。

1989 年 6 月，《飞船天地往返运输系统概念研究》及《轨道救生艇概念研究》技术报告铅印出版，这些报告对于载人飞船后续的研究、论证工作具有重要的参考价值。报告中提出的多用途飞船的构型为返回舱居中的三舱构型。

1991 年 4 月 25 日，北京空间机电研究所飞船天地往返运输系统研究组受到国防科工委的表彰，该组多名同志受到国防科工委的表彰。"飞船天地往返运输（系统）及轨道救生艇概念研究"荣获 1991 年航空航天工业部科学技术进步奖二等奖，如图 6－24 所示。

图 6－24　1991 年 12 月北京空间机电研究所完成的"飞船天地往返运输（系统）及轨道救生艇概念研究"获 1991 年航空航天工业部科学技术进步奖二等奖

6.2.4　多用途飞船概念研究的深化（1989 年 5 月—1990 年 12 月）[8]

（1）《多用途飞船可行性论证报告摘要》优化了飞船的方案

根据中国空间技术研究院和航空航天工业部的要求，在飞船天地往返运输系统概念研究和轨道救生艇概念研究的基础上，为配合中国空间技术研究院制订"八五"计划，1989年6月北京空间机电研究所飞船论证组李惠康、李颐黎编写了《多用途飞船可行性论证报告摘要》一文，该文提出的多用途飞船是一个由轨道舱、返回舱和推进舱三舱组成的返回舱居中的三舱优化方案，多用途飞船的试验飞船状态外形如图6-25所示。长征2号E（改型）运载火箭与多用途飞船组合体外形如图6-26所示。

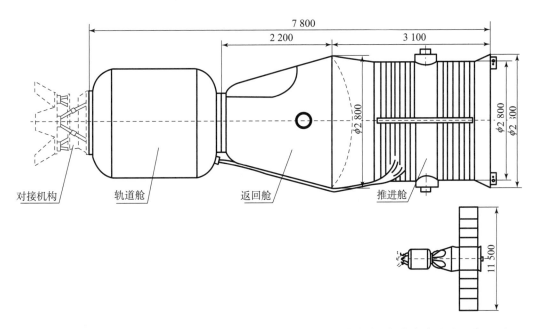

图6-25　1989年6月北京空间机电研究所提出的多用途飞船的试验飞船状态外形（尺寸/mm）

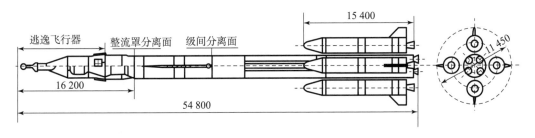

图6-26　1989年6月北京空间机电研究所提出的长征2号E（改型）运载火箭与多用途飞船组合体外形（尺寸/mm）

《多用途飞船可行性论证报告摘要》一文提出的多用途飞船的主要指标如下：

1）运载能力

①载人飞船

试验飞船：乘员 2 人，有效载荷 500kg。

运输飞船：乘员 3 人，有效载荷 300kg。

②运货飞船

单程送货飞船：无人，有效载荷 3 500kg。

往返运货飞船：无人，送往空间站有效载荷 1 500kg，返回地面有效载荷 1 200kg。

2）轨道参数

轨道倾角：50°～60°。

轨道高度：500～400km 高度的圆轨道。

3）载人飞船自主飞行时间

乘员 3 人时，飞行 13 天。

乘员 2 人时，飞行 20 天。

4）载人飞船最大再入过载

最大再入过载不大于4g。

5）载人飞船着陆方式

着陆方式为垂直、定点、软着陆。

《多用途飞船可行性论证报告摘要》一文于 1989 年 6 月上报中国空间技术研究院和航空航天工业部，该文对航空航天工业部编制《2000 年前后中国载人航天技术发展设想》起了重要作用。

北京空间机电研究所从事的多用途飞船论证工作受到了各级领导的重视和好评。1989 年 7 月 20 日国家计委有关同志在航空航天部张汝谋副司长、中国空间技术研究院韦德森副院长的陪同下去北京空间机电研究所了解情况，主要落实飞船论证组飞船论证任务，如图 6 - 27 所示。1989 年 9 月钱振业同志被调离北京空间机电研究所，担任北京信息工程研究所所长，领导后续的航空航天工业部的载人飞船工程的论证工作（见图 6 - 28）。1989 年北京空间机电研究所的多用途飞船论证成果参加了国家高技术研究成果展览会，如图 6 - 29 所示。

图 6 – 27　1989 年 7 月 20 日国家计委有关同志在航空航天工业部张汝谋副司长、
中国空间技术研究院韦德森副院长陪同下来北京空间机电研究所了解情况，
主要落实飞船论证组飞船论证任务，图为董世杰（前中）同志在汇报中

图 6 – 28　1989 年 9 月钱振业副所长被调离北京空间机电研究所，担任北京信息
工程研究所所长，这是北京空间机电研究所召开欢送会后的合影留念
（前排：左四为钱振业、左五为宋忠保所长、左六为马联谨书记；
第二排：左四为陈灼华，左六为李颐黎）

图 6 - 29　1989 年在国家高技术研究成果展览会上李颐黎（左一）

向观众介绍飞船方案

（2）《飞船与小型航天飞机的比较》一文全面详细地阐述了我国载人航天应走以飞船起步的技术途径的理由

1989 年 8 月 12 日上午，"863 - 2"航天领域首席科学家屠善澄应国家航天领导小组办公室丁衡高的要求，专门向钱学森汇报专家组前一段论证工作的情况并征询他的意见。屠善澄问："假如人上天，飞船作为第一步，您的意见是什么？"钱学森回答说："假设要人上天，第一步可以是这样。"接着又补充一句："如果说要搞载人，那么用简单的办法，走一段路，保持发言权，也是可以的。"

1989 年 8 月 24 日，中国运载火箭技术研究院高技术论证组给国家航天领导小组写了一封信，信中坚持认为"航天飞机方案"优于"飞船方案"，理由是，载人飞船作为天地往返运输手段已处于衰退阶段，我国如采用此方案，起点过低；而航天飞机代表世界发展潮流，具有明显的经济优势，更适合我国国情。该信被送到了国家航天领导小组办公室，刊登在 1989 年 9 月 28 日的《国家航天办简报》第 5 期上，钱学森在该简报上看到了这封信。国家航天领导小组办公室准备据此给中央写报告，呈送前特地征询钱学森的意见。钱学森非常认真地在报告上写了十个字："应将飞船方案也报中央"。[2]

1989 年 10 月，鉴于航空航天工业部个别单位对于中国载人航天以多用途飞船起步仍有不同意见，坚持主张以小型航天飞机起步，根据刘纪原副部长建议，在航空航天工业部科技委主任孙家栋和副主任庄逢甘的主持下，召开了小型航天飞机与多用途飞船比较论证会。会议由中国运载火箭技术研究院科技委主任带队和中国空间技术研究院科技委主任带队参加，面对面地进行比较论证。中国空间技术研究院科技委主任王希季和北京空间机电研究所的董世杰、李惠康、李颐黎等参加了会议。获得授权的李颐黎代表中国空间技术研究院作了题为《多用途飞船汇报提要》的报告，报告说："我代表中国空间技术研究院向各位领导和专家汇报我院提出的多用途飞船的方案设想，我院同志上上下下一致认为发展多用途飞船是我国实现'突破载人航天，形成空间站的第1代天地往返运输系统和作为轨道救生艇'的适合中国国情的最佳选择。"接着，李颐黎以多用途飞船作为最佳选择为依据，对多用途飞船的方案与小型航天飞机的方案进行了比较汇报。列举了大量材料分析对比，从任务和要求的适应程度、技术基础情况、配套项目规模、投资费用、研制周期5个方面进行了比较，得出了发展多用途飞船是我国突破载人航天、形成空间站的第1代天地往返运输系统和作为轨道救生艇的适合中国国情的最佳选择的结论。[7]会后，李颐黎又撰写了《飞船与小型航天飞机的比较》一文，报送航空航天工业部科技委，并作为向航空航天工业部领导汇报文件的附件。

1990年6月，航空航天工业部所属各单位一致表示同意以飞船起步。至此，在航空航天工业部的范围内对我国载人航天技术发展途径取得了共识。鉴于1986年以来飞船论证组党员在飞船论证工作中发挥了先进模范作用，1990年6月北京空间机电研究所三室及飞船论证组党支部被推荐为航空航天工业部先进党支部。

6.2.5 中国载人航天技术发展途径研究（1986年4月—1990年3月)[8]

上述多用途飞船概念研究为中国载人航天技术发展途径研究提供了必要的条件。除完成上述研究工作外，北京空间机电研究所还承担了"中国载人航天技术发展途径研究"的任务。

1986年10月，钱振业、杨广耀、徐焕彦合作撰写了报告《我国航天高技术发展途径探讨兼谈飞船及其应用》，该报告于1986年10月在中国空间技术研究院第3次太空站讨论会上宣读，该报告由国防科工委科技委王寿云副秘书长送交著名科学家钱学森。1986年12月，钱振业、杨广耀撰写了《对国外载人航天技术的剖析》，并在1987年1月5日在国防科工委召开的首届航天领域情报会上宣读，钱学森对文中的主要论点予以肯定。

1987年2月20日，钱振业、李颐黎撰写了论文《我国空间站的救生艇及其应用》，并由李颐黎在航天工业部科技委于 1987 年 3 月 17—21 日召开的第 3 次全体会议的分组会议上宣读。该次会议的主要内容之一是探讨我国航天高技术发展途径的研究。会议由航天工业部科技委主任任新民主持。论文从以下三个方面做了有价值的论述：

a）系统地阐述了以飞船作为中国轨道救生艇及近期天地往返运输系统的理由和意义；

b）提出了具体的轨道救生艇兼做载人飞船的方案；

c）使用"系统模型法"给出了中国空间站轨道救生系统和空间运输系统各三种方案的经费估算，明确指出采用飞船作为空间站的轨道救生艇及空间运输系统所需的经费最低，是中国国力唯一可以承担的方案。[8]

1987 年 6 月，钱振业、杨广耀撰写了《对载人航天技术的发展战略、目标体系和技术途径的思考》研究报告。这份报告曾得到有关部门领导和专家的极大关注。

1988 年 1 月，钱振业、杨广耀撰写了《对发展载人航天技术的再思考》作为对《对载人航天技术的发展战略、目标体系和技术途径的思考》一文的补充。

1988 年 6 月，董世杰撰写了《关于发展我国多用途飞船的设想》一文，并在 1988 年 7 月 863 运输系统专家组于哈尔滨召开的天地往返运输系统概念研究和方案论证第 1 阶段论证结果评议会上宣读，受到了普遍的好评。

1988 年 7 月，钱振业、杨广耀撰写了《中国航天技术的发展战略》一文，并在中国宇航学会召开的航天战略研讨会上宣读。在此期间，北京空间机电研究所还对载人飞船的实施方案进行了多方面的、较深入的探讨和研究，写出了一系列技术报告。

1991 年 3 月 15 日，钱振业随同任新民顾问向李鹏总理汇报了中国载人航天以飞船起步的总体规划设想。

1992 年 1 月 8 日，中央专委决策开展载人飞船工程可行性立项研究。

1992 年 9 月 21 日，中共中央政治局常委会议批准了载人飞船工程上马。

根据航空航天工业部的部署，由北京空间机电研究所承担的"中国载人航天技术发展途径研究"任务，从 1986 年 4 月—1990 年 3 月历时 4 年。1989 年 2 月 15 日由航空航天工业部副部长刘纪原召开有关司局长和部科技委领导参加的专题会，听取北京空间机电研究所对该项研究结果的汇报。会议讨论认为：该项研究结果所提出的"中国载人航天以飞船起步"的建议是科学的，是符合中国国情的，飞船的技术发展途径是可取的。刘纪原副部长指示以此框架为基础，由航空航天工业部计划司牵头编制《开展载人飞船工程》请示报告。

鉴于北京空间机电研究所的上述研究成果对航空航天工业部直至中央专委决策

中国载人航天技术发展途径起了重要作用，由董世杰、钱振业、杨广耀、李颐黎、徐焕彦等人完成的"中国载人航天技术发展途径的研究"荣获1994年中国航天工业总公司科学技术进步奖二等奖，如图6-30所示。

图6-30　1994年"中国载人航天技术发展途径的研究"

荣获中国航天工业总公司科学技术进步奖二等奖

6.2.6　概念研究的延续——载人飞船工程方案论证（1991年1—12月）

为了进一步推动载人飞船工程立项，1991年1月7日航空航天工业部成立了载人航天联合论证组（以下简称联合论证组），开展载人飞船工程的方案论证工作。论证组成员由北京信息工程研究所、中国运载火箭技术研究院、中国空间技术研究院和上海航天技术研究院组成。中国空间技术研究院派范剑峰、李颐黎、徐焕彦、姜昌4位同志参加论证工作。联合论证组经过了3个多月的论证工作，提出了载人飞船工程总体方案和载人飞船工程的技术指标和技术要求。这些工作为航空航天工业部下一步组织论证提供了论证要求的依据。

为了把论证工作深入开展下去，1991年4月19日航空航天工业部下发《关于开展载人飞船工程方案论证工作的通知》（以下简称《通知》）（计字〔1991〕053号文件）。要求中国运载火箭技术研究院、中国空间技术研究院和上海航天技术研究院分别开展我国载人飞船工程方案论证，并于1991年6月30日之前将论证结果上报航空航天工业部。

中国空间技术研究院早在1989年10月20日在向中国航天工业部的行文《关于我院开展多用途载人飞船研制工作安排情况报告》（〔1989〕五计字第560号）中就明确了专业组的设置，设置有总体组、结构温控组、控制组及回收救生组。

1989年11月3日在中国空间技术研究院第一会议室召开了载人飞船工程总体论证组（以下简称飞船总体论证组）成立会。

1991年1月30日，北京空间机电研究所《关于北京空间机电研究所参加中国空间技术研究院飞船总体论证组人员名单的报告》（〔1991〕所科字第22号）中明确：北京空间机电研究所参加中国空间技术研究院飞船总体论证组人员共计18人，他们是李颐黎、李惠康、单志祥、李鹰、尹可民、余棣、王宝兴、魏协元、胡国梁、冯祖钺、陈灼华、徐焕彦、姚锦麟、陈达隆、李林藩、范晟、何运国、季蓉芬。

中国空间技术研究院为落实航空航天工业部下发的《通知》（计字〔1991〕053号文件）要求，调整和加强该院载人飞船工程总体论证组，该论证组成员由北京空间飞行器总体设计部、北京空间机电研究所、北京控制工程研究所和中国空间技术研究院等单位的同志组成，共42人，并特邀航天医学工程研究所的两位专家参加论证。北京空间机电研究所飞船论证组的多数同志参加了论证。论证组长为范剑峰，副组长为李颐黎。中国空间技术研究院计划部部长王渊和计划部预研处副处长于家瑛等负责论证的组织工作。

中国空间技术研究院载人飞船工程总体论证组在该院院长闵桂荣、副院长张国富的直接指导下，在王希季顾问和杨嘉墀顾问的指导下，在中国空间技术研究院（特别是北京空间机电研究所）对我国载人飞船工程方案5年概念研究的基础上，经过两个多月夜以继日的奋战，于1991年6月完成了载人飞船工程技术方案的论证工作，并将《载人飞船工程总体技术论证报告》及其附件等结果于6月30日按时上报航空航天工业部。在这个报告中，根据航空航天工业部计字〔1991〕053号文件的论证要求，首先对我国载人飞船进行了多方案的比较和分析，提出了载人飞船的两个推荐方案——方案Ⅰ和方案Ⅱ。方案Ⅱ是返回舱居中的三舱方案，方案Ⅰ是硬通道方案。对这两个方案都进行了同样深度的论证，完成了载人飞船工程总体及各分系统的方案论证报告及组织实施的方案建议书，因此起到了多方案论证从中选优的作用。

与此同时，1990年北京空间机电研究所提交了对我国"八五"计划期间飞船研制工作的建议。1990年9月以后按照该所与中国空间技术研究院签订的名为"多用途飞船总体方案研究"的合同，开展了相关工作。

在1991年6月完成载人飞船工程技术方案论证之后，为了使论证工作更加深入，航空航天工业部发出通知，要求继续开展载人飞船工程方案论证工作，并于1991 年 12 月 31 日前将论证结果上报航空航天工业部。

中国空间技术研究院为落实上述要求，于 1991 年 8 月 23 日再次召开动员会，提出用 3 个月时间，于 11 月底完成方案可行性论证。9 月 16 日，中国空间技术研究院发文《关于继续深入进行载人飞船工程论证工作的通知》（以下简称《通知》），该《通知》指出："院领导经研究决定，从返回式卫星队伍中再抽调 13 名有经验的同志参加院飞船工程总体论证组，并要求各分系统单位迅速组建队伍，开展方案可行性论证。"经过 3 个月的努力，进行了更为广泛深入的论证，共提出了三种方案（即硬通道方案、返回舱居中的三舱方案和两舱方案），按时上报至航空航天工业部。中国空间技术研究院的论证具有相当的广度和深度，显示了该院具有承担载人飞船系统研制的能力。

1991 年 4 月，在北京北安河召开载人飞船工程实施方案讨论会，由航空航天工业部科技委副主任庄逢甘主持。庄逢甘在 2003 年 7 月回忆时说："北安河会议要求中国运载火箭技术研究院、中国空间技术研究院和上海航天局三个总体单位深入论证，进一步提出各自的实施方案，以便择优选用。""半年后，三个总体单位分别提交了《载人飞船工程可行性论证报告》，我还记得中国空间技术研究院完成的论证绿皮书厚 0.3 m。"[9]

1991 年 11 月 23 日，由张家麟司长率领的国家计委、国防科工委应用卫星专项投资调查组到北京空间机电研究所指导工作，图 6 - 31 为调查组成员在观看飞船模型。

图 6 - 31　1991 年 11 月，国家计委、国防科工委应用卫星专项投资调查组
到北京空间机电研究所指导工作，图为调查组成员在观看飞船模型

6.2.7　载人飞船系统技术、经济可行性论证（1992年1—9月）

（1）概况

从1992年1—9月是载人飞船系统技术、经济可行性论证阶段。在此阶段，载人飞船系统对飞船返回舱居中的三舱方案、两舱方案和硬通道方案三种构型方案都进行了深入的可行性论证，经过比较，最终选择了返回舱居中的三舱方案。

1992年1月8日，中央专门委员会决定立项开展我国载人飞船工程（代号"921"工程）可行性论证工作。1992年1月20日，航空航天工业部党组正式下文确定中国空间技术研究院承担载人飞船工程中的载人飞船系统（代号"921－3"系统）的研制抓总和可行性论证工作。这个消息给中国空间技术研究院，特别是多年从事载人飞船研究、论证的同志以极大的鼓舞和鞭策。他们说："我们为之奋斗多年的载人飞船工程立项终于有了良好的开端，中央、国防科工委和航空航天工业部把载人飞船这项跨世纪的宏伟任务交给我院，是对我们的信任，我们一定要全力以赴，努力奋斗，圆满完成这项任务。"

1992年1月27日，国防科工委下发了《关于载人飞船技术、经济可行性论证工作实施意见的通知》，明确了论证工作实施纲要、论证的指导思想与初始技术要求。

为了完成中央和国防科工委的上述要求，1992年1月24日，中国空间技术研究院召开了载人飞船任务动员大会。会上宣布成立载人飞船论证组（以下简称论证组）（范剑峰任组长，李颐黎、吴开林任副组长）和组建研究院载人飞船工程处（刘济生任处长），飞船系统总设计师戚发轫和中国空间技术研究院副院长张国富领导"921－3"系统的论证工作。

参加论证的同志（含北京空间机电研究所飞船论证组大部分同志）充分发扬大力协同、无私奉献、严谨务实、勇于攀登的精神，例如，在充分发扬技术民主的基础上，至1月29日共提出了4种构型飞船的方案设想。为了优选方案，必须对每一个方案逐一进行论证。论证组的一些同志主动放弃了春节休假，从农历正月初二至初五连续加班工作，终于及时完成4种方案的论证，为论证工作争取了宝贵的时间。

在"921"工程总师王永志、"921-3"系统总设计师戚发轫的领导下，经研究院飞船论证组的努力，按时圆满地完成了载人飞船系统技术、经济可行性论证工作。6月6日由范剑峰、李颐黎、王渊、刘济生作为编写人完成了《"921"工程技术、经济可行性论证报告·载人飞船系统》；戚发轫总设计师（简称总师）批准了这一报告。同时，完成了相关的分系统可行性论证报告和多项专题报告，作为主报告的支撑性报告。

1992年6月25—30日，"921"工程评审组在京西宾馆召开了"921"工程可行性方案评审会，通过了包括载人飞船系统在内的"921"工程可行性方案。

1992年7月1日，北京空间机电研究所飞船论证组党小组被评为该所先进党小组，如图6-32所示。

图6-32　1992年7月1日飞船论证组党小组被评为北京空间机电
研究所先进党小组，图为领奖后党小组合影

（左起：陈达隆、陈灼华、徐焕彦、李颐黎、王宝兴）

（2）成绩、成果和评价[12]

1992年6月，中国空间技术研究院飞船论证组完成了《"921"工程技术、经济可行性论证报告·载人飞船系统》及其相关的分系统可行性论证报告和专题报告；论证结果采用了小轨道舱、两对太阳能电池阵、返回舱居中的三舱飞船方案Ⅰ（见图6-33和图6-34），该方案的返回舱最大直径为2 500m。[12]

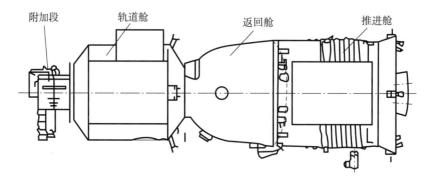

图 6 - 33　1992 年 6 月提出的方案 I 飞船发射状态外形图

（太阳帆板未展开，载人飞船为初期试验状态）

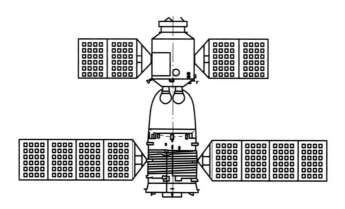

图 6 - 34　1992 年 6 月提出的方案 I 飞船在轨飞行时的俯视图

（太阳帆板已展开，载人飞船为初期试验状态）

1992 年 12 月对上述成果采用专家函审方式进行了成果鉴定。鉴定意见如下：

"（1）本论证报告在前人工作的基础上进一步解决了载人飞船系统在技术、经济可行性论证中的一些关键问题。

主要包括：通过采用小轨道舱、两对太阳能电池阵、返回舱居中的三舱飞船方案，使轨道舱留轨利用成为可能；进一步完善了飞船系统与飞船工程其他系统的接口协调，完善了救生、安全方案的要求，并做了初步技术途径论证。

（2）本成果技术进步点及创新点。

a）活动空间大，我国飞船返回舱与轨道舱的有效容积之和为 13.5m^2，比联盟 - TM 号飞船的 10.4m^2 大 30%。

b）可以留轨利用，这是首创的。留轨舱有可能做交会对接试验的目标飞行器，从而提高了效益。

c）在安全性、可靠性方面，对飞船提出了严格的要求，并采用了一系列措施。

d）在计划编制上采用了程序交错的方式，从而保证了研制进度。

（3）技术水平。

本方案充分利用我国现有技术，同时又具有中国特色和创新，在整体上达到国际水平。

（4）所起的作用和意义。

a）本论证成果已上报国防科工委，作为我国"921"工程论证阶段的正式文件。

b）本报告所提出的技术方案、保障条件、技术安排、经费估算、投资强度等为工程实施提供了有用的参考。

（5）本成果提出的载人飞船方案能满足"921"工程论证领导小组所提出的载人飞船工程的4项基本任务，并满足进度和经费的要求。"

鉴于1992年载人飞船系统技术、经济可行性论证及其后的神舟1号载人飞船总体方案论证及方案设计所取得的成果，由李颐黎、范剑峰等人完成的"神舟1号载人飞船总体方案论证及方案设计（含载人飞船系统技术、经济可行性论证）"于2000年12月荣获国防科学技术奖三等奖。

6.2.8 北京空间机电研究所的多用途飞船概念研究的成果与中国载人航天工程实施情况的对照[8]

北京空间机电研究所对中国载人航天技术发展途径研究及多用途飞船概念研究的成果，已集中反映在参考文献［8］中，参考文献［8］已于2013年3月公开出版。为了叙述方便，以下将参考文献［8］简称《文集》。

在表6-3中给出了《文集》中的主要论点和建议与中国载人航天工程实际实施情况的对照。从表6-3可以看出，《文集》中的主要论点和建议与中国载人航天工程实际实施情况基本上是一致的。

表 6 – 3　《文集》中的主要论点和建议与中国载人航天工程实际实施情况的对照[8]

序号	对照项目	《文集》中的主要论点和建议	中国载人航天工程实际实施情况
1	空间站的轨道救生艇	《我国空间站救生系统方案设想》（李颐黎，1986 年）论述如下： 2.2 方案 2 救生艇再入舱为升力控制半弹道式再入飞行器，救生艇与空间站分别发射，在轨道上二者进行交会对接。 2.2.1 设计原则 除与方案 1 的各项设计原则相同外，还有以下两点： 1）救生艇的质量应限制在运载火箭的运载能力范围之内，即 6.5 ~ 7t； 2）此救生艇也可作为轨道交会对接技术试验飞行器使用，必要时，也可作为运货及运人的飞船使用（当作为运货飞船使用时，需将再入舱换成不需回收的运货舱，每次可运货 2t）	1. 神舟号飞船为载人飞船，它是空间站的天地往返运输系统的组成部分并兼作中国未来空间站的轨道救生艇。 2. 神舟号飞船返回舱为升力控制式半弹道式再入飞行器。 3. 神舟 8 号、9 号、10 号飞船已作为交会对接试验的追踪飞行器。 4. 神舟号飞船的质量限制在长征 2F 运载火箭的能力范围，约 8t
2	飞船的构型	《我国空间站救生系统方案设想》（李颐黎，1986 年）论述如下： （方案 2）救生艇由推进舱、再入舱及后勤 - 对接舱 3 个舱构成（作者注：返回舱居中的三舱方案，再入舱即返回舱，后勤舱 - 对接舱即轨道舱）	神舟号飞船由推进舱、返回舱及轨道舱 3 个舱组成（即返回舱居中的三舱方案）
3	中国载人航天从飞船起步还是从小型航天飞机起步	《中国载人航天从飞船起步》（钱振业，1986 年）论述如下： 根据总结国外发展载人航天的经验教训，并结合我国国情、国力，中国载人航天的发展途径应从载人飞船起步。 《我国空间站的救生艇及其应用》（钱振业、李颐黎，1987 年）论述如下： 一是系统阐述了以飞船作为中国轨道救生艇及近期天地往返运输系统的理由和意义；二是提出了具体的救生艇兼作载人飞船的方案；三是使用"系统模型法"给出了中国空间站轨道救生系统与空间运输系统各三种方案的经费估算，明确指出采用飞船作为空间站的轨道救生艇及空间运输系统所需经费最低，是中国国力唯一可以承担的方案。 《多用途飞船汇报提要》（李颐黎，1989 年）论述如下： 从技术上看，小型航天飞机远不如大型航天飞机成熟，搞小型航天飞机比搞	1. 1991 年 3 月 15 日李鹏总理在邀见航空航天工业部任新民顾问和钱振业同志汇报飞船情况后说："我们要搞载人航天，从飞船搞起。争取在建国 50 周年载人飞船上天！" 2. 1992 年 8 月 1 日中央专委召开会议专门听取了载人飞船工程可行性论证工作汇报。会议认为，发展我国的载人航天事业，对于增强我国的综合国力和国防实力，促进科技进步，培养和壮大科技队伍，提高国家威望，增强民族的自豪感和凝聚力等具有十分重要的意义。中央专委认为，工程可行性论证有深度，是比较可靠的，原则同意工程总体技术方案。并决定我国发展载人航天分三步走：第一步，在 2002 年前，发射两艘无人飞船和一艘载人飞船，建成初步配套的试验性载人飞船，开展空间应用试验。第二步，在

序号	对照项目	《文集》中的主要论点和建议	中国载人航天工程实际实施情况
3		大型的风险要大得多,因为无先例可以借鉴。赫尔墨斯号航天飞机几经大的变化(技术性能不断下降,研制经费不断增加,研制进度再三推迟)就是这个原因。 发展多用途飞船是中国突破载人航天、形成空间站的第1代天地往返运输系统和作为轨道救生艇的适合中国国情的最佳选择	第一艘载人飞船发射成功后,突破载人飞船和空间飞行器的交会对接技术,发射一个小型的空间实验室,解决有一定规模的、短期有人照料的空间应用问题。第三步,建造空间站,解决较大规模的、长期有人照料的空间应用问题。 3. 2003—2016年先后成功发射6艘神舟号载人飞船和1艘目标飞行器(天宫1号)、1艘空间实验室(天宫2号),先后将6批航天员送入太空,实现了首次航天员舱外活动,首次自动空间交会对接和首次手控空间交会对接
4	飞船返回舱再入大气层中的最大过载	《飞船方案·参数选择·性能分析》(李惠康,1988年)论述如下: ("863-204"专家组)提出(载人飞船)再入过载不大于4g和定点着陆的要求,成为载人飞船论证的重点。在北京空间机电研究所与国防科大、中国空气动力研究与发展中心、北京空气动力研究所和北京控制工程研究所协同研究、分析和试验的基础上,我们认为通过下列途径能够达到上述要求	神舟1号至神舟7号飞船返回舱再入大气层的再入过载不大于4g;神舟4号至神舟7号飞船采用升力控制式半弹道式再入方案,对制导导航和控制分系统(即GNC分系统)下降至10km高度点的经纬度进行风修正,可以满足高精度着陆要求
5	飞船推进舱上是否有太阳电池阵	《我国空间站的救生艇及其应用》(钱振业、李颐黎,1987年)论述如下: 推进舱由轨道机动推进系统、轨道姿态控制系统、结构系统和温度控制系统组成。如果执行长期飞行任务,则在其舱外安装太阳能电池帆板	神舟1号飞船至神舟7号飞船在轨道舱外和推进舱外各安装一套(两块)太阳能电池阵。神舟8号飞船至神舟11号飞船仅在推进舱外安装一套(两块)太阳能电池阵
6	采用逃逸飞行器救生还是弹射座椅救生	《多用途飞船总体方案探讨——兼谈载人航天救生的技术途径》(李颐黎,1987年)论述如下: 我们认为即使采用常规推进剂的火箭作为运载火箭,我国载人飞船也应采用救生塔作为发射脱险装置	在发射段采用救生塔作为发射脱险装置,即由逃逸塔、整流罩上部、轨道舱和返回舱组成逃逸飞行器,当出现致命性故障时,逃逸飞行器可将返回舱迅速带离危险区,然后返回舱与逃逸飞行器分离、开伞、着陆

第**⑥**章 中国载人飞船工程的起航

247

序号	对照项目	《文集》中的主要论点和建议	中国载人航天工程实际实施情况
7	运载火箭对飞船的运载能力	《飞船方案·参数选择·性能分析》（李惠康，1988年）论述如下：以CZ-2E火箭发射载人飞船，当轨道倾角60°，轨道高度为近地点高度200和远地点高度470km时，运载能力为7 400kg	以CZ-2E的改进型火箭CZ-2F发射载人飞船。当运载火箭发射飞船时，轨道倾角为42°，轨道高度为近地点高度200km和远地点高度350km时的运载能力约为8 000kg
8	遥测遥控	《飞船方案·参数选择·性能分析》（李惠康，1988年）论述如下：遥测遥控。在我国地面台站范围之内，通过统一载波系统和双频下行通道传送高速率实时遥测数据。在我国地面台站控制范围之外，船上微波统一体制的定向天线按程序跟踪太平洋（或印度洋）上空的简易中继卫星，通过该卫星的转发器通道把飞船上的重要遥测参数以低速率传回国内地面站	神舟号飞船的地球站采用了统一S频段系统。从2008年起我国先后发射成功了天链1号中继卫星01星和02星。神舟7号飞船中继终端与天链1号01星进行了通信演练，神舟8号飞船与天宫1号目标飞行器利用两颗中继卫星和地球站进行测控与通信，将测控与通信的覆盖率提到70%以上（只用地球站时覆盖率为12%），首次实现了自动交会对接
9	飞船系统的组成	《飞船方案·参数选择·性能分析》（李惠康，1988年）论述如下：载人飞船系统由12个分系统组成，这12个分系统是结构、推进、制导导航控制、测控和通信、热控制、交会对接、电源、航天员、生保、着陆、救生、显示和照明分系统	载人飞船工程的第一步，神舟号载人飞船系统由13个分系统组成，这13个分系统是结构与机构、推进、制导导航与控制、测控与通信、热控制、电源、乘员、环控和生保、回收着陆、应急救生、仪表与照明、数据管理、有效载荷分系统
10	座舱环境参数	《飞船方案·参数选择·性能分析》（李惠康，1988年）论述如下：座舱大气压力760mmHg，大气成分为氧氮混合气体，轨道段温度（21±4）℃，再入段温度≤40℃，相对湿度30%～60%，氧分压（160±15）mmHg，二氧化碳分压<5mmHg。按航天医学工程研究所的建议，座舱压力为760mmHg或530mmHg，待进一步研究确定。1mmHg=133Pa	神舟5号载人飞船的座舱（返回舱）环境参数如下：1）座舱大气环境：舱压名义值为91.3kPa，允许变化范围为81.0～101.3kPa；2）气体成分：氧氮混合气体，氧分压名义值为20kPa，允许变化范围为20～24kPa，二氧化碳分压不大于1.0kPa，舱内气体满足航天员要求；3）温度：（21±4）℃（在冷凝干燥组件正常工作与除湿的情况下），返回过程不超过40℃；4）湿度：相对湿度为30%～70%，不得因结霜而出现影响飞船系统正常工作和不利于航天员健康的情况

序号	对照项目	《文集》中的主要论点和建议	中国载人航天工程实际实施情况
11	电源分系统	《飞船方案·参数选择·性能分析》(李惠康，1988 年) 论述如下： 载人飞船选用太阳能－镉镍电池系统作为主电源，锌银电池作为备用和返回电源，太阳电池面积 $16m^2$，功率 1 000W	神舟号飞船选用太阳能－镉镍电池系统作为主电源，银锌电池作为返回着陆电源、火工品电源和应急电源
12	推进分系统	《飞船方案·参数选择·性能分析》(李惠康，1988 年) 论述如下： (推进舱的) 3 组发动机采用一体化设计。轨道机动发动机、姿态控制发动机、平移发动机均为双组元系统，采用同一贮箱中的推进剂，共用增压系统。推进剂为甲基肼和四氧化二氮	神舟号飞船推进分系统的推进舱推进子系统采用一体化设计。轨道机动发动机、大姿控发动机、小姿控发动机、平移发动机均为双组元系统，采用同一贮箱的推进剂，共用增压系统。推进剂为甲基肼和四氧化二氮
13	热控制分系统	《飞船方案·参数选择·性能分析》(李惠康，1988 年) 论述如下： 推进舱采用主动热控方式，即用冷却循环回路将废热带到空间辐射器上向外散发。冷却回路为泵式单向对流回路，采用推进舱的外蒙皮作为空间辐射器，将冷却管道镶嵌在舱壁内，以提高散热效率	神舟号飞船上采用了主动流体回路系统，该系统的流体回路由外循环回路和内循环回路组成，他们由各自的泵驱动液体介质循环，以带走飞船内部的热量
14	制导导航和控制分系统	《飞船方案·参数选择·性能分析》(李惠康，1988 年) 论述如下： 载人飞船的制导导航和控制分系统包括自主控制和手动控制两部分。自主控制是由轨道和姿态测量部件、信息处理及接口和执行部件组成，手动控制部分还包括显示器、手控器，自动与手动控制共同完成主动段救生、正常运行、交会对接、返回和再入升力控制	神舟号飞船的制导导航和控制分系统由自动控制子系统和航天员手动控制子系统组成。自动控制子系统由敏感器、控制器和执行机构 3 部分组成。航天员手动控制子系统由光学瞄准镜、仪表与照明分系统的姿态显示仪表、姿态控制手柄、平移控制手柄以及航天员手动控制计算机组成。GNC 分系统负责完成发射段救生控制、在轨运行控制、交会对接控制、返回和再入升力控制等任务

6.2.9 北京空间机电研究所的载人航天相关课题的研究对中国载人航天事业的贡献

本节所指的载人航天相关课题是中国载人航天技术发展途径研究、多用途飞船概念研究及可行性研究。

（1）北京空间机电研究所在中国载人航天技术发展途径研究方面的贡献

1986 年 4 月—1990 年 3 月，北京空间机电研究所承担了中国载人航天技术发展途径研究任务，撰写了大量有价值的论文和研究报告，对航空航天工业部直至中央专委决策选择中国载人航天以飞船起步的正确技术发展途径起了重要作用[8]。形成鲜明对比的是欧洲选择载人航天以赫尔墨斯号小型航天飞机起步，但因技术方案一变再变、研制进度一拖再拖、研制经费一加再加，耗费了许多时间、人力和财力，最终于 1992 年 11 月欧空局停止了赫尔墨斯号航天飞机的研制（详见 6.2.1 节）。

还应该指出由于小型航天飞机重达 20t 左右，必须使用大型运载火箭（相当于长征 5 号）发射。而长征 5 号直至 2016 年才开始发射，因此从运载火箭角度考虑也不该选用小型航天飞机方案。

（2）北京空间机电研究所在多用途飞船概念研究及可行性研究方面的贡献

1）多用途飞船概念研究（1986—1989 年）

北京空间机电研究所在 1986—1989 年提出的多项研究论文和研究报告中提出的多用途飞船的构型、返回舱再入大气层中的最大过载、推进舱上装有太阳电池阵（太阳能电池阵）、采用逃逸飞行器模拟救生、遥测遥控方案、座舱环境参数、电源、推进、热控、制导导航与控制分系统方案与中国载人航天工程在神舟 1 号至神舟 8 号的实际实施方案是一致的（详见第 8 章），这些研究对神舟号飞船的发展产生了深刻和积极的影响。

1989 年 6 月北京空间机电研究所编写的《飞船天地往返运输系统概念研究》及《轨道救生艇概念研究》技术报告铅印出版，供内部使用，这些报告对于载人飞船后续的研究论证工作有重要的参考价值；报告中提出的多用途飞船构型是返回舱居中的三舱构型。

2）多用途飞船概念研究的延续——载人飞船工程方案论证（1991 年 1—12 月）

为了进一步推动载人飞船工程立项，1991 年 1 月 7 日航空航天工业部成立了载人航天联合论证组，开展载人飞船工程的方案论证工作。其中中国空间技术研究院派出的 4 位参加联合论证组工作的同志中就有两位（李颐黎、徐焕彦）来自北京空间机电研究所，他们的参加对载人飞船工程方案论证提供了丰富经验，所以，论证组仅用了 3 个多月就提出了载人飞船工程总体方案和载人飞船工程的技术指标和技术要求。

在 1991 年 4—12 月开展的中国空间技术研究院载人飞船工程总体技术方案论证工作是由临时组建的中国空间技术研究院载人飞船工程总体论证组完成的。北京空间机电研究所的李颐黎、李惠康、徐焕彦、李鹰、单志祥、尹可民、王宝兴、李林藩、魏协元、姚锦麟、陈灼华、陈达隆、余棣、胡国梁、范晟、冯祖铖等参加了载人飞船工程总体技术方案的论证工作，其中李颐黎担任研究院载人飞船工程总体论证组副组长，和组长范剑峰共同负责飞船总体论证工作；李惠康负责载人飞船回收分系统的论证工作，李鹰负责载人飞船逃逸救生分系统的论证、徐焕彦负责推进分系统的论证工作，等等。上述同志圆满地完成了载人飞船总体技术论证工作。中国空间技术研究院写出了论证报告主报告及十几份支撑报告（被称作绿皮书）总厚度达 0.3m，论证深入可信。这对于中国空间技术研究院在竞争中夺得神舟号载人飞船总体、总装和部分分系统的研制任务起到了重要的作用。

3）载人飞船系统技术、经济可行性论证（1992 年 1—9 月）

1992 年 1 月航空航天工业部党组确定由中国空间技术研究院承担神舟号载人飞船的总体、总装和部分分系统的研制任务。1992 年 1 月 24 日，中国空间技术研究院召开了载人飞船任务动员大会，戚发轫院长、张国富副院长到会。张国富副院长说："把载人飞船任务争取到我院，这是我院的光荣，是领导对我院的信任。"会上宣布成立研究院载人飞船论证组，由范剑峰任组长，李颐黎、吴开林任副组长，开展载人飞船系统技术、经济可行性论证工作。北京空间机电研究所的李颐黎、徐焕彦、李鹰、单志祥、尹可民、王宝兴、李林藩、魏协元、姚锦麟、陈灼华、陈达隆、余棣、季蓉芬等参加了这一论证工作，为中国空间技术研究院飞船论证组完成《"921"工程技术、经济可行性论证报告·载人飞船系统》及其相关分系统的可行性论证报告和专题报告作出了贡献，也为中央政治局常委会议于 1992 年 9 月 21 日批准中国载人飞船工程立项实施奠定了基础。

（3）北京空间机电研究院所对载人航天相关课题的研究为神舟号飞船的工程研制培养了多名技术骨干，取得了多项科研成果

1）培养了神舟号飞船总体设计多名技术骨干，取得了多项科研成果

1992 年 10 月中国空间技术研究院北京空间飞行器总体设计部飞船总体室成立。根据中国空间技术研究院下发的《关于下发"关于李颐黎等 13 名同志参加飞船系统总体室工作有关问题"会议纪要的通知》（五计〔1992〕827 号），北京空间机电研究所李颐黎等 13 人（包括李颐黎、徐焕彦、陈灼华、单志祥、尹可民、李鹰、余棣、王宝兴、陈达隆、李林藩、魏协元、季蓉芬、姚锦麟）被借调到北京空间飞行器总体设计部载人飞船系统总体室，参加神舟号飞船总体设计研制和飞行试验工作，取得了很大成绩，多次获得各项表彰和奖励。现以李颐黎和徐焕彦为例说明如下：

李颐黎，曾任北京空间飞行器总体设计部飞船总体室副主任，神舟号飞船总体副主任设计师兼应急救生分系统主任设计师、主任设计师顾问。1991 年 10 月航空航天工业部授予他"有突出贡献专家"称号，并颁发了证书；从 1992 年起，享受

国务院颁发的政府特殊津贴；1993 年 4 月，中国航天工业总公司决定授予他航天奖；1999 年 2 月 9 日因他在完成"'921-3'零高度试验"任务中作出突出贡献，被中国空间技术研究院党委评为先进个人；1999 年中国人民解放军总装备部决定授予他载人航天工程第一次飞行试验突出贡献奖；2000 年 12 月国家高技术航天领域技术专家组决定，因他在国家航天高技术航天领域"七五"至"九五"期间的研究工作中作出了突出贡献，评选他为先进个人；2001 年 6 月因他在完成神舟 1 号飞船《1999—2000 年度型号首飞》工作中作出了突出贡献，中国空间技术研究院给他记一等功。2003 年 11 月中国航天科技集团公司因他在神舟号飞船研制和首次载人航天飞行中作出的突出贡献，决定授予他"载人航天先进个人"荣誉称号；2004 年 1 月 20 日他因在中国载人航天工程（载人飞船系统）作出的贡献，荣获国家科学技术进步奖特等奖（获奖证书号：2003-J-245-0-01-R3-14）；2004 年 12 月 21 日荣获 2003 年曾宪梓载人航天基金突出贡献奖。

徐焕彦，曾任北京空间飞行器总体设计部飞船总体室总体组副组长。从 2000 年起享受国务院颁发的政府特殊津贴；2000 年 12 月国家高技术航天领域技术专家组决定，因他在国家航天高技术航天领域"七五"至"九五"期间的研究中作出了突出贡献，评选他为先进个人（见图 6-35）；2003 年获神舟号飞船研制和首次载人航天银质奖，2008 年中国航天科技集团公司授予他航天奖（神舟 7 号特别奖）。

图 6-35　2000 年 12 月 12 日在清华大学近春园会议厅举行"863 航天领域空间站技术 15 年来成果总结交流和表彰大会"，李颐黎（前排右二）、徐焕彦（前排右三）被评为先进个人，获荣誉证书

李颐黎等 13 人在从事神舟号飞船总体设计和研制中所取得的科研成果（只列二等奖及其以上奖项）如表 6 - 4 所示。

表 6 - 4　李颐黎等 13 人在神舟号飞船研制中取得的科研成果

序号	成果（项目）名称	奖别名称	等级	年份	证书号	主要完成者（仅列北京空间机电研究所飞船论证组成员）
1	神舟号返回方案与轨道设计及飞船返回总体与返回轨道技术攻关	2000 年国防科学技术奖	二等	2000	2000GFJ2066	王宝兴、李颐黎
2	神舟 1 号试验飞船故障对策及应急处理设计	2000 年国防科学技术奖	二等	2000	2000GFJ2070	李颐黎
3	逃逸系统总体方案及实施	2001 年国防科学技术奖	二等	2001	2000GFJ2048	李颐黎、李鹰
4	中国载人航天工程（载人飞船系统）	国家科学技术进步奖	特等	2004	2003 - J - 245 - 0 - 01 - R3	李颐黎
5	921 工程载人飞船系统应急救生分系统设计与验证	2004 年国防科学技术奖	二等	2004	2004GFJ2024	李颐黎、李鹰、李林藩、魏协元
6	神舟试验飞船推进分系统	2000 年国防科学技术奖	一等	2000	2000GFJ1009 - 8	徐焕彦

2）培养了神舟号飞船回收着陆分系统设计骨干

原北京空间机电研究所飞船论证组负责人之一的李惠康同志从 1992 年 10 月起担任神舟号飞船系统回收着陆分系统主任设计师，1996 年 4 月被中国空间技术研究院批准为航天器返回技术学科带头人，他作为主要完成者之一的"中国载人航天工程（载人飞船系统）"荣获 2004 年国家科学技术进步奖特等奖。

原北京空间机电研究所飞船论证组负责人之一的董世杰同志参加了神舟号飞船（初样阶段）回收着陆分系统的研制工作，任回收着陆分系统行政指挥。

6.2.10　载人航天相关课题研究取得成果的原因分析

载人航天相关课题研究取得成果的原因有以下几点：

（1）载人航天相关课题的选题是当时我国航天事业发展的急需，符合载人航天发展的实际

1986 年国家"863"计划开始实施，当时在航天界急需回答中国载人航天应先

发展多用途飞船还是小型航天飞机的问题，如果先发展多用途飞船，那么多用途飞船应选择什么样的方案？能否在 10 年之内投资 40 亿左右人民币将中国首位航天员送入太空吗？这都是研究人员要思考的问题。北京空间机电研究所的一批航天专家具有多年从事运载火箭及航天器的丰富设计经验，既有创新精神，又有实事求是的学风。他们能清晰地认识到哪些技术是国外和国内的成熟技术，哪些技术是国外、国内尚在探索阶段不成熟的技术，因而大胆提出了中国载人航天以载人飞船起步的正确主张，并以切实的飞船天地往返运输系统概念研究和轨道救生艇概念研究的可行性结论，支持了这一正确的主张，之后被越来越多的航天界领导及专家所接受。

（2）中国空间技术研究院的领导及北京空间机电研究所的领导支持高技术组的飞船论证工作

中国空间技术研究院科技委主任王希季等人组织了 4 次研究院太空站讨论会，大力推动了多用途飞船的论证工作。研究院科技委的领导同意由北京空间机电研究所从事多用途飞船的论证工作。韦德森副院长认为，航天高技术关系到"八五""九五"期间研究院的兴衰问题，从现在（1987 年 4 月）起就要组织队伍开展工作，要成立空间站总体组，要求各单位支持这一工作。空间站总体组成立时，将董世杰、李颐黎作为该组成员，从而大大方便了北京空间机电研究所与研究院等兄弟单位的技术协调。在 1989 年 10 月航空航天工业部科技委主任孙家栋和副主任庄逢甘主持召开的小型航天飞机与多用途飞船比较论证会上，中国空间技术研究院科技委主任王希季授权李颐黎代表中国空间技术研究院发言说："我院同志上上下下一致认为发展多用途飞船是……适合我国国情的最佳选择。"

北京空间机电研究所的领导也非常支持飞船论证工作，从 1986 年 5 月研究所领导决定成立空间站论证小组，到 1987 年 4 月 21 日研究所飞船论证组成立（任命李颐黎为组长、李惠康为副组长），再到 1988 年 1 月研究所任命董世杰、李惠康和李颐黎为飞船论证组负责人并调配人员充实飞船论证组，这从组织上保证了论证工作的顺利开展。1986 年 6 月 19 日，宋忠保所长、钱振业副所长还召开了"高技术论证汇报讨论会"，研究所领导、科技委成员、总师、空间站论证小组成员参加，李颐黎在会上作了《空间站救生系统方案设想报告》，受到与会人员的欢迎；这个会议也向全研究所技术骨干表明，研究所已承担多用途飞船论证工作，希望得到大家的支持。北京空间机电研究所党委多次将高技术组党小组评为先进党小组，也表明了研究所党委对飞船论证工作的肯定和支持。

（3）"863－2"专家委员会863运输系统专家组及863空间站及其应用专家组支持研究所高技术组的飞船论证工作

1987年7月，863运输系统专家组与北京空间机电研究所签订了飞船天地往返运输系统概念研究（第1阶段）合同，863空间站及其应用专家组与北京空间机电研究所签订了轨道救生艇概念研究协议书，并得到两个专家组分别10万元人民币的支持，从而使北京空间机电研究所能够在概念研究阶段就对飞船的返回舱进行必要的高超声速风洞测力试验，使提出的方案建立在可靠的基础上。1988年10月863运输系统专家组又与北京空间机电研究所签订了飞船天地往返运输系统概念研究（第2阶段）合同。这两个合同的完成及与863空间站及其应用专家组签订的轨道救生艇概念研究协议书的完成，大大深化了多用途飞船的技术方案。

（4）飞船论证组坚持正确的研究设计理念

飞船论证组的领导一方面积极制订论证组的工作计划，根据每个人的特长明确每个人的分工；另一方面自己带头开展飞船论证工作。

飞船论证组的领导在开展论证工作时重视顶层设计，例如，与中国运载火箭技术研究院北京宇航系统工程研究所进行了多次协调，使得提出的多用途飞船质量和尺寸能满足运载火箭的限制条件；飞船的测控与通信方案采用了统一S波段的体制，以简化飞船上的天线，并有利于利用国外的测量站。

飞船论证组的领导在组织飞船方案论证中，主动地充分地与兄弟单位交流，从而使提出的方案更为合理。例如1986年5月22日研究所的领导和论证组成员主动去空间站总体方案论证单位——北京空间飞行器总体设计部，请他们今后将轨道救生艇作为空间站系统的一个组成部分，得到了他们的支持。1987年5—6月，研究所飞船论证组先后与空间站总体方案论证单位、航天医学工程研究所、运载火箭总体设计单位、北京控制工程研究所、863运输系统专家组等单位多次进行技术协调、交流和汇报，从而使论证工作不断深入。

飞船论证组在论证工作中注意调研和学习，例如钱振业同志多次去外地航空科研院所调研生产小型航天飞机的条件，李颐黎多次去国家统计局等单位调研1960年以来美元各年贬值的数据和我国卫星型号的研制经费，为估算飞船的研制经费和小型航天的研制经费打下了基础。

（5）飞船论证组成员坚持了特别能吃苦、特别能战斗、特别能攻关、特别能奉献的载人航天精神

北京空间机电研究所飞船论证组成员为了搞好论证工作，经常去图书馆查阅相关的国外航天资料，为了写好论证报告，经常加班加点。例如1992年1月春节期

间，为了对 4 种构型的飞船方案逐一进行论证，飞船论证组的一些人员主动放弃了春节休假，从农历正月初二至初五连续加班，终于完成了 4 种方案的论证，为完成论证报告争取了宝贵的时间。

"飞船返回总体技术和返回轨道技术"是 1992 年年底至 1995 年院级关键技术，在李颐黎的带领下，在单志祥、王宝兴等人的参与下，他们攻下了这一关键技术。同样，在李颐黎的带领下，在李林藩、李鹰、魏协元等人的参与下，他们于 1995 年又攻下了"飞船应急救生轨道及接口分析"这一院级关键技术[13][14]。

在 1992 年 10 月以后的十几年中，李颐黎等飞船论证组成员每天乘坐班车从南苑去知春路（后来为唐家岭）上班，往返要用去 3～4 小时的时间，在冬季天天顶着星星上班，看着月亮下班，十分辛苦，但大家坚持天天远行上班，有时还要加班；终于，与北京空间飞行器总体设计部的同志一道完成了神舟号飞船总体方案从可行性研究、方案设计、初样研制至正样研制和飞行试验各个阶段的研制任务。

（6）发扬大力协同的精神

北京空间机电研究所的飞船论证工作之所以取得成功，是因为大家发扬了大力协同的精神，在兄弟单位的大力支持下完成的。例如，在北京空间机电研究所 1989 年 5 月完成的《飞船天地往返运输系统概念研究（第 2 阶段）综合报告》的序言中，就记录着参加飞船天地往返运输系统概念研究并提供了研究报告的单位和研究人员，有关单位和研究人员名单如下：

北京空间飞行器总体设计部的李新阶、侯风云、覃正熙；

北京控制工程研究所的孙全性、冯学义、范如鹰、陈义庆、耿长福、王旭东、严拱天、倪行震、王南华等 15 人；

北京卫星信息工程研究所的姜昌；

兰州物理研究所的奚日升；

北京宇航系统工程研究所的余梦伦、朱永贵；

北京航天动力研究所的王衍方、任吉杰；

北京航天长征飞行器研究所的孙洪森、张燕红、丁碧珠；

北京空气动力研究所的姜贵庆、纪楚群、严龙华、李鸿权；

北京航天材料研究所的沈松年；

北京航天情报研究所的韩鸿硕；

上海空间推进研究所的钱海涵、周锡文、胡俊；

上海宇航系统工程研究所的吴瑞华、张文祥；

航天医学工程研究所的王德汉、沈学夫等；

国防科技大学的程国采、赵汉元、任萱、谢晓全；

中国空气动力研究与发展中心的董广彪、潘海林等；

天津电源研究所的高兴富、张作民、谢平、吴继清、郑兰琴。

6.2.11 结束语

1986 年至 1990 年的中国载人航天技术发展途径研究及多用途飞船概念研究是以北京空间机电研究所的飞船论证组为主要力量完成的。北京空间机电研究所参加这一研究工作的同志有钱振业、董世杰、李颐黎、李惠康、林华宝、杨广耀、马宏林、徐焕彦、陈灼华、王宝兴、季蓉芬、单志祥、尹可民、陈达隆、余棣、李鹰、李林藩、姚锦麟、魏协元、梁国寅、胡国梁、崔绍春、冯祖铖、何运国、范晟等。

2013 年 4 月 21 日是北京空间机电研究所飞船论证组成立 26 周年的日子。6 月 16 日当年在该组工作的部分同志在钱学森青少年航天科学院聚会，并摄影留念。照片上题字"忆往昔，飞船论证几经艰难；看今朝，神舟飞天展现宏愿"体现了老一辈航天人对从事载人航天事业的怀念与自豪。

第 6 章 参 考 文 献

[1] 李颐黎. 钱学森与中国返回式卫星的开创 [J]. 航天器工程，2011 (6)：8.

[2] 石磊，王春河，张宏显，陈中青，等. 钱学森的航天岁月 [M]. 北京：中国宇航出版社，2012：560 – 575，595 – 607.

[3] 邱乃庸. 梦圆天路——纵览中国载人航天工程 [M]. 北京：中国宇航出版社，2011：70.

[4] 李颐黎. 遨游天宫——载人航天器 [M]. 西安：陕西人民教育出版社，2016：44 – 45，79 – 88.

[5] 王兆耀. 中国军事百科全书·军事航天技术 [M]. 第 2 版. 北京：中国大百科全书出版社，2008：293 – 300，303.

[6] 戚发轫，李颐黎. 巡天神舟——揭秘载人航天器 [M]. 北京：中国宇航出版社，2011：6，15，19，24 – 25.

[7] 中国大百科全书·航空航天编写组. 中国大百科全书·航空航天 [M]. 北京：

中国大百科全书出版社，1985：366 – 367，364 – 365，474.

[8] 钱振业，董世杰，李颐黎，李惠康. 中国载人航天技术发展途径研究与多用途飞船概念研究文集（1986 年至 1991 年）［M］. 北京：中国宇航出版社，2013：1 – 11，27，41，44 – 61，168 – 184，210 – 217.

[9] 王一然. 可重复运载器：航天运输新境界［J］. 中国航天，2003（3）：42.

[10] 左赛春. 中国航天员飞天纪实［M］. 北京：人民出版社，2003：27 – 30，38 – 39.

[11] 李颐黎，季蓉芬. 飞船论证组大事记［C］. 1987 年 9 月.

[12] 李颐黎，戚发轫. 神舟号飞船总体与返回方案的优化与实施［J］. 航天返回与遥感，2011（6）：1 – 13.

[13] 李颐黎. 追求大美——神舟号飞船返回总体与返回轨道技术攻关纪实［M］// 张廷新. 飞天神舟——中国神舟飞船研制纪实. 中国空间技术研究院，2004：49 – 52.

[14] 李颐黎. 为了神舟安全飞——神舟飞船应急救生轨道与接口分析技术攻关纪实［M］// 张廷新. 飞天神舟——中国神舟飞船研制纪实. 中国空间技术研究院，2004：27 – 31.

第 7 章 中国的神舟号 载人飞船

本章重点介绍及论述了 1992 年至 2008 年北京空间机电研究所参加飞船总体设计的人员在神舟号载人飞船系统、神舟号载人飞船应急救生分系统方面取得的成就。同时介绍及论述了北京空间机电研究所承担的神舟号载人飞船回收着陆系统的任务由来、系统方案、关键技术攻关及取得的成就。

7.1 神舟号载人飞船系统

7.1.1 任务由来[1]

1992 年 1 月 8 日，中央专委听取了关于发展中国载人飞船工程立项的建议。认为从政治、经济、科技、国防等诸多方面考虑，发展中国载人航天是必要的，并决定由国防科工委负责，组织载人飞船工程的技术、经济可行性论证，这一工程的代号是"921"工程。"921"工程中的飞船 1994 年被命名为神舟号载人飞船。

1992 年年初，载人航天工程确定了第一步任务——载人飞船工程。载人飞船工程任务，即在确保安全可靠的前提下，从总体上体现中国特色和技术进步，完成以下 4 项基本任务：

a）突破载人航天基本技术；

b）进行空间对地观测、空间科学和技术试验；

　　c）提供初期的天地往返运输器；

　　d）为载人空间站工程大系统积累经验。[1]

　　载人飞船系统的主要任务是在整个飞行期间为航天员提供必要的生活和工作条件，为有效载荷提供必要的保障条件；并在应急状态下采用救生措施，保障航天员的生命安全。

　　神舟号载人飞船系统的首任总设计师是戚发轫，首任总指挥是汪国林。

7.1.2　神舟号载人飞船系统的技术方案[1]

　　神舟号载人飞船从 1999 年发射神舟 1 号飞船至 2017 年发射神舟 11 号载人飞船为止，已发射 3 种技术状态的飞船：初期试验技术状态、出舱活动试验技术状态及天地往返运输飞船技术状态。

（1）系统组成

　　初期试验技术状态载人飞船系统由飞船系统总体和 13 个分系统组成。这 13 个分系统分别是结构与机构、环境控制与生命保障、热控、电源、推进、制导导航与控制、数据管理、测控与通信、回收着陆、仪表与照明、应急救生、乘员、有效载荷。在以上 13 个分系统中，乘员分系统和有效载荷分系统分别属于航天员系统和空间应用系统的装船部分。初期试验技术状态的飞船构型如图 7-1 所示。

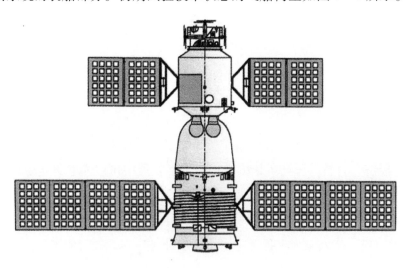

图 7-1　初期试验技术状态的飞船（神舟 2 号）构型

　　出舱活动试验技术状态仍由飞船系统总体和 13 个分系统组成，但各分系统的技术内容围绕出舱活动的任务而有所变化。

天地往返运输飞船技术状态由飞船系统总体和 15 个分系统组成，这 15 个分系统除了初期试验状态的 13 个分系统外，又增加了对接机构分系统和总体电路分系统。

（2）技术状态

为了适应不同阶段的任务变化，神舟号载人飞船有 3 种技术状态。

1）初期试验技术状态

在载人飞船发展初期，神舟 2 号至神舟 6 号进行无人轨道飞行或载人轨道飞行后，轨道舱留轨进行空间应用试验，所以轨道舱上安装了一对太阳电池阵和独立的姿态控制系统，具备卫星所应有的功能。为增加空间应用试验的有效载荷，必要时在轨道舱前面增加一个附加段（见图 7-1）。

2）出舱活动试验技术状态

对于首次进行航天员空间出舱活动任务的神舟 7 号飞船，飞船轨道舱除具备生活舱的功能外，还作为出舱活动用的气闸舱，航天员从轨道舱的侧舱门（即外舱门）出舱。轨道舱贮运舱外航天服，配置轨道舱泄复压系统、出舱支持设备和舱外行走扶手。轨道舱不再执行留轨任务，因而取消了轨道舱上的太阳电池阵和姿态控制系统。执行航天员出舱活动任务的神舟 7 号飞船构型如图 7-2 所示。

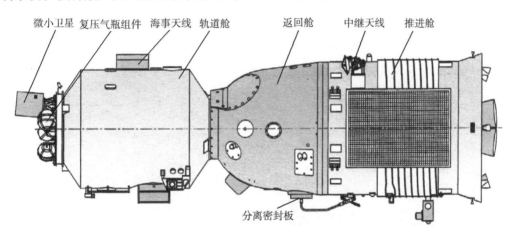

图 7-2　执行航天员出舱活动任务的神舟 7 号飞船构型

3）天地往返运输飞船技术状态

此技术状态的飞船是用于与天宫 1 号目标飞行器进行交会对接试验的神舟 9 号和神舟 10 号飞船，以及为未来在地面与空间站之间运送往来人员和少量物资的飞船。在这种技术状态下，轨道舱不再进行留轨利用，因此轨道舱的配置与初期试验技术状态相比，少了太阳电池阵和姿态控制系统等设施，而在轨道舱的前端安装一套空间对接机构和用于交会对接的测量、运动控制等设备，如图 7-3 所示。

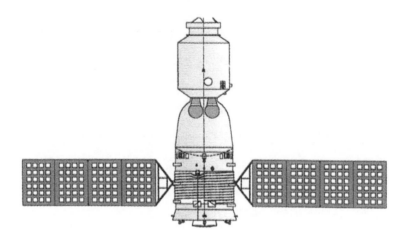

图 7 - 3　天地往返运输飞船技术状态的神舟号飞船构型

在上述三种基本技术状态中，飞船的总体构型基本不变，船上的基本系统组成不变。但实际上每次执行飞行任务的飞船技术状态都不完全一样，需要根据每次飞行任务的目的和任务，对乘员、有效载荷和其他相应分系统的配置进行相应调整。

（3）总体布局

神舟号载人飞船由轨道舱、返回舱和推进舱三个舱组成。飞船总长为 8 000mm（不包括附加段或对接机构），圆柱段的最大直径 2 500mm，推进舱后端面与运载火箭对接处最大直径 2 800mm，如图 7 - 4 所示。

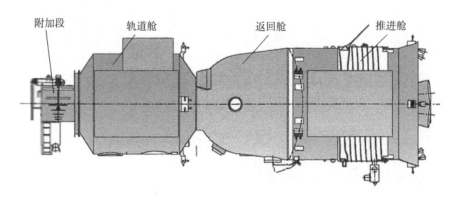

图 7 - 4　飞船外形

1）初期试验技术状态的轨道舱

轨道舱位于飞船前部，为密封结构，外形为两段带有截锥的圆柱形，总长为 2 800mm，圆柱段直径 2 250mm，如图 7 - 5 所示。

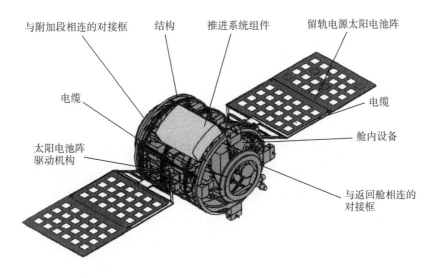

与附加段相连的对接框　　结构　　推进系统组件　　留轨电源太阳电池阵

电缆　　　　　　　　　　　　　　　　　　电缆

太阳电池阵　　　　　　　　　　　　　　　　舱内设备
驱动机构

与返回舱相连的
对接框

图7－5　初期试验技术状态的神舟号飞船的轨道舱（去掉外壳、留轨飞行状态）

轨道舱在圆柱段侧壁有一个直径750mm（神舟7号为850mm）的内开式密封舱门和一个直径530mm的对地观察窗。舱门是发射前航天员进出飞船的进出口。在圆柱段外部设有外挂舱，内装单组元推进分系统的无水肼贮箱、气瓶和阀门等组件。轨道舱推进分系统的发动机分布在轨道舱的后锥段。在轨道舱装有单轴旋转的可展开太阳电池阵。舱体外表面还装有太阳敏感器和红外地球敏感器等制导导航与控制分系统的部件，以及测控通信用的天线。整个舱体的外表面包敷了由多层涤纶薄膜组成的热控外衣。轨道舱的后端框通过火工锁和分离推杆与返回舱连接。

轨道舱内部采用隔板式布局，并设置宽900mm贯穿全舱的通路，作为为航天员在地面时进入返回舱的通道，以及在轨飞行时进行各种试验、活动和休息的场所。通道两侧设置三组仪器安装板，用于安装各分系统的仪器设备和航天员的生活用品，各分系统的设备布置相对集中。在无人飞船状态下，舱内装有人体代谢模拟装置，用于模拟航天员的耗氧量、二氧化碳排出量和发热量等，以便对船上环境控制与生命保障分系统（以下简称环控生保分系统）及热控分系统进行考验。

轨道舱后端开有一个直径600mm的圆孔，它与返回舱的舱门相对应连接，作为航天员进出的通道。前端外径1 450mm，在交会对接试验和作为天地往返运输器使用时安装对接机构。在神舟2号至神舟6号飞船状态下，前端则连接一个附加段。

附加段是为有效载荷进行空间应用试验的舱段，为非密封结构，其构型随有效载荷的要求而有所不同，基本结构为箱体结构。

2）返回舱

返回舱位于飞船的中部，为密封结构，外形为大钝头倒锥体，呈钟形，长度为

2 500mm，最大直径为 2 500mm。

返回舱是航天员的座舱，也是飞船唯一可以再入大气层返回着陆的舱段。航天员在上升段和返回段飞行过程中都坐于返回舱内。

返回舱的外表面（除前端舱门外）均被不同厚度的低密度烧熔材料所包敷。在锥段上设有两个伞舱（主份伞舱和备份伞舱），伞舱盖前端带有为消除再入过程中返回舱的第二配平点而设计的稳定性耳片。在备份伞舱下设有推进剂隔舱，内装单组元推进分系统的无水肼贮箱、气瓶和阀门等组件，隔舱盖上装有推进剂排放孔。在返回舱前半球段和侧壁上设有 5 个发动机小舱，分别安装两对滚动、一对俯仰和一对偏航发动机。在锥段上开有航天员用以观察舱外的两个直径 220mm 的舷窗，还有个直径 250mm 的光学瞄准镜窗口，用于对地观测。在侧壁上装有天线，在半球段上设有天线舱，内装短波和超短波天线以及着陆后使用的闪光灯。在侧壁上还有静压高度计取样孔、氧气加注孔和排气调压孔等。返回舱与轨道舱之间的电、气、液路接口处的断接器都布置在返回舱前端面上，返回舱与推进舱的接口则位于背风面靠近大底端框的分离密封板上（分离密封板所在的位置参见图 7 - 2）。返回舱的烧蚀大底在主降落伞打开后即被抛弃，露出的密封大底上安装有四台固体缓冲发动机（用于减小着陆时的冲击）、与之配套工作的伽马高度计以及短波和超短波天线等。

返回舱的前端有一个直径为 650mm 的内开式密封舱门，用于航天员的进出。在轨运行时，舱门打开，返回舱与轨道舱连成一体，成为航天员的活动空间。舱门上还安装了一副超短天线。去掉外壳状态的返回舱如图 7 - 6 所示。

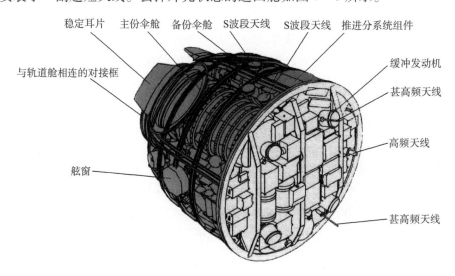

图 7 - 6　神舟号飞船的返回舱（去掉外壳状态）

返回舱内部，在位于返回质心平面附近对称布置三个带缓冲装置的航天员座椅（可以按航天员人数调整），略呈扇形分布。在无人飞船状态，只有中间一个座椅，并在其上放置一个形体假人。在其他座椅位置则放置有效载荷。在座椅周围主要放置方便航天员取用的物品和部分设备，主要有医监设备包、食品袋、生理测试设备专用包和抗噪控制器等。座椅下放置环控生保分系统的冷凝干燥器组件。在中间座椅前下方是光学瞄准镜窗口，左右两侧是航天员用于进行人工控制飞船平移和姿态运动的手柄，再往前位于前端半球段靠近舱门的位置，对称布置了三块仪表板，中间的主仪表板（图7-7）上有两个多功能液晶显示屏，用于显示飞船上设备的工作状态和飞船飞行参数，下面有用于航天员人工控制的各种开关。在左右舱壁上还设有副仪表板，副仪表板四周布置了便于航天员操作的设备，如排气调压组件和风扇等。

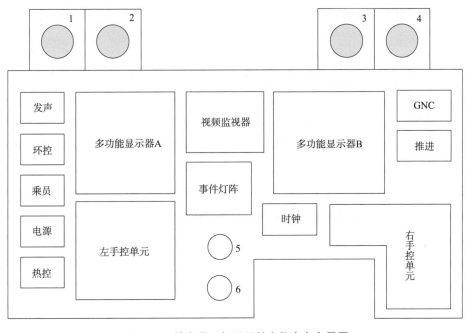

图7-7 神舟号飞船返回舱主仪表盘布局图

1—O$_2$分压表；2—CO$_2$分压表；3—舱压表；4—电源电压表；5—应急电源安时表a；

6—应急电源安时表b

在航天员座椅上方布置有2个伞舱，在伞舱之间安装有摄像机和照明灯。在返回舱内的前端侧壁上集中了环控生保分系统需要航天员操作和调节的设备。在座椅后面至密封大底之间是各分系统设备的集中安装区，这些设备和座椅均分别装在3根大梁上。

3）推进舱

推进舱位于飞船的后部，为非密封结构，外形为后部带短截锥段的圆柱体，结构总长为 2 940mm，圆筒段直径为 2 500mm，后锥段与运载火箭连接处最大直径为 2 800mm。

推进舱的主要功能是为飞船的轨道和姿态控制提供动力，为飞船提供电源，并为飞船密封舱内的排热调温提供动力。在轨飞行期间，在三舱状态下，推进舱还负责为航天员供氧，并为各分系统的部分设备提供安装空间，因此推进舱在飞船中起着服务舱的作用。

在推进舱的圆筒段外表面包敷着辐射散热器。中部两侧安装了总面积为 $24m^2$ 的可单轴旋转的主电源太阳电池阵。推进舱的外部还装有红外地球敏感器、太阳敏感器、短波和 C 频段天线等。除此之外，推进舱表面上还有许多开口，用于进行连接分离、电池、设备、电缆和管路的安装操作等。热控的加注排放阀、环控生保分系统的充氧和充氮阀也都布置在侧壁上。在圆筒段的前端安装了用于与返回舱进行电、气、液路连接分离的分离摆杆机构和分离密封板。为了隔离推进舱内外的热交换，在前端还布置了隔离罩，一头搭接在返回舱大底上，另一头连在推进舱圆筒上。

推进舱通过前端的火工锁和分离弹簧实现与返回舱的连接与分离。其锥段后端框通过包带与运载火箭相连接，并由弹簧提供分离力。在推进舱的后端面上还设有分离插座和分离开关等。在锥段壳体上均匀分布了 4 个姿控发动机组以及脱落插座。锥段内侧设有倒锥形尾流罩及挡板，以防止发动机尾流对舱内系统产生影响。

推进舱内主要由仪器安装圆盘和承力锥组件构成。圆盘上安装了各分系统的仪器设备，后部的承力锥上安装了四个推进剂贮箱和高压气瓶，下端安装了 4 台（每台推力为 2.5kN）变轨发动机。推进、环控生保和热控分系统的管路组件主要分布在推进舱的侧壁上。推进舱的外形与结构如图 7 - 8 所示。

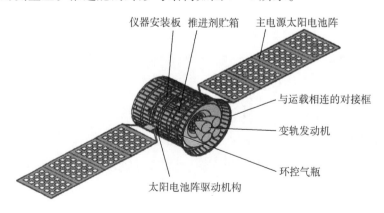

图 7 - 8　神舟号飞船推进舱的外形与结构（去掉了外壳状态）

4）飞行状态

飞船在执行飞行任务时，在不同的飞行阶段，飞船各舱段的组合和状态是不同的。

对于神舟2号至神舟6号飞船来说，发射时，太阳电池阵呈收拢状态，整个飞船置于运载火箭整流罩内，通过推进舱的后端框和运载火箭锁紧装置将飞船安装在运载火箭的飞船支架上。飞船入轨后，船箭锁紧装置解锁，实现船箭分离。分离后船上位于轨道舱和推进舱的两对太阳电池阵随即展开，开始并网供电。在运行段飞行期间，只有推进舱上的太阳电池阵进行对太阳的跟踪控制。飞船制动返回前，轨道舱与返回舱分离，轨道舱留在轨道上继续飞行。返回舱与推进舱一起制动，并在进入大气层前实施两舱分离，返回舱继续再入大气层，在离地面约10km高度时开启降落伞，在离地面约1m时反推发动机点火，实现软着陆。分离后的推进舱则在再入大气层的过程中烧毁。

（4）飞行方案

对于神舟2号至神舟6号飞船来说，飞船的运行轨道是一条两天回归的轨道，也就是说，飞船在第1、3、5、7……天，每隔一天其飞行轨道就正好经过主着陆场上空，这样就方便了返回时间的选择。

返回舱返回地面的轨道有两种：在正常情况下，返回舱采用升力控制返回；在制导导航与控制等分系统出现某些故障时，采用弹道式返回。正常升力控制返回轨道的制动点是在南太平洋靠近非洲西海岸位置的上空，在此处变轨发动机制动点火，经过从约350km到约近100km高度的滑行以后，返回舱以约 -1.5° 的再入角进入地球稠密大气层。此后通过对返回舱侧倾角的调节来实现返回升力控制，降低返回时的过载，而且可以比较精确地返回到着陆场。

（5）航天器研制试验中心

航天器研制试验中心坐落在北京航天城内，是中国载人航天技术和大型航天器的研制试验基地。该中心的主要任务是对飞船等大型航天器进行组装、总装、电测、试验，对航天器主要分系统进行系统试验、安全对策设计和仿真试验，对航天器进行故障模拟对策试验。

7.1.3　神舟号飞船总体方案的比较与选择[2]

在1992年开展的载人飞船工程技术、经济可行性论证中，首先论证了载人飞船总体方案，重点论证了返回舱居中的三舱方案和带有制动段的两舱方案。

（1）方案 I——返回舱居中的三舱方案

方案 I 飞船本体由轨道舱、返回舱、推进舱和附加段（在交会对接状态时为对接机构）组成。在发射段状态下附加段位于最上部，往下依次为轨道舱、返回舱和推进舱。在发射段状态下轨道舱及推进舱的太阳电池阵均未展开，呈收拢状态，如图 7-9 所示。

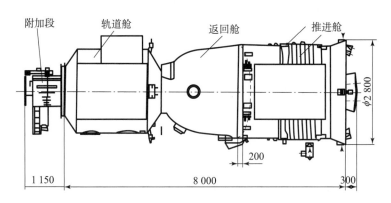

图 7-9　方案 I 飞船发射状态外形图（太阳电池阵未展开）

（1992 年，载人飞船初期试验状态）（尺寸/mm）

图 7-10 为飞船在轨飞行的俯视图，是飞船在入轨后两对太阳电池阵均已展开后的外形。

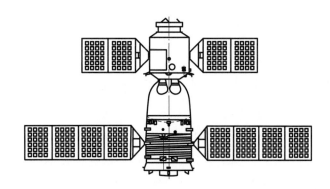

图 7-10　方案 I 飞船在轨飞行的俯视图（1992 年，载人飞船初期试验状态）

方案 I 在发射段大气层内实施逃逸救生时需由逃逸飞行器将返回舱和轨道舱一起带走，然后返回舱从逃逸飞行器中分离，打开降落伞，航天员乘坐返回舱着陆。方案 I 的逃逸飞行器构型如图 7-11 所示。

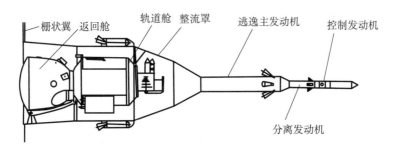

图 7-11　方案 I 的逃逸飞行器构型（1992 年）

（2）方案 II——两舱方案

方案 II 的飞船由返回舱和推进舱两舱组成，返回舱上还带有一个制动段。方案 II 的飞船在轨道飞行段上的构型如图 7-12 和图 7-13 所示。

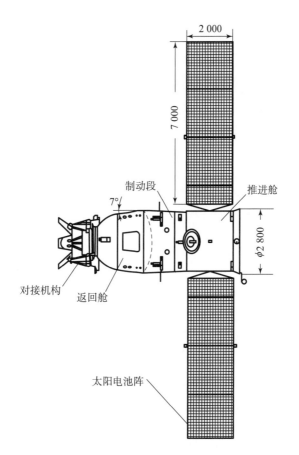

图 7-12　方案 II 飞船在轨飞行构型俯视图（1992 年）（尺寸/mm）

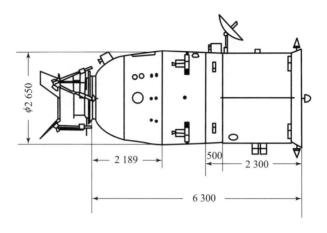

图 7 – 13　方案Ⅱ飞船在轨飞行构型侧视图（1992 年）（尺寸/mm）

　　返回舱是航天员的座舱，航天员乘该舱返回地面。方案Ⅱ飞船由于没有轨道舱，需有人照料的有效载荷及航天员的食物均应放在返回舱内。推进舱内安置 4 台变轨发动机，在发射段抛掉整流罩后出现应急的情况下，变轨发动机能提供救生时的变轨动力；正常情况下，它提供运行段变轨机动冲量。

　　返回舱后面是一个制动段，制动段的制动发动机提供返回制动变轨的动力。

　　方案Ⅱ无留轨利用的功能。

　　两舱方案的整个飞船放置在最大直径为 4 200mm、锥部半锥角为 17°的整流罩内，整流罩前端为逃逸塔架和逃逸发动机组。在正常情况下，当飞行到 110km 高度时抛掉逃逸发动机组、逃逸塔架和整流罩球头组成的部分，然后将整流罩抛掉，使飞船暴露在空间，以便飞船分离、入轨。当在发射段抛整流罩前出现应急情况时，则由逃逸飞行器将返回舱带走，实现航天员的救生。两舱方案飞船的逃逸飞行器组成如图 7 – 14 所示。

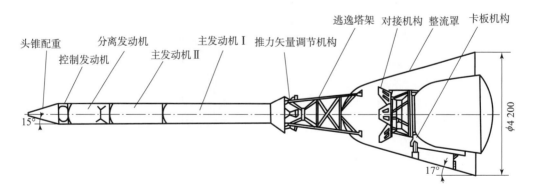

图 7 – 14　方案Ⅱ飞船的逃逸飞行器组成（1992 年）（尺寸/mm）

（3）三舱方案和两舱方案的比较和选择

方案Ⅰ（三舱方案）和方案Ⅱ（两舱方案）的比较如表7-1所示。

表7-1　三舱方案和两舱方案的比较

序号	比较项目	方案Ⅰ	方案Ⅱ
1	完成四项基本任务	可全面完成	可基本完成
2	满足技术指标	全面满足国防科工委下达的技术指标；在运输能力上满足运送3名航天员并上行300kg的有效载荷要求	基本满足国防科工委下达的技术指标；在运输能力上满足运送3名航天员的要求，但只能上行100kg的有效载荷
3	载人舱自由容积（不计有效载荷容积）	返回舱自由容积3.2m³；轨道舱自由容积3.5m³；总计自由容积6.7m³	返回舱自由容积4.1m³；轨道舱自由容积0m³；总计自由容积4.1m³
4	留轨利用	轨道舱可以在主任务完成后留轨利用，进行空间科学技术试验	无留轨利用
5	技术难度	逃逸飞行器用栅状翼；降落伞主伞面积较小（200m²翼伞）	逃逸飞行器不用栅状翼；降落伞主伞面积较大（250m²翼伞）
6	交会对接	易于安放光学成像敏感器和目视观察	难于安放光学成像敏感器和目视观察
7	出舱活动	航天员由轨道舱出舱，出舱时返回舱内部处于一个大气压状态	由返回舱出舱，出舱时返回舱内部处于应急状态（零压力状态）

从表7-1可见，方案Ⅰ除了因逃逸飞行器需采用栅状翼而有一定难度外，其余比较项目明显优于方案Ⅱ，可更好地完成四项基本任务，当时认为栅状翼技术通过攻关可以按期完成。因此，1992年年底决定选择方案Ⅰ（即返回舱居中的三舱方案）作为中国神舟号载人飞船的方案。

（4）方案Ⅰ（三舱方案）的实施结果

中国载人航天工程第一步任务和第二步任务的完成，体现了1992年提出的三舱方案的可行性和优越性。现仅对表7-1中的序号为3~7的比较项目作如下说明：

1）载人舱自由容积（不计有效载荷容积）

由于三舱方案载人舱自由容积为6.7m³，比两舱方案载人舱自由容积（4.1m³）大2.6m³，所以为神舟6号执行2人5天飞行任务提供了比较充足的存放食物、水、氧气、氮气的空间和航天员的活动空间;为神舟 7 号飞船执行航天员出舱活动时提供了两套舱外航天服的打包安装空间和两名航天员穿、脱舱外航天服的空间。

2)留轨利用

由于选择了三舱方案,使神舟 2 号至神舟 6 号共 5 艘飞船实现了轨道舱的留轨利用,完成了大量的科学实验项目,而两舱方案不能实施留轨利用。

3)技术难度

在决定采用三舱方案后,运载火箭系统按时完成了逃逸飞行器使用的栅状翼等逃逸系统的攻关任务,飞船系统按时完成了发射段大气层内救生技术的攻关任务。1998 年成功地完成了零高度逃逸救生飞行试验。2003 年至 2008 年载人飞船工程发射段逃逸救生系统顺利完成三次载人飞行任务(值班状态)。

采用三舱方案时返回舱的质量只相当于两舱方案返回舱质量的 80%,在方案设计阶段,将主份伞的降落伞由翼伞改为普通伞(原因见 7.1.4 节),因此三舱方案的主份伞的主伞面积为 1 200m²,已成为研制中的关键技术项目,如果采用两舱方案,则主份伞的主伞面积将达到 1 440m²,将大大增加攻关难度。

4)交会对接

由于采用三舱方案,在轨道舱外易于安装光学成像敏感器等交会对接设备,而如果采用两舱方案,则需在返回舱外安装光学成像敏感器等设备,就会对返回舱再入的气动外形产生干扰,如果要避免这一干扰,还需在返回舱再入大气层前将这些设备分离掉。

采用三舱方案的神舟 8 号至神舟 11 号飞船顺利地完成了与目标飞行器的交会对接。

5)出舱活动

神舟 7 号飞船完成了航天员在空间的舱外活动。由于采用了三舱方案,可以使轨道舱既做生活舱又兼做气闸舱。当航天员翟志刚出舱时,航天员刘伯明(他也穿着舱外航天服)在舱门口接应他,而此时返回舱舱内仍处于一个大气压状态,航天员景海鹏密切监视仪表板上显示的飞船工作状态。而如果采用两舱方案,由于自由容积较小,只能乘载两名航天员,在航天员出舱前要对返回舱完全泄压,这会增加返回舱设备出故障的概率,而且舱内航天员既要接应出舱航天员,又要监视仪表板和处理飞船可能出现的故障,易出现顾此失彼的问题。

综上所述,中国载人航天工程的实践表明,选择三舱方案作为神舟号飞船的方案是可行的、正确的。

7.1.4 神舟号飞船总体方案与返回方案的优化

在 1993 年至 1995 年在神舟号飞船方案设计阶段，对飞船的总体技术方案及返回技术方案作了进一步优化。主要优化项目为：航天员座椅相对于飞船返回舱姿态的分析与返回舱总体布局的确定，采用普通伞加开伞点风修正技术方案替代冲压式翼伞回收方案，轨道舱留轨利用的详细设计与实施，发射段大气层外救生利用飞船上的变轨发动机实现海上定区着陆的详细设计，本节仅详述前 3 项。

（1）航天员座椅相对于飞船返回舱姿态的分析与返回舱总体布局的确定

1）航天员座椅相对于飞船返回舱姿态的分析

在中国载人航天工程第一步任务的可行性论证阶段，提出了飞船回收与着陆分系统的主伞采用冲压式翼伞和普通伞两种方案。在方案设计阶段，需对这两种方案作进一步研究。

选用何种伞型和返回舱的总体布局密切相关。载人飞船的返回舱是航天员的座舱，在发射阶段和返回阶段以及应急救生过程中全部乘员都在返回舱内，在返回过程中，乘员要承受较大的过载，而航天员在各方向能承受的过载值是不相同的，因此航天员及航天员座椅在返回舱中的姿态要求是返回舱总体布局中必须考虑的首要问题。

1992 年年底至 1993 年 2 月，李颐黎在分析了联盟 TM 号飞船及阿波罗号飞船返回舱布局与各飞行阶段航天员承受过载的情况后，提出了神舟号飞船座椅相对于返回舱姿态的要求，即采用了座椅在返回舱内的方位为椅背与返回舱纵轴呈 70° 夹角的方案，如图 7 – 15 所示[2]。在图 7 – 15 中，V 为飞行速度；R 为气动力合力；L 和 D 为升力和阻力；N 和 T 为法向力和轴向力；M 为气动力矩；α_{tr} 为配平攻角；Φ 为气动力合力与人背夹角；Ψ 为气动力合力与返回舱纵轴的夹角；δ 为质心偏离纵轴的距离；X_a 和 X_g 为气动力中心和质心的坐标。这样的座椅方位使得在待发射段航天员躺在座椅上比较舒适，入轨后又便于通过光学瞄准镜观测地面，在返回时承受的过载使航天员压向座椅而不是离开座椅，且头臀方向受力与胸背方向受力之比约为 0.21，航天员在这种姿态下所能承受的过载较大，如图 7 – 16 所示[2]。

2）返回舱总体布局的确定

在航天员座椅的方位选定后，回收着陆分系统的降落伞只能布置在航天员头顶斜上方的返回舱侧壁上。神舟号飞船返回舱的总体布局如图 7 – 17 和图 7 – 18 所示[3]。

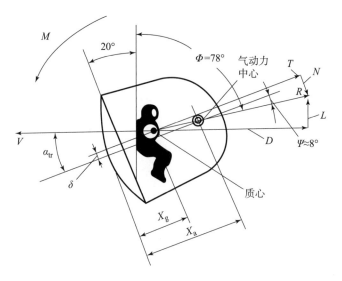

图 7 – 15　返回舱以配平攻角飞行时的气动力和中间座椅上的航天员的位置和姿态

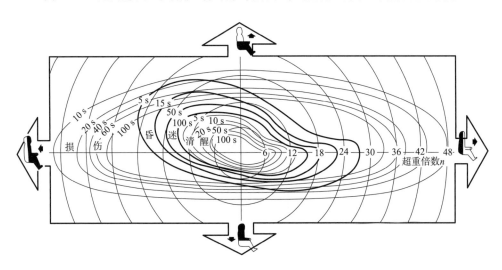

图 7 – 16　超重限制图

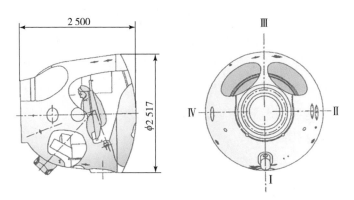

图 7 – 17　神舟号飞船返回舱总体布局（尺寸/mm）

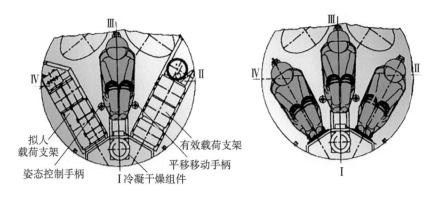

图 7 - 18　神舟号飞船返回舱座椅区布局

(左为神舟 2 号飞船状态；右为神舟 7 号飞船状态)

（2）采用普通伞加开伞点风修正技术方案替代冲压式翼伞回收方案

1）冲压式翼伞定点回收方案的研究

冲压式翼伞的控制一般是存在控制死区的，为此，李颐黎进行了研究，1989 年给出了具有死区的非比例归航控制翼伞系统的飞行轨道的计算方法。

1990 年李颐黎等应用上述方法，对飞船定点着陆方案进行了研究。将所谓飞船定点着陆定义为飞船在完成飞行任务后在预定着陆场软着陆时其着陆点散布在一个相当小的范围（即以预定着陆场中心为圆心、半径不超过 500m 的圆形区域），仿真计算实例表明：在逆风情况下，翼伞的归航能力明显不足，只有保证返回段制导精度较高，并适当选取瞄准点位置，方能实现定点着陆。

飞船系统总体与回收着陆分系统分析了采用普通伞回收和翼伞回收方案的利弊，取得了下列共识：

a）所谓翼伞回收方案，是指回收着陆分系统的主份伞的主伞采用冲压式翼伞，用于在有地面归航控制设备的主着陆场或副着陆场使用，而备份伞主伞仍用普通伞。在没有地面归航控制设备的应急着陆区，只能采用备份伞（普通伞）着陆，另外，在主份伞失效的情况下仍要采用备份伞（普通伞）着陆，主、副着陆场的着陆区也必须按备份伞（普通伞）工作状态下的着陆点散布选取，因此采用翼伞回收方案对于着陆场范围的大小与采用普通伞方案是一样的。

b）翼伞回收方案技术复杂。这一方案表明：回收着陆分系统既要研制主份伞的减速伞加主伞（翼伞），又要研制备份伞（普通伞），这对于当时中国冲压式翼伞技术储备还不足的情况来说，使回收着陆分系统负担过重，在规定时间内攻不下翼伞关键技术的风险较大。

c）冲压式翼伞回收方案对飞船总体的要求过高，由于翼伞是具有升力的滑翔

275

伞，在没有风的情况下，一般的翼伞约有 7m/s 的水平速度，虽可以在着陆前用拉下翼伞连接后缘的一组伞绳，使后缘下偏、水平速度迅速减小，实现所谓的"雀降"，但是一旦"雀降"失灵，可能导致返回舱剧烈翻滚，为避免出现这种情况，返回舱应在着陆前伸出一组滑轮，使返回舱在一片平坦的水泥地面着陆，如飞机在跑道上降落一样，但这样一组滑轮在飞船再入大气层的过程中必须缩在返回舱内，如飞机的起落架一样，这不但加大了飞船的质量，增加了飞船布局的难度，还会给返回舱防热带来不利的影响。

综上所述，在回收方案设计初期，研制人员作了上述分析后，决定放弃翼伞回收方案，而采用普通伞回收方案下的开伞点风修正技术方案。

2）普通伞回收方案下的开伞点风修正技术方案

①开伞点风修正技术方案的原理[3]

如图 7 - 19 所示，返回舱的理论着陆点为点 O，飞船的制导导航与控制分系统（以下简称 GNC 分系统）在飞船下降至 20km 左右高度时开始停止控制，再下降至约 10km 高度左右，弹伞舱盖和降落伞系统工作，如果开伞点在点 O 上空，由于开伞后的返回舱是随风漂移的，所以返回舱不会落在点 O，而落在点 P'。点 P' 与点 O 的距离一般达 10～20km。如果将 GNC 分系统设计的开伞点选在点 P 上空（POP' 为一直线，且 $PO = OP'$），GNC 分系统没有控制误差且对风场预报准确的话，那么返回舱开伞后就会落在点 O。因此，可以根据高度 10km 以下预报的风场数据（风的大小和方向随高度变化的一组数据）算出点 P 的位置，并将点 P 的位置在飞船返回前注入飞船，使飞船 GNC 分系统停控点的星下点瞄准点 P 的位置，就可以大大消除高度为 10km 以下的风场对返回舱着陆点的影响，提高飞船着陆点的精度。

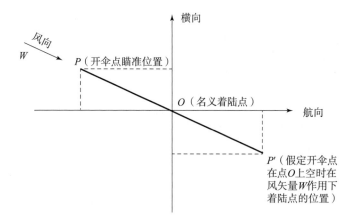

图 7 - 19　开伞点风修正技术示意图

②在普通伞回收方案下采用开伞点风修正技术的效果

在普通伞回收方案下，采用开伞点风修正技术后使返回舱着陆点精度大大提高。李颐黎提出并主持完成的神舟6号飞船开伞点风修正技术的实施就是一个成功案例。

神舟6号飞船在完成预定的5天飞行任务后，返回舱载着航天员返回，于2005年10月17日4时33分安全着陆，实际着陆点距离瞄准的理论着陆点仅1.7km，航天员费俊龙、聂海胜自主出舱。实际着陆点与理论着陆点偏差如此小的原因是飞船系统总体与GNC分系统等密切配合，通力合作，采用了风修正技术。在神舟6号飞船飞行控制准备工作中，对神舟6号飞船系统总体、GNC分系统、回收着陆分系统进行了风修正方案的演练，在实际飞行控制中对着陆场系统按计划进行了准确、有计划的测风，北京航天指挥控制中心在设计部门的配合下进行了准确的风场预报及GNC分系统的开伞点参数的注入，由于GNC分系统控制精度高，风修正技术实施准确，从而使神舟6号飞船着陆点控制得很准。[3]

（3）轨道舱留轨利用的详细设计及实施

1）轨道舱留轨利用的详细设计

神舟2号飞船至神舟6号飞船在完成轨道运行段的任务要返回前，整船向左偏航90°，然后轨道舱（含附加段）与返回舱–推进舱分离，轨道舱留在约350km高度的轨道上工作半年左右，相当于一颗卫星，这叫作轨道舱的留轨利用，轨道舱留轨过程如图7–20所示。[3]

图7–20　神舟2号至神舟6号飞船发射、运行、留轨和返回设计示意图

以下以神舟 6 号飞船为例,说明具有留轨任务的轨道舱的设计。[3~4]

在飞船自主飞行期间,轨道舱是航天员的生活舱,供航天员在轨道运行段生活、休息、睡眠等使用;飞船完成在轨飞行任务后,返回舱返回地面,轨道舱(含附加段)继续留轨运行,进行有效载荷分系统的各项试验。

根据轨道舱的功能,安排相关设备的布置。神舟 6 号轨道舱的总体布局如图 7 – 21 所示。电源分系统的左、右太阳电池阵布置在 Ⅱ、Ⅳ 象限线,发射时呈压紧状态,固定在舱壁上。2 个太阳电池阵分流调节器分别安装在 2 个太阳电池阵的三脚架上,2 个太阳电池阵驱动机构分别和左、右太阳电池阵布置在同一象限线上。推进分系统的挂舱组件(内含轨道舱推进剂贮箱)布置在 Ⅲ 偏 Ⅱ 象限线圆柱段下部,4 个发动机组均布置在圆柱段下端,作为留轨后轨道舱运动控制的执行机构。制导导航与控制分系统(GNC 分系统)的红外地球敏感器探头、数字式太阳敏感器探头、模拟式太阳敏感器探头等安装在轨道舱外表面及太阳电池阵上。轨道舱的内壁上布置了排气泄压组件、磁力矩器、轨道舱照明灯。轨道舱内两侧的安装板上布置如下设备:

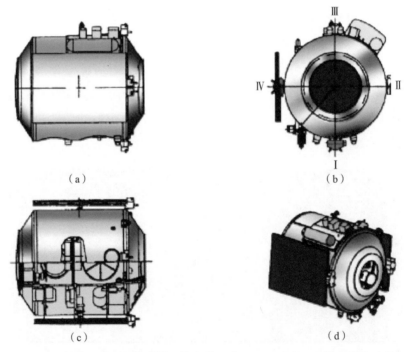

(a) (b) (c) (d)

图 7 – 21 神舟 6 号飞船轨道舱总体布局图 [(b) 图略去了一块太阳电池阵]

a)环控生保分系统的大小便收集装置、尿液贮箱、除臭装置、冷凝干燥组件、环控检测装置、传感器组件等;

b)乘员分系统的食品加热器、人体代谢参数检测设备;

c)电源分系统的留轨电源中心控制器、镉镍电池、留轨电源驱动器;

d）数据管理分系统的中央单元以及远置单元；

e）供配电分系统的火工控制装置；

f）GNC 分系统的陀螺线路、姿态轨道控制器及其接口装置、动量轮、轨道舱太阳敏感器线路等；

g）测控与通信分系统的遥控解调器、统一 S 波段测控应答机等；

h）有效载荷分系统的二次电源、精确接收机等。

结构与机构分系统的火工分离推杆和轨道舱与返回舱的连接分离装置等位于轨道舱的后端部。

轨道舱直径 2 250mm、长度 2 800mm。轨道舱 I 象限线附近有一个圆形的舱门，用于航天员进出轨道舱。在发射前，航天员先进入运载火箭的整流罩舱门，再由轨道舱舱门进入轨道舱，最后由返回舱舱门（在返回舱和轨道舱之间）进入返回舱，坐在指定的座椅上。

除轨道舱和返回舱可以安装空间应用系统的有效载荷外，轨道舱的前段有一附加段，用于安装空间应用系统的有效载荷。

2）轨道舱留轨利用实施效果

神舟 2 号至神舟 6 号飞船轨道舱在留轨利用中，留轨舱工作正常，均正常工作半年左右时间，为中国载人航天工程第一步任务的空间应用系统完成大量空间应用试验创造了良好的条件，现列举一些典型的试验项目如下：[2]

在神舟 2 号飞船的轨道舱留轨利用期间，进行了空间天文观测和空间环境监测等试验，获取了大量的试验数据。

在神舟 3 号飞船的轨道舱留轨利用期间，进行了对地遥感应用试验、空间环境监测和地球环境监测试验。空间环境监测获得了十分有价值的空间大气环境数据，地球环境监测也取得了初步成果。

在神舟 4 号飞船留轨期间，轨道舱的空间环境探测仪器实时监测结果对研究空间天气的变化规律和对飞船的影响，以及开展空间天气预报都十分重要。

在神舟 5 号飞船的轨道舱和附加段装有一些参试设备，如微重力测量仪、高能电子探测器和高能质子重离子探测器等。在轨道舱留轨运行 6 个月期间，先后进行了一系列空间环境监测和空间定位等科学试验、科学探测与研究，获取了一批具有国际领先水平的科学和应用成果，全面提升了我国空间科学研究和技术发展的水平。

应该指出的是，轨道舱留轨利用不但使空间应用项目取得成果，而且试验了高度为 200~400km 长期运行的航天器技术。例如，在该高度上含有原子氧等粒子的空间环境长期作用于太阳电池阵，有可能对其发电效率有不利的影响。

因此，轨道舱留轨利用也为建立比较长期的低轨运行的空间实验室积累了经验。

7.1.5 神舟号飞船与联盟 TM 号飞船的比较

如前所述，神舟号飞船经过概念研究、可行性论证、方案设计、初样研制和正样研制阶段的演变和优化日臻完善，技术水平达到了 20 世纪 90 年代俄罗斯的联盟 TM 号飞船的水平，有些技术水平还超过了联盟 TM 号的水平，中国载人航天工程第一步和第二步任务的正样阶段的神舟号飞船与联盟 TM 号飞船技术水平的比较如表 7－2 所示。[4]~[6]

表 7－2　神舟号飞船和联盟 TM 号飞船技术水平的比较

序号	项目	单位	联盟 TM 号	神舟号	说　明
1	乘员人数	人	3	3	相同
2	飞船总质量	kg	7 070	7 800	长征 2F 号运载火箭的运载能力大于发射联盟 TM 号飞船的联盟号运载火箭的运载能力，使神舟号飞船的尺寸和质量可大些
3	返回舱的最大直径	m	2.2	2.5	神舟号飞船返回舱的体积较大，使航天员乘坐更舒适
4	返回舱的长度	m	2.2	2.5	
5	返回舱外形		半锥角为 7° 的钟形	半锥角为 7° 的钟形	升阻比约为 0.2，在固定返回舱最大直径和长度后，取较小的半锥角（7°）可使返回舱容积较大
6	再入方式		正常状况下采用半弹道式再入，故障状况下采用弹道式再入	正常状况下采用半弹道式再入，故障状况下采用弹道式再入	相同
7	再入过载	g_n	3~4	3~4	相同
8	回收方式		整舱回收	整舱回收	相同
9	着陆方式		普通降落伞＋着陆缓冲发动机	普通降落伞＋着陆缓冲发动机	神舟号飞船在可行性论证阶段主份伞主伞采用翼伞回收方案，在方案设计阶段改为普通降落伞＋着陆缓冲发动机回收方案

序号	项目	单位	联盟 TM 号	神舟号	说　明
10	着陆精度		着陆点散布区为半径 30km 的圆（3σ 偏差）	优于联盟 TM 号飞船。神舟 6 号飞船着陆点偏差 1.7km	神舟号飞船着陆点精度优于联盟 TM 号飞船的原因是： 1）神舟号飞船 GNC 分系统 10km 高度点的位置控制精度优于联盟 TM 号飞船； 2）神舟号飞船采用了开伞点风修正技术
11	轨道舱可否留轨利用		否	可以	已在神舟 2 号至神舟 6 号飞船上成功实施，多项空间应用项目取得成果，并为建立空间实验室奠定了基础
12	太阳电池阵可否绕单轴转动		否	可以	1）联盟 TM 号飞船需要太阳电池阵充分发电时，只能整船对日定向； 2）神舟号飞船由于太阳电池阵可绕单轴转动，如果太阳基本在轨道面内，在飞船船体需要对地定向（如需对地遥感）时，太阳电池阵可同时对太阳定向（保证太阳电池阵正常发电）
13	发射段大气层外救生时，可否利用飞船的发动机实现定区溅落		否	可以	发射段大气层外救生时，神舟号飞船可以利用飞船发动机的推力调整海上溅落点，海上溅落区长度由 5 000km 多，缩小至总长约 2 000km 的 A 区、B 区和 C 区，节约了打捞船的数量和投资
14	可否作为空间站或空间实验室的天地往返运输系统		可以	可以	1）通过神舟 8 号与天宫 1 号的成功交会对接，掌握了无人自动交会对接新技术； 2）通过神舟 9 号和神舟 10 号与天宫 1 号的交会对接，掌握了自动交会对接和手控交会对接新技术； 3）通过神舟 11 号与天宫 2 号的交会对接，掌握了在三天回归轨道的交会对接新技术和航天员中期驻留技术

注：表 7-2 中 g_n 为标准地面重力加速度；表中联盟 TM 号飞船的数据引自参考文献［4］；神舟 8 号飞船的起飞质量为 8 082kg，神舟 9 号飞船的起飞质量为 8 130kg，神舟 11 号飞船的起飞质量为 8 000kg。

7.1.6　飞船返回总体技术与返回轨道技术的关键技术攻关[7]

在初期试验状态的神舟号飞船的方案阶段，飞船系统确定了13项院级关键技术，只有完成了这13项院级关键技术的攻关，飞船系统才能够从方案阶段转入初样阶段。飞船系统总体的关键技术名称是"飞船返回总体技术与返回轨道技术"，该技术攻关的负责人是飞船的总体副主任设计师兼应急救生系统主任设计师李颐黎。

（1）关键技术的难点

由于我国神舟号飞船技术水平起点高，要求正常返回时再入过载峰值不大于4g，着陆精度优于俄罗斯联盟TM号飞船的着陆精度，且在返回过程中航天员的安全度不小于0.997。因此对飞船的返回总体及返回轨道设计提出了严格的要求。

（2）攻关的经过及取得的成果

飞船返回舱的质心位置和惯性积是保证返回舱实现以配平攻角稳定飞行的重要参数，而返回舱的质量特性又受到总体布局（包括座椅方位、伞舱位置、仪表布置等）的影响。1992年年底至1993年2月，李颐黎在分析了联盟TM号飞船及阿波罗号飞船返回舱布局与航天员的受力后，提出了神舟号飞船座椅相对于返回舱姿态的要求，即采用了座椅在返回舱内的方位为椅背与返回舱纵轴呈70°夹角的方案。这样的座椅方位使得在待发射段航天员躺在座椅上比较舒适；入轨后又便于通过光学瞄准镜观测地面，返回时承受的过载使航天员压向座椅而不是离开座椅，且头臀方向的受力与胸背方向受力之比约为0.21，比例比较合适（详见7.1.4节）。1993年4月至6月，王汉泉、单志祥分别编写了有关载人飞船回收伞型及返回舱总体布局方面的报告，明确了在返回舱的座椅方位按上述值确定后，伞舱应布置在航天员的头顶上方，在返回舱壁上采用普通圆伞方案。随后经过了方方等人的研究，在对飞船返回舱具有一定升阻比的要求下，提出返回舱质量特性应满足条件。在返回舱布局过程中首先进行载人飞船标准状态的布局，在布局后立即对质量特性进行计算并将计算结果反馈给总体布局人员，如此反复几次后，得出既满足质量特性要求又满足航天员需求的总体布局。1993年10月，张柏楠完成了载人飞船质量分析，1994年2月，王卫东完成了返回舱总体布局图。1995年2月，调整了返回舱总体布局和总体特性，为飞船返回运动控制设计提供了必要的条件。

在飞船返回轨道设计中需要考虑风对返回轨道的影响。在1993年7月前，在神舟号飞船返回轨道设计计算中没有考虑风对返回轨道的影响，过去在我国返回式卫星轨道设计中也未考虑此影响。根据国外航天专家的介绍，必须考虑此影响。为此，李颐黎经过潜心钻研，于1993年7月完成了《有风情况下载人飞船返回轨道的计算方案》的研究报告。该报告给出了有风情况下升力控制式载人飞船返回轨道的精确计算方法，其中返回舱飞行段采用了第二舱体坐标系（即控制坐标系），并在该坐标系中给出了绕质心的动力学方程，从而便于在工程上使用。该研究报告收录在参考文献［8］中，如图7-22所示。该项研究报告完成后于1993年7月提供给国防科学技术大学自动控制系飞行动力学与试验分析研究室，对该研究室完成课题研究起了重要作用。1994年11月该研究室完成了"返回轨道设计、计算和GNC分系统工作结束时星下点位置精度分析"课题，并通过了北京空间飞行器总体设计部的评审和验收。

图7-22　李颐黎著《航天器返回与进入的
轨道设计》一书封面

在飞船的方案设计阶段，王宝兴、吴静等对神舟号飞船返回轨道设计进行了改进。1994年6月，北京空间飞行器总体设计部提出，制导导航与控制分系统的设计人员同意将轨道舱分离前的第一次返回调姿从俯仰调姿改为偏航调姿，从而在调姿过程中仍可满足测控条件，而且轨道舱分离后不会与飞船发生碰撞。从方案设计阶段起采用以再入角为特征量建立的制动发动机关机方程可以使着陆点精度满足要求。因此,对正常返回可不设计多基准返回轨道。

经过两年的夜以继日的各方专家和设计人员群策群力的攻关,1995年3月,研究人员终于完成了"飞船返回总体技术与返回轨道技术"这一关键技术项目的攻关。2000年11月,"神舟号返回方案与轨道设计及飞船返回总体技术与返回轨道技术攻关"项目荣获国防科学技术奖二等奖。

7.2 神舟号载人飞船的应急救生分系统[3][9]

7.2.1 初期试验状态的神舟号飞船应急救生分系统的任务和特点

飞船应急救生(以下简称救生)的任务是在载人航天飞行任务的各个阶段出现致命性故障时,使航天员迅速脱离危险区并及时返回地面,实施自救或营救,以保障航天员的生命安全。

航天员安全度是指在某次载人飞船飞行任务的全过程中保障航天员不发生伤亡事故的概率。飞船应急救生的任务指标一般是保证航天员安全度不低于0.997。

载人飞船飞行任务的全过程可以分为待发射段、发射段、轨道运行段、返回段和着陆后等待段,共5个阶段。载人飞船应急救生的特点是:在载人飞船的发射段和返回段出现致命性故障的概率较大,而且一般都是紧急故障,必须及时采取措施方能保证航天员的安全。而轨道运行段(简称运行段)出现致命性故障的概率较小,而且一般紧急程度较低,可以采用提前返回的办法对航天员实施救生。实际上,载人飞船是根据任务情况和危险程度,结合载人飞船的特点分段解决应急救生问题的。

初期试验状态的神舟号飞船应急救生分系统的任务如下:

a) 设计出应急救生的总体方案及轨道方案;

b) 设计出飞船的故障模式及对策;

c) 设计出与运载火箭系统的救生接口关系;

d) 设计出与飞船总体及其各分系统的救生接口关系;

e) 研制出飞船应急救生分系统的飞船逃逸控制器。

神舟号飞船的应急救生分系统的首任主任设计师是李颐黎。

7.2.2　神舟号飞船应急救生分系统的方案

（1）待发射段及发射段大气层内救生方式的选择

载人飞船在待发射段（简称待发段）的危险主要来自运载火箭的爆炸和倾倒，发射段的危险主要来自运载火箭的爆炸、推力丧失或姿态失稳。这两个阶段的危险区域大、时间紧迫，安全救生的关键是脱险。采用弹射座椅是一种解决飞船在待发射段和发射段、低空救生的可行方法。美国的双子星座飞船和苏联的东方号飞船均选用了弹射座椅作为航天员的逃逸救生手段。

弹射座椅也是航天员平时乘坐的座椅。一旦出现致命性故障，可打开舱口，启动弹射座椅，由安装在弹射座椅上的火箭弹射筒将弹射座椅及其上的航天员快速弹出舱外，并呈上升飞行状态。接着，由人椅分离器将人椅分离，然后打开降落伞，航天员乘降落伞着陆。

1）采用弹射座椅的优点

a）可以借鉴战斗机的弹射座椅救生技术；

b）救生手段主要涉及载人飞船系统，对运载火箭的影响较小；

c）在载人飞船返回到达低空时，如遇到着陆系统发生故障，弹射座椅仍可以提供救生能力。

2）弹射座椅救生也有较严重的缺点

a）由于弹射座椅为敞开式结构，在逃逸过程中座椅仅对航天员身躯提供支撑，对四肢和头部提供约束，但不能防御超压的作用、气流的冲刷和气动热的伤害，航天员只能靠密闭头盔和航天服给予保护，因此，防御能力较弱，例如双子星座飞船发射段弹射座椅在实际使用时仅被限制在 4.5km 以下的飞行高度，不能提供发射段的全弹道救生；

b）由于座椅要弹射出舱，这就要求座舱留有通道和在舱壁上开舱门口，这将使飞船的结构复杂化，质量也相应增加。所以对于可载有超过 2 名航天员的飞船来说，弹射座椅方案在工程上很少采用。美国的阿波罗号飞船、苏联的联盟号飞船和中国的神舟号飞船均采用了逃逸飞行器救生方案。

（2）在待发射段出现致命性故障时的救生方案

神舟号飞船在待发射段出现致命性故障时，采用应急撤离或发射台逃逸救生两种方法。

待发射段的应急撤离是指从发射前航天员进舱起到火箭起飞前为止，一旦出现致命性故障，通过对航天员的应急撤离，保障航天员的安全。应急撤离的一般程序如下：航天员先打开返回舱舱门，按预定顺序出返回舱、进轨道舱，打开轨道舱压力平衡阀，打开轨道舱舱门，然后出轨道舱舱门和整流罩舱门，到达逃逸滑道口，如图7-23所示，航天员使用逃逸滑道到达地面，进入地下掩体，完成应急撤离。上述撤离程序需由发射塔架上的工作人员配合完成。

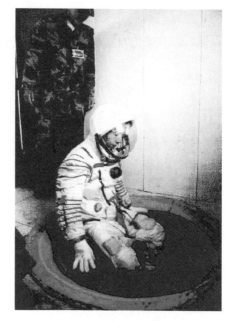

图7-23　航天员进行应急滑道紧急撤离训练

发射台逃逸救生是指从发射前约30min起到起飞前具备逃逸救生条件，又称作零高度逃逸救生或发射台应急救生。这一阶段的救生方案与发射段大气层内有塔（逃逸塔）逃逸飞行器救生方案相同［见7.2.2节］。

（3）在发射段出现致命性故障时的救生方案

神舟号飞船在发射段采用3种救生方式：大气层内有塔逃逸飞行器救生方式、大气层内无塔逃逸飞行器救生方式及大气层外整船救生方式。

发射段大气层内有塔逃逸飞行器救生方式是指从火箭起飞到起飞后120s抛掉逃逸塔为止，一旦出现应急情况采用的飞船救生方式。有塔逃逸飞行器（或称有逃逸塔飞行器）的组成如图7-24所示。

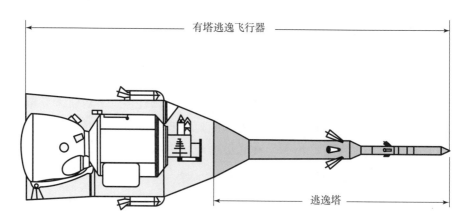

图7-24　有塔逃逸飞行器的组成

有塔逃逸飞行器由逃逸塔、上部整流罩、高空逃逸发动机、高空分离发动机、栅格翼、上下支撑机构、灭火装置、飞船轨道舱和返回舱组成。而逃逸塔又由逃逸主发动机、控制发动机、分离发动机、配重等组成。

发射段大气层内的无塔逃逸飞行器的救生方式是指从火箭起飞后 120s 抛掉逃逸塔时起至 200s 时抛掉整流罩之前，一旦出现紧急情况下的救生方式。无塔逃逸飞行器的组成如图 7 - 25 所示。无塔逃逸飞行器的组成除了不包含逃逸塔外，其余与有塔逃逸飞行器相同。

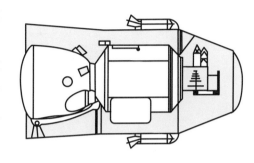

图 7 - 25　无塔逃逸飞行器的组成

（4）发射段抛整流罩后救生的飞行程序

神舟号飞船发射段正常的飞行程序是在起飞后 200s 时抛掉整流罩，这时飞船已暴露在外层空间中，此后一直到船箭分离、飞船入轨之前，一旦运载火箭出现致命性故障（如发动机推力消失等），则采用发射段抛整流罩后的救生的飞行程序（又称作发射段大气层外救生的飞行程序）对航天员实施救生。

发射段大气层外救生的工作模式分为 4 种，即模式 V ～模式Ⅷ（模式 I ～模式Ⅳ是发射段大气层内救生的工作模式）。模式 V 只采用增大船箭分离速度的措施，不采用其他变轨手段，使飞船当圈在国内陆地上着陆；模式Ⅵ是采用变轨手段使飞船当圈在国内陆上或海上指定的总长度为 2 200km 的 3 个区域之一着陆；模式Ⅶ是采用让飞船加速的措施，使飞船进入一条近地点高度不小于 160km、理论轨道寿命小于 29 圈的非正常轨道，并于第 2 圈经返回制动，使飞船返回，在四川地区着陆；模式Ⅷ是通过让飞船加速，使飞船进入一条理论轨道寿命不小于 29 圈的非设计轨道，并于第 14 圈或其后制动返回，飞船着陆在内蒙古自治区东部的主着陆场附近。

发射段抛整流罩后的应急救生模式Ⅵ的飞行程序（见图 7 - 26）如下：

图 7 - 26 中的序号 1、2、3、4、5、6 代表的飞行动作如下：

1——运载火箭关机，飞船与运载火箭分离，飞船变轨发动机工作 10s，增大船箭分离速度。

2——飞船调整到所需变轨姿态，变轨发动机点火。

3——飞船的变轨发动机关机。

4——在飞船下降到约 140km 高度时，飞船轨道舱与返回舱分离，推进舱与返回舱分离。

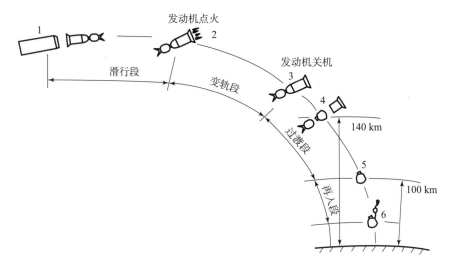

图 7－26　发射段抛掉整流罩后的应急救生模式Ⅵ的飞行程序

5——调整返回舱姿态，使返回舱下降到 100km 高度时的姿态符合设计要求，当过载达到 0.04g 后，返回舱采用全升力开环控制方式再入大气层。

6——在距地面约 10km 高度，返回舱抛伞舱盖，此后返回舱以与正常回收着陆段相同的飞行程序着陆。

由于救生模式Ⅵ采用了变轨技术，从而使返回舱海上应急着陆区总长由 6 000km 减小至 2 200km，这就简化了海上搜救工作，为降低搜救成本创造了条件。

（5）神舟号飞船的故障模式及对策

对神舟号飞船的故障模式及对策在飞船发射前就要一一作出预案。现以神舟 4 号飞船太阳帆板未能展开的故障为例来说明。

神舟号飞船入轨后，太阳能电池帆板如果发生故障而未能展开，飞船的电力将严重不足。设计人员对这种故障模式和对策进行了研究，并提出了相应的处理方法。例如，对神舟 4 号飞船太阳能电池主帆板（即推进舱上安装的帆板）及轨道舱上安装的太阳能电池帆板展开的各种状况（共 16 种状况）进行了细致的研究，给出了太阳能电池帆板展开故障与主帆板对日定向故障处理方法，可以根据故障状态确定是否需要降低飞船负载，以及确定是否需要飞船提前返回，如表 7－3 所示。

（6）神舟号飞船用弹道式再入返回的方案

当神舟 5 号至 7 号飞船出现下列紧急情况之一时，采用弹道式再入返回地面：

a）在抛掉逃逸塔之后至抛掉整流罩之前的发射段，运载火箭出现致命性故障，可当圈返回；

表 7 - 3　神舟 4 号飞船太阳能电池帆板展开故障与主帆板对日定向故障处理方法

序号	1	2	3	4	5	6	7	8	9	10	11	12	13	14	15	16
帆板状态 — 主帆板展开数目	0	0	0	1	1	1	1	2	2	2	2	2	2	2	2	2
帆板状态 — 主帆板能对日定向的数目	0	0	0	0	1	1	1	0	0	0	1	1	1	2	2	2
帆板状态 — 轨道舱帆板展开数目	0	1	2	0	0	1	2	0	1	2	0	1	2	0	1	2
应急方案 — 提前返回的时刻	第2圈	第2圈	(第1~14天)第1圈	(第1~14圈)第1圈	(第1~14圈)第1圈	(第1~14天)第1圈	第2~4天	第2~4天或第7天	第2~4天或第7天	第2~4天	第2~4天	第2~4天	第2~4天	第7天	第7天	第7天
应急方案 — 降低负载或不降低	不降低	不降低	降低	降低	不降低	不降低	降低	降低	降低	降低	降低	降低	降低	不降低	不降低	不降低
应急方案 — 需要整船对日定向或不需要	不需要	不需要	不需要	需要	不需要	不需要	不需要	需要	需要	需要	不需要	不需要	不需要	不需要	不需要	不需要

b）在轨道运行段，飞船出现应急情况，导致航天员启动自主应急返回程序；

c）在轨道运行段，发现飞船的 4 个加速度计中至少有两个出现故障，导致不能采用半弹道式再入控制情况；

d）当在轨道运行段终点事件（轨道舱与返回舱分离）出现之前，飞船出现应急故障，导致航天员必须采用手控半自动返回模式返回。

神舟号飞船弹道式再入段飞行程序是：返回舱与推进舱分离，返回舱调至配平攻角状态，返回舱绕控制轴 OX_2（与纵轴成夹角为 20° 的轴）起旋（起旋角速度为 12.5°/s），下降至 20km 高度时返回舱消旋。

采用弹道式再入的优点是再入方式比较简单，便于在许多紧急状态下使用；缺点是再入过载较大（可能达到 7～18g），返回舱着陆点散布范围大。

（7）神舟号飞船提前或推迟返回的方案

从飞船入轨起至入轨后约 20min，一旦发现飞船出现致命性故障（如太阳能电池帆板均未展开）或飞船入轨轨道高度过低，则可以实施第 2 圈应急返回，返回舱着陆在四川地区。

从飞船入轨起至飞船运行段返回准备程序注入前约一天，一旦出现紧急故障，如太阳能电池帆板未按预定情况展开、损失部分电源时，视具体情况可能提前 1 天、2 天、3 天或 4 天（当飞船计划正常飞行 5 天时）返回，在主着陆场附近着陆。

从飞船入轨起至返回制动 20s 之前，当飞船出现严重故障，又不能在预定的返回时刻前排除该故障时，或飞船制动发动机工作 20s 前出现故障，则可以采取推迟 1 天或 2 天返回的方法，在主着陆场附近着陆。

（8）神舟号飞船实现在轨自主应急返回的方案

神舟 5 号至神舟 7 号飞船在轨道上运行，一旦出现某些致命性故障（如电源分系统发生故障，导致电源只能再维持 6 小时工作，或返回舱出现失压），则可以按照与故障模式相对应的自主应急返回程序，在 6 小时内实现自主应急返回。飞船返回舱将以弹道式再入返回，选择预先设计的国内外 9 个运行段应急着陆区中的一个进行着陆。神舟 5 号到神舟 7 号飞船需根据在飞船的运行段实测轨道推算未来自主应急返回参数，并将其注入飞船，以便一旦自主应急返回时使用。神舟 5 号到神舟 7 号飞船的自主应急返回参数均注入正常、正确。当然，由于神舟 5 号到神舟 7 号飞船实际未出现应急情况，所以在轨自主应急返回是备而未用。

（9）神舟号飞船实施航天员手控半自动返回的方案

神舟 5 号至神舟 7 号飞船，从飞船入轨后到飞船第一次返回调姿前，一旦出现下列情况之一，可以采用航天员手控半自动返回的方案：

a）飞船的数管分系统失效，导致数管分系统的指令不能发出；

b）飞船的制导导航与控制分系统的主控制器和辅助控制器同时失效；

c）飞船姿态控制用陀螺或地球红外敏感器出现严重故障，导致不能自动实施姿态控制。

航天员手控半自动返回是在地面飞行控制的支持下，由航天员启动手控半自动返回程序后实施的，返回舱着陆在主着陆场附近。

神舟号飞船上天之前，航天员、飞船和地面（简称人船地）对航天员手控半自动返回的飞行程序会进行多次综合演练和测试，为应急状况下实施救生做好充分和可靠的准备。

7.2.3 长征 2F 号运载火箭 – 神舟号飞船零高度逃逸救生飞行试验

（1）发射台救生的飞行程序

在神舟号飞船的发射准备过程中，长征 2F 号运载火箭竖立在发射台上。从航天员进入运载火箭上面的神舟号飞船起，至运载火箭起飞前，一旦运载火箭发生致命性故障，而航天员又来不及紧急撤离时，则在具备逃逸的条件下采用发射台逃逸救生方式（又称作零高度逃逸救生方案）实施救生，发射台救生的飞行程序如图 7－27 所示。图 7－27 中的序号 1、2、3、4、5、6、7 代表的飞行动作如下：

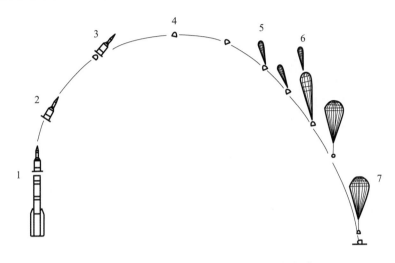

图 7－27　神舟号飞船发射台救生的飞行程序

1——逃逸飞行器与故障运载火箭分离（包括发出中止飞行信号，火箭主发动机应急关机、接通逃逸飞行器灭火系统、实现返回舱与逃逸飞行器的刚性连接、推进舱上分离密封板分离、返回舱与推进舱解锁、逃逸主发动机点火、上下整流罩对接面解锁、栅格翼打开）。

2——逃逸飞行器逃逸（包括逃逸主发动机继续工作，1 台控制发动机点火，以控制逃逸飞行器转弯）。

3——返回舱与逃逸飞行器分离（包括返回舱与轨道舱分离，逃逸塔上的 4 台分离发动机点火，以提高返回舱与逃逸飞行器的分离速度）。

4——返回舱自主飞行到弹道顶点。

5——返回舱进入下降段时抛伞舱盖，伞舱盖抛离时拉出引导伞，引导伞分离时拉出减速伞，减速伞工作。

6——减速伞分离，拉出主伞。主伞工作，下降过程中抛防热大底，主伞由单点吊挂改为两点垂直吊挂。

7——距地面约 1m 高度时，伽马高度控制器给出信号，点燃着陆反推发动机，返回舱着陆。

（2）长征 2F 号运载火箭－神舟号飞船零高度逃逸救生飞行试验

1998 年 10 月 19 日 9 时 30 分，在酒泉卫星发射中心进行了长征 2F 号运载火箭－神舟号飞船零高度逃逸救生飞行试验。试验模拟了真实飞行的程序，返回舱着陆点准确，试验取得圆满成功，如图 7 - 28 和图 7 - 29 所示。从图 7 - 29 可见，返回舱的实际落点既在当日 6 时 37 分预报的着陆点散布区内，也在当日 8 时 30 分预报的着陆点散布区内。这次飞船的零高度逃逸救生飞行试验的救生轨道（即飞船返

（a）   （b）

（c）   （d）

（e）

图 7 - 28　零高度逃逸救生飞行试验实况

（a）神舟号飞船与整流罩组装；（b）检查组装后的逃逸飞行器；（c）逃逸发动机点火发射；

（d）返回舱与逃逸飞行器分离；（e）神舟号飞船返回舱打开主伞

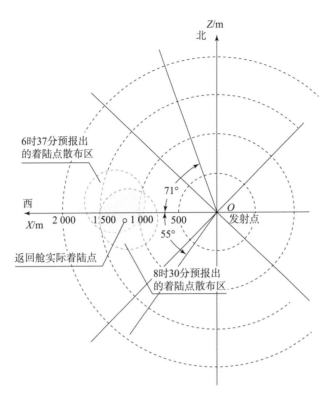

图 7 – 29 零高度逃逸救生飞行试验的返回舱预报
着陆点散布区与实际着陆点

回舱从逃逸飞行器分离后至返回舱着陆的轨道）是由飞船系统的张书庭、李颐黎完
成计算和预报的。

7.2.4 飞船应急救生分系统的关键技术攻关[9]

"飞船应急救生轨道与接口分析"是飞船应急救生分系统的关键技术攻关项目，
该关键技术攻关项目的负责人是飞船应急救生分系统主任设计师李颐黎。飞船应急
救生分系统是执行"一旦出现重大故障（飞船系统）在其他系统配合下能保证航
天员生命安全"的主要分系统之一，是具有飞船救生总体性质的一个分系统。

（1）关键技术难点

1）要求高

根据中国载人飞船工程的总体要求，在航天飞行任务中，航天员的安全度不小
于 0.997。因此，必须考虑待发射段、发射段、运行段和返回段的多种应急状态及
其救生模式。发射段要考虑应急救生全弹道救生，即发射段的任何时刻一旦运载火

箭出现致命性故障，都要采取应急救生方法，确保航天员生命安全。

2）涉及面广

飞船系统在发射段大气层内的应急救生任务，只负责飞船返回舱从逃逸飞行器中分离后的任务，而出现运载火箭故障后的运载火箭逃逸任务由运载火箭系统负责。因此，飞船应急救生分系统与运载火箭的逃逸系统和故障检测系统接口多，接口关系复杂。飞船应急救生轨道也与运载火箭的逃逸弹道关系密切。

3）技术储备少

过去的曙光号飞船待发射段及发射段的救生方式为弹射座椅救生，而神舟号飞船的救生方式为逃逸塔救生方式，因此缺乏技术储备。

4）技术新

中国过去已搞成的卫星都是不载人的，没有应急救生分系统，而应急救生分系统是只有载人航天才有的一个全新的分系统，技术新。

（2）关键技术攻关过程取得的成果

1993 年 1 月 25 日，李颐黎完成了课题名称为"飞船应急救生方案"的飞船系统攻关课题立项报告。该报告规定本项目包括零高度状态、发射段大气层内状态、发射段大气层外状态和轨道应急状态四种状态的应急救生。每种状态中又针对不同情况，需制定多种应急救生模式。后该课题名称改为"飞船应急救生轨道与接口分析"。

该课题攻关工作受到了各级领导的重视，如 1994 年年初中国航天工业总公司科技委在载人飞船方案论证评审意见中指出，"要进一步分析研究和明确飞船系统的关键项目，如……逃逸救生问题……均应抓紧攻关工作。"

1）船箭系统的研究单位紧密合作，攻克了发射段大气层外状态应急救生这一关键技术难题

1994 年 1 月中国航天工业总公司中国运载火箭技术研究院北京宇航系统工程研究所向中国空间技术研究院北京空间飞行器总体设计部提供了长征 2F 号运载火箭方案阶段弹道数据。1994 年 2 月中国运载火箭技术研究院北京宇航系统工程研究所向中国空间技术研究院北京空间飞行器总体设计部提供了《长征 2F 号运载火箭方案正常偏差弹道计算》一文，该文是按定时偏差（即对应于某一个固定时间的弹道参数偏差）计算出的结果。计算结果表明：按定时偏差计算的弹道偏差太大，不能满足发射段大气层外应急救生的设计要求。经过李颐黎、魏协元等研究，提出发射段大气层外应急救生采用定速偏差（即对于某一个固定速度的弹道参数的偏差），获得北京宇航系统工程研究所的同意和支持，较好地设计出了发射段大气层外应急救生轨道，攻克了这一技术难题。

2）发挥各家优势，研制出可靠的、实用的发射段应急救生轨道软件

在方案设计阶段，必须研制出相当繁杂的飞船发射段6自由度应急救生轨道设计计算软件，才能完成此项攻关任务。攻关组成员经过长期的调研和协调，由李林藩于1994年7月正式编写出《发射段大气层内应急救生程序及轨道设计、计算用初始数据（方案设计阶段）》，李鹰与北京宇航系统工程研究所进行了大量技术协调工作，对确定逃逸与救生的接口提出了有益的分析，为设计、计算应急救生轨道软件的研究准备了条件。1994年7月16日至17日，由北京空间飞行器总体设计部飞船室领导主持召开了"返回轨道设计、精度分析以及应急救生轨道设计阶段工作汇报会"，国防科学技术大学贾沛然教授等、北京航空航天大学韩潮副教授等汇报了发射段大气层内应急救生轨道设计、发射段大气层外应急救生轨道设计和运行段应急救生轨道设计；该项软件复杂，仅发射段大气层内应急救生轨道设计及其演示软件就包含了一万多条语句。将两单位及北京空间飞行器总体设计部设计、计算的结果对比后，攻关组认为三家计算结果相吻合。之后，该项软件正式通过验收。两所大学老师完成的应急救生轨道设计软件对我国神舟号飞船方案阶段完成发射段和运行段应急救生轨道设计起了重要的作用。

3）经众人精心考证，运行段应急救生方案诞生

在飞船运行段一旦出现致命性故障，飞船必须尽快返回到应急着陆区。应急着陆区选择的准则是什么？应急着陆区具体应选择哪些区域？这成了应急救生问题的焦点。1994年年初至1995年年初，李颐黎、戴超、吴静、张建等通过认真研究提出了建议。他们首先计算出飞船在正常飞行状态下的星下点轨迹，同时借来世界地图集，从世界各国地图上精心选择那些地形、地貌条件较好的区域作为应急着陆区。之后他们又与着陆场系统进行认真的反复研究，最终在1995年2月的载人飞船工程"关于飞船总体技术状态、副着陆场及运行段应急救生区选取意见"协调会上取得了一致的意见，运行段的应急救生轨道及应急着陆区的选择初步得以确定。

7.3　神舟号载人飞船的回收着陆分系统[3]

7.3.1　神舟号载人飞船回收着陆分系统的任务

神舟号载人飞船回收着陆分系统的首要任务，就是将返回地球大气层的返回

舱，通过降落伞分系统稳定运动的姿态、降低下降速度，最后采用着陆缓冲等手段，保证航天员安全着陆。其次，回收着陆分系统在返回舱应急返回或在发射台上发生意外事故时，也要保证航天员安全着陆。

此外，回收着陆分系统要求设有无线电、闪光和海水染色等标位装置，使其着陆（或水上溅落）后能提供返回舱的位置信息，以便搜救人员迅速发现目标。倘若返回舱在水上溅落，则要求在返回舱上设置防止海水灌入主伞舱的排水装置，使返回舱保持竖立漂浮姿态，以便航天员出舱。

神舟号飞船的回收着陆分系统的首任主任设计师是李惠康。神舟 1 号～神舟 5 号飞船的回收着陆分系统的主任设计师是李惠康。神舟 6 号及神舟 7 号飞船的回收着陆分系统的主任设计师是高树义。神舟 8 号飞船的回收着陆分系统的主任设计师是荣伟。神舟 9 号至神舟 11 号飞船的回收着陆分系统的主任设计师是吴世通。

7.3.2 神舟号载人飞船回收着陆分系统的方案

（1）神舟号飞船回收着陆分系统的工作特点和设计原则

1）神舟号飞船回收着陆分系统的工作特点

a）有非常宽广的使用范围。回收着陆分系统不仅要适应返回舱在正常返回状态下的工作条件要求，还要适应轨道运行段应急返回和发射段各种逃逸救生状态的要求。回收着陆分系统的适用范围（即弹射伞舱盖时允许的返回舱飞行参数的范围）：相对地面高度 1 300 ~ 12 000m，速度在 220m/s 以下，动压在 10 000Pa 以下。

b）程序和动作的不可逆性和自动性。回收着陆分系统的工作过程是由一系列按特定程序依次进行的动作组成的，程序动作一旦开始，就按预定的次序进行下去，直至返回舱着地。如果在中途出现故障，不可能将程序暂停，也不能将动作复演。在整个着陆程序中，如果有某一个程序动作失效，就有可能导致着陆失败。因此，要求回收着陆分系统必须具有很高的可靠性。为了提高分系统的可靠性，当回收着陆分系统有些预定环节出现故障时，必须能够自动判出故障，主动切换到备份系统的工作状态。

c）对回收着陆分系统的质量、体积、开伞动载、着陆速度及姿态等技术指标限制条件极其严格。

d）回收着陆分系统复杂，新技术含量比较高。

因此，回收着陆分系统从方案设计开始，就必须遵循航天器特点和设计原则，按可靠性工程要求进行设计和分析，制定出合理的设计方案。

2）具体的设计原则

a）要分析研究回收着陆分系统的每一个组成部分可能存在的故障模式，并确定各个故障模式对分系统的其他组成部分和功能的影响，然后制定出相应的对策。

b）对于单点失效的关键技术环节（即该技术环节功能失效，将导致全系统功能失效），必须采用冗余设计。例如，程序控制和火工装置均普遍采取冗余设计，降落伞装置采用备份降落伞装置作为主份降落伞装置的冷备份。

c）对产品使用的工作环境必须进行透彻、全面的分析，设计中留有一定安全裕度。

d）要尽量使用和继承成熟技术。

e）产品要在地面或空投模拟试验中得到充分验证。

f）对特殊的装配、测试和试验，要采取相应的装备或有效的监控措施。

g）对不可测的项目（如包装后的降落伞）要采取特殊过程控制措施，例如照相、录像等，以便可供追踪检查。

（2）飞船回收着陆分系统的组成

神舟号载人飞船回收着陆分系统由伞舱结构、降落伞、着陆缓冲、程序控制、火工、排水扶正和标位 7 类装置组成，具体名称如下：

1）伞舱结构装置

2）降落伞装置

3）着陆缓冲装置

4）程序控制装置

5）火工装置

6）排水扶正装置

7）标位装置

（3）飞船回收着陆分系统的正常工作程序

返回舱下降到 15km 左右高度时，速度已降低到亚声速，它所受到的气动阻力接近于它的重力，从而进入稳定下降状态。此时，如果不进一步采取减速措施，返回舱将以每秒一百多米的速度冲向地面而坠毁。因此，要求在返回舱上设置一套以降落伞为核心的减速系统，使返回舱进一步减速。由于降落伞的减速是有一定限度的，其设计着陆速度不能规定得过低，否则降落伞面积必然很大，其重量和体积是飞船所无法接受的。因此必须在临近着陆之前，再用着陆反推发动机做进一步减速，以达到安全着陆速度的要求。回收着陆阶段是从降落伞分系统开始工作到飞船实现软着陆的一个短小轨道段，也是飞船整个飞行任务的最终阶段。

飞船回收着陆分系统正常工作程序如图7-30所示，图7-30中的序号1、2、3……代表的飞行动作如下：

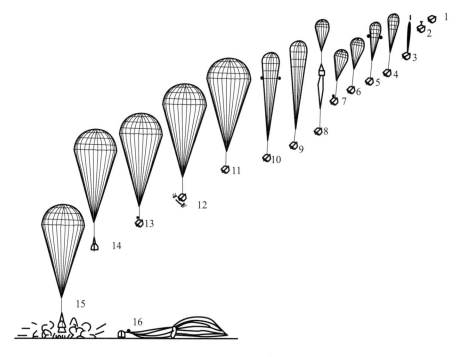

图7-30 飞船回收着陆分系统正常工作程序

1——当返回舱下降到10km高度时，10km静压高度控制器使程序控制器置零（$t_1 = 0s$），并开始按预定程序发出时序指令。

2——引爆伞舱盖分离装置，弹掉伞舱盖，拉出引导伞。

3——伞舱盖在分离过程中，将引导伞从伞舱中拉出。引导伞张满后，拉动减速伞伞包。

4——减速伞拉直，呈收口状态张满。

5——减速伞收口状态工作结束后，切断收口绳，解除收口状态。

6——减速伞完全张满。

7——引爆降落伞连接分离机构上的脱伞装置，使减速伞与返回舱分离。

8——减速伞分离，随后拉出主伞。

9——主伞拉直后，呈收口状态张满。

10——主伞收口状态工作结束后，解除收口状态。

11——主伞完全张满，返回舱呈单点吊挂状态下降。当返回舱下降到 6km 高度时，静压高度控制器使程序控制再次置零，$t_2 = 0s$。

12——引爆防热大底盖火工装置，抛掉防热大底，使着陆反推发动机的喷口暴露在舱外。

13——启动垂直吊挂释放器。

14——主伞由单点吊挂转换成双点对称垂直吊挂，返回舱呈垂直下降状态，为着陆反推发动机工作创造必要条件。

15——启动伽马高度控制装置，在临近地面约 1m 高度时，伽马高度控制装置发出指令，点燃着陆反推发动机，返回舱以 $1 \sim 4m/s$ 的速度着陆。

16——着陆后，航天员根据地面气象情况作出判断，若风大，可发出指令，将主伞抛掉。

开伞高度主要是根据完成上述工作程序所需的最小行程来确定的，但同时要兼顾到备份降落伞装置所需的工作高度。因此在返回工作程序中，当主份伞的减速伞分离后，自动检测装置会判断出主伞工作是否正常，一旦检测到发生异常现象，就立即切换到备份降落伞装置。

（4）伞衣收口装置与单点吊挂转换成垂直吊挂装置

飞船回收着陆分系统正常工作程序的步骤 4、9 中提到"呈收口状态张满"，步骤 5、10 中提到"解除收口状态"，这是借助于伞衣收口装置完成的；在步骤 14 中提到"由单点吊挂转换成双点对称垂直吊挂"，这是借助于单点吊挂转换成垂直吊挂装置完成的；本段说明这两个装置的工作原理。

1）伞衣收口装置

伞衣收口装置是用于暂时缩小伞衣迎风面积，以达到减小降落伞开伞载荷的目的。伞衣收口装置主要由收口环、收口绳和收口绳切割器组成，如图 7 - 31 所示。

收口环是由金属制成的如同戒指形的小圆环，固定在伞衣底边内侧的每根伞绳上方。收口绳依序穿过每一个收口环及收口绳切割器的穿孔，然后两端系牢，展开后形成一个封闭圆圈。收口绳切割器是一种具有延时切断绳索功能的火工装置。在伞绳拉直过程，通过伞绳分支的连接绳，启动收口绳切割器击发支耳，击发火帽，引燃延时火药，经预定数秒钟的燃烧后，点燃推进剂，推动圆筒形切刀，将穿过收口绳切割器穿绳孔的收口绳切断。收口绳切断、松绑后，伞衣就可以自由地展开。为了保证可靠性，通常每顶伞上要安装 2 个或 3 个收口绳切割器，只要其中一个工作，就可以保障降落伞解除收口状态。

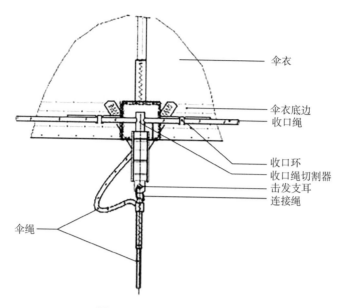

图 7 – 31　伞衣收口装置示意图

2）单点吊挂转换成垂直吊挂装置

载人飞船伞舱安置在返回舱的侧面，为保证降落伞拉直程序的可靠性，在主伞开伞的初始阶段，主伞与返回舱之间采用单点连接，连接点设置在伞舱出口处。在单点连接的情况下，返回舱以倾斜姿态吊挂在降落伞上，与降落伞一起下降，如图 7 – 32 所示。如果以倾斜吊挂姿态着陆，会使缓冲装置不能发挥有效的缓冲作用。因此，必须使返回舱在着陆前转成垂直吊挂形式。

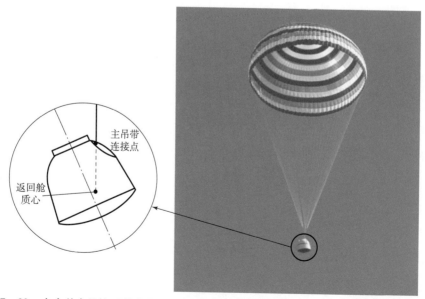

图 7 – 32　主伞单点吊挂（其中的主伞彩图由北京空间机电研究所综合档案室董济泽提供）

转换成垂直吊挂，就是返回舱由单点倾斜吊挂转换成使返回舱成纵轴垂直于地面的对称双点吊挂，使返回舱以垂直姿态下降，为着陆缓冲装置工作创造有利条件。

转换吊挂的关键技术在于主伞接头设计。主伞接头必须设计得非常紧凑、灵巧、可靠，不得阻碍伞包拉出。主伞接头的上方与主吊带连接，下方与一根长吊带和一根短吊带连接，短吊带下方又与吊索（金属制品）连接。主伞接头通过分离螺栓与伞舱连接。此外，返回舱着陆后，主伞接头还具有切断主吊带、实现抛掉主伞的功能。

返回舱由单点吊挂转换成双点垂直吊挂的过程如图 7-33 所示。首先，在接到转垂直吊挂指令后，分离螺栓脱离，主伞接头从伞舱中拉出，牵动长、短吊带。短吊带拉直后，将埋设在返回舱出口处周边的垂挂吊索从保护层底下拉出。当长吊带拉直时，将底端的连接摇杆扳动约 90°位置，以免吊带紧贴舱壁而磨损。于是返回舱就转变成双点垂直吊挂形式。

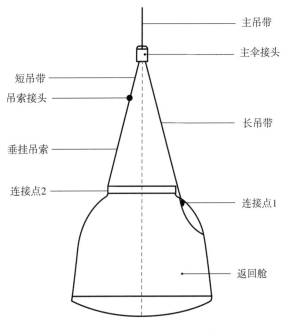

图 7-33　返回舱双点垂直吊挂

（5）飞船回收着陆分系统的非正常工作程序

飞船回收着陆分系统必须具有应对应急救生状态下的功能。

如果在发射台上运载火箭发生致命性故障（如火箭倾倒、推进剂泄漏引起失火），则返回舱由逃逸飞行器带离事故现场。返回舱与逃逸飞行器分离后，飞行到顶点高度之前2s，弹射伞舱盖，拉直引导伞；引导伞张满后，拉出减速伞；减速伞收口状态工作6s后就与返回舱分离，随即拉出主伞；主伞收口状态工作8s后，解除收口，并逐渐张满；主伞携带返回舱稳定下降，临近地面时，反推发动机工作，对返回舱作进一步减速。着陆后，由航天员发出指令，脱掉主伞。

如果在中、高空发生运载火箭致命性故障，返回舱飞行高度通常都在10km以上，降落伞工作程序可按正常返回工作程序进行。

如果主份降落伞装置出现故障，经回收着陆分系统检测到故障发生，就立即按预定程序切换到打开备份降落伞装置。备份降落伞装置工作程序与主份降落伞装置工作程序基本相同。

（6）主份降落伞装置主伞伞衣面积的确定

神舟号载人飞船在返回过程中，最引人注目的是一顶色彩鲜艳的巨型降落伞携带着返回舱飘飘悠悠地从天而降，如图 7 - 34 所示。降落伞一打开，就意味着飞行试验获得了成功。主份降落伞装置的伞衣面积为 1 200m² 的主伞，若在地面平铺开来，大约可覆盖 3 个篮球场。降落伞分系统全长拉直，其总长度已超出足球场的长度。谁能想到，如此之大的降落伞，包装后的体积还不到 0.18m³！

为什么神舟号载人飞船的主伞要用 1 200m²？这主要取决于返回舱的下降速度和回收质量等因素。主伞伞衣面积 A 是按如下关系式来确定的：

图 7 - 34　1 200m² 的主伞吊挂
返回舱稳定下降

$$A = 2m_0 g_0 / (\rho_H v^2 C_{D_0}) \qquad (7-1)$$

式中　m_0——返回舱质量；

　　　g_0——地面的重力加速度；

　　　ρ_H——着陆场地面大气密度；

　　　v——返回舱临近地面前的下降速度；

　　　C_{D_0}——伞衣阻力系数。

由式（7 - 1）可以看出，伞衣面积与回收质量成正比。神舟号飞船返回舱的质量是按 3 000kg 设计的，所以对伞衣面积需求很大。大气密度和伞衣阻力系数是可知的，而且变化范围很小。伞衣面积与下降速度的平方成反比，即下降速度愈小，需求伞衣面积愈大。为保证航天员安全着陆，载人飞船要求下降速度尽可能低。例如，我国返回式卫星着陆速度要求小于13.3m/s，而神舟号载人飞船却要求主伞临近着陆时下降速度小于8m/s。为稳妥可靠，设计人员实际是按小于7.5m/s设计的。各相关参数确定后，伞衣面积就不难计算出来。

此外，设计人员预计将来返回舱的质量可能有所增加，为适应将来发展的需要，特意将伞衣面积设计得稍大一些，以便在回收质量方面留有适度的发展空间。因此，最终将主伞伞衣面积设计为1 200m²。图7-35为降落伞设计人员检查主伞伞衣质量。

图7-35　降落伞设计人员检查主伞伞衣质量

（7）神舟号飞船采用多级开伞措施

降落伞为什么可以使运动物体减速呢？这是因为降落伞的伞衣展开后，产生一个与物体运动相反的降落伞气动阻力，这个阻力可使物体速度减小。返回舱与降落伞在气流中产生的气动阻力D可用如下关系式表示：

$$D = 0.5\rho v^2 \left[(C_D A)_H + (C_{D_0} A)_s \right] \qquad (7-2)$$

式中　ρ——大气密度；

　　　v——返回舱下降速度；

　　　$(C_D A)_H$——返回舱阻力面积；

　　　$(C_{D_0} A)_s$——降落伞阻力面积。

由式（7-2）可知，气动阻力与速度平方和阻力面积成正比。主伞的阻力面积是为保证返回舱的安全着陆而设定的。神舟号载人飞船正常返回时，开伞高度约10km，速度为210m/s，在这种初始开伞条件下，假如只用一顶主伞一次开伞，那么，开伞时将会产生多大的开伞动载？据估算，其开伞动载将超过100g！也就是说，作用在人体的载荷将超过人体体重的100倍。如此之大的开伞冲击载荷，足以令航天员毙命！而降落伞装置所需的结构强度也要极高，技术上也难以实现。

在人们的日常生活中都有过这样的体验：乘坐在快速行驶的汽车上，如果司机来个急刹车，则乘客个个都会往前冲，甚至造成受伤事故。这种现象是由于制动力所引发的惯性力太大所造成。正常停车，司机总是控制好制动力，让车子经过一段较长距离的减速后才缓慢停下来，此时乘客会感到比较舒适。由此人们可以得到启示，为避免急刹车给人体造成伤害，必须控制好制动力。载人飞船用的降落伞，其开伞动载要受航天员承受能力的限制，不允许太大。如何实现？从技术上可以通过控制降落伞阻力面积和增加减速行程等措施来实现。具体说有两种：一是，先开一顶小伞，把速度降低后，再开大伞；二是，降落伞打开后，在其内底边采取收口措施，让它呈半张满状态（相当于一顶小伞），如图7-36所示。经过一段减速后，再解除收口。神舟号载人飞船就是采用上述多级开伞措施（即用一顶伞衣面积为24m²的减速伞，先呈半张满状态，经8s时间减速后，解除收口，然后完全张满。

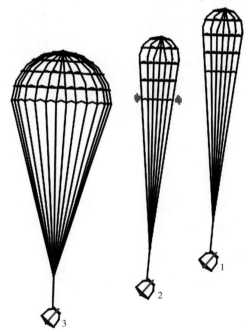

图7-36 神舟号飞船主伞伞衣从收口状态到主伞完全张满状态示意图

1—主伞拉直后呈收口状态张满；2—主伞收口状态结束时，伞衣收口装置工作，

切断收口绳，解除主伞收口；3—主伞解除收口后，主伞完全张满

主伞也同样采取收口措施，分两次展开。这样，使降落伞各级开伞过载均控制在 5g 以下），最终使降落伞以小于 8m/s 的速度下降到离地面 1m 的高度的。

（8）降落伞装置安全展开设计

处于紧密包装状态的降落伞安装在返回舱的内侧，由于出伞通道不太通畅，返回舱的尾流区影响范围很大，因此，如何可靠地拉直展开降落伞，成为降落伞设计最为关键的技术之一。

要将降落伞从包装状态的伞舱中拉出，必须借助于某种外力。神舟号载人飞船的降落伞装置是采用逐级开伞的方式打开的。即引导伞是借助于伞舱盖分离后的动能，通过连接带将其拉直，拉直程序由伞包控制。减速伞是借助于引导伞开伞后所产生的气动阻力将其拉出。主伞是靠减速伞分离后作用在减速伞上的气动阻力将其打开。

为了保证各级降落伞能可靠地拉直展开，首先必须具有足够的拉力，例如，引导伞全长拉直长度达 18.6m，伞舱盖必须具有足够的动能才能将其全长拉直，并相互脱离；其次必须按预定顺序工作。

为减小开伞动载和避免出现钩挂现象，神舟号载人飞船的各降落伞均采用倒拉式开伞（即先拉出伞包，再拉出伞绳，伞绳拉直后再从伞包中拉出伞衣）。这种开伞方式的技术关键在于：拉动伞包时，封包要绝对可靠，否则伞绳和伞衣就将呈团状抖出伞包，拉直程序就变得无法控制，非常容易发生事故。为保证拉直顺序，伞绳在伞包内要采用分段固定的方式。伞衣与伞绳应分隔开来，待伞绳完全拉直后，再解除伞衣的封口，随后拉出伞衣。开伞程序正常与否，关键在于伞包的设计技巧。

（9）备份降落伞装置的设置

神舟号载人飞船降落伞装置由主份降落伞装置和备份降落伞装置组成。在主份降落伞装置正常工作的情况下，备份降落伞装置是不用的，在主份降落伞装置失效的情况下，才用备份降落伞装置。所以备份降落伞装置叫作主份降落伞装置的冷备份。

为何要设置这个备份降落伞装置？这是因为载人飞船涉及航天员的生命安全，事关重大，所以对所有装置的可靠性都提出极高的要求。一般说来，降落伞的工作是比较可靠的，但主份降落伞装置还存在诸如单点失效（即出现一个故障就会使系统失效）的故障问题，主要有以下几种故障：

a）抛盖拉引导伞出现故障，导致减速伞工作失效；

b）减速伞未能脱离，打不开主伞；

c）主伞包被卡住，不能从伞舱中拉出；

d）主伞开伞后出现大面积破损，减速功能不能满足技术条件的要求。

上述任何一个环节出现故障，都将导致灾难性后果，因此在技术上必须采取补救措施，另设一套备份降落伞装置。

为判断是否出现上述故障，回收着陆分系统设置了自行检测装置。一旦检测到有故障发生，就立即按预定程序切换到打开备份降落伞装置。

备份降落伞装置除主伞面积为 760m² 外，其他设计参数及开伞程序与主份降落伞装置基本相同。由于备份降落伞装置的主伞面积偏小，所以着陆前的下降速度为 9m/s 左右，比用主份降落伞装置的主伞装置着陆前的下降速度略高一些。但经过缓冲发动机进一步减速，以及座椅缓冲装置等的吸能措施，返回舱的着陆冲击过载小于 15g，仍可满足人体耐受能力的要求。

（10）飞船着陆时反推发动机工作程序

返回舱触地瞬间，要受到很大的冲击载荷。冲击载荷的大小与返回舱的着陆速度、触地部位的形状、地面和返回舱结构的力学性质等诸多因素有关，其中起决定性作用的是着陆速度。为保证安全着陆，载人飞船一般要求着陆速度低于 4m/s。要达到如此低的着陆速度，仅靠降落伞是难以胜任的。着陆反推发动机具有体积小、重量轻、工作行程较长的特点，因此，用它作为着陆缓冲装置，可以让制动过载减小，而且将返回舱的着陆速度减小到 1~4m/s。

在神舟号载人飞船返回舱的底部装有 4 台小型固体着陆反推发动机，其性能相同、工作同步。着陆反推发动机工作期间产生一个向上的推力，经过一段做功的行程，抵消了大部分返回舱的动能，从而达到减速的目的。

由于制动过载要受人体耐受能力的制约，所以着陆反推发动机的推力必须控制在一定范围内。着陆反推发动机初始工作时，返回舱下降速度是由主伞性能决定的，返回舱末速度是根据技术指标的要求控制的。因此，制动的动能为已知。发动机的总冲、制动行程和工作时间根据所需制动动能来设计。理想的缓冲效果是当着陆反推发动机熄火时正好是返回舱落地时。设计的技术关键在于点火时机必须选择得非常精确。神舟号载人飞船通过选择返回舱底面相对地面所处的高度（即垂直距离）来控制发动机点火。由于伽马高度控制装置工作可靠，具有很高的测量精度，所以用它来测量距地面高度与控制点火时间。

伽马高度控制器的工作原理如下：在返回舱底部装有伽马高度控制器的发射器和接收器，发射器中的伽马射线发射源不断地向地面发射 γ（伽马）射线，从地面散射回来的 γ 射线作用在接收器上，接收器感受的 γ 射线反射流的强度与其距地面的距离有关，因此可以判断返回舱相距地面的高度，并以此控制着陆反推发动机点火。

正常返回，返回舱临近地面约 1m 高度时，着陆反推发动机开始点火。图 7 - 37 为着陆反推发动机点火工作时的情况。

7.3.3 神舟号载人飞船回收着陆分系统关键技术的攻关

（1）神舟 8 号以前的神舟号载人飞船回收着陆分系统关键技术的攻关[10]~[13]

此阶段的关键技术攻关成果用于神舟 1 号至神舟 7 号飞船上。

1992 年年初，为配合飞船系统提出的飞船三舱方案和两舱方案，研究人员对回收着陆分系统开始了多方案论证，1992 年 4 月，由李惠康、贺卫亮编写了《神舟号飞船的回收着陆分系统可行性论证报告》。

图 7 - 37　返回舱着陆前着陆反推发动机点火工作的情况

1993 年 2 月，神舟号飞船回收着陆分系统主任设计师李惠康等参加了航天工业总公司举办的"921"工程技术负责人和行政指挥培训班。李惠康充分认识到此项工程意义十分重大、影响十分深远，更是感觉到自己挑起的担子责任十分重大、任务十分艰巨。接着"921 - 3"复查工作评审会、"921"工程总体协调会相继召开，李惠康等深知采用翼伞回收方案还是采用圆伞回收方案直接关系到飞船研制的进度要求，根据"应用成熟技术、在确保安全可靠的前提下从总体上体现中国特色和技术进步"的设计原则，以及"实事求是，局部服从全局"的工作原则，李惠康等果断地决策选用技术较成熟的普通圆形降落伞组成飞船系统的回收着陆分系统，并得到飞船系统总体设计团队和载人飞船工程总体设计团队的支持，从而使回收着陆分系统的方案设计迈出了踏实的第一步。

虽然北京空间机电研究所在返回式卫星回收技术方面取得过可喜的成绩，但载人飞船的回收着陆技术比返回式卫星的回收技术要复杂得多。飞船返回舱的质量大、体积大，所以主伞的面积比卫星主伞大许多，达到 1 200m²。此外，载人飞船对回收着陆分系统的可靠性要求更高，因为载人，着陆速度要达到 1 ~ 4m/s，所以必须采用着陆反推技术，这是返回式卫星所没有的。

在方案设计阶段，首先要设计出回收着陆分系统的技术方案。为了确保航天员的生命安全，返回舱设置了主份伞装置和备份伞装置共两套降落伞装置，如何判断主份伞装置出现故障而需切换到备份伞装置？回收着陆分系统副主任设计师葛玉君提出采用行程开关判断主份伞没有开伞的故障，用静压高度控制器判断主伞开伞后严重破损的故障，有效地解决了主份伞装置出现故障的判别问题。葛玉君和他的同事们经过一系列地面试验和空投试验后，终于制定出神舟号飞船回收着陆分系统的技术方案。

神舟号飞船特大型降落伞技术是神舟号飞船的关键技术之一，由林斌、滕海山等承担此关键技术的攻关任务。神舟号飞船的主份伞装置中的主伞伞衣面积达1 200m²，在研制初期曾试图从国外引进特大型降落伞技术，可是对方提出的技术转让费十分高昂。考虑到北京空间机电研究所在 20 世纪 70 年代曾研制过曙光 1 号飞船的降落伞系统并已取得阶段性的技术成果，因此北京空间机电研究所决定自力更生，自主研制特大型降落伞。研究人员在特大型降落伞系统设计中始终要把可靠性放在第一位，他们通过对该系统进行故障模式、影响及危害分析的可靠性框图以及故障树等分析，明确了单点失效的技术环节，从而采用有效措施，消除单点失效事件。为了提高产品的可靠性，在降落伞关键部件都尽量采用冗余设计。在设计方案上，采用主份伞装置和备份伞装置，把后者作为前者的冷备份。吊带和收口绳切割器等都采用并联装置，在实施空投试验和飞行试验的过程中，避免了多次灾难性事故的发生。引导伞伞包采用复合结构形式，构思新颖，结构和工艺都比较复杂，设计人员很难做到设计一步到位，通过与工人师傅紧密合作，最终设计出大家均认可的设计图样。降落伞子系统共有 7 000 多个零部件，关键和重要的缝合部件多达2 000 多个，检验和验收的工作量十分繁重，需要他们把好质量关。

神舟号飞船的着陆反推技术（又称着陆缓冲技术）也是神舟号飞船的关键技术之一。由沈祖炜、吴世通等承担此关键技术的攻关任务。经过充分论证，神舟号飞船采用着陆反推火箭和 γ 高度控制器组成的着陆反推子系统。在关键技术攻关中，要做着陆反推试验遇到的困难很多。这个试验需要返回舱大底做试验件，但根据进度安排，不能直接应用返回舱的大底做试验件；这个试验还需要提供匀速下降的试验条件，但由于测量飞行高度的 γ 高度控制器上有放射源，当时不可能在飞机进行空投试验。于是，在一年多的时间内，研究人员请郑州机械研究所为北京空间机电研究所研制出载荷匀速的投放装置，后来，研究人员又设计并自己动手赶制了试验模型，终于在 1996 年 1 月开始了着陆反推发动机的试验。

神舟号飞船伞舱盖弹射分离装置的研制过程充满了艰辛。当时国内尚无如此大直径的伞舱盖分离技术可以借鉴，产品研发难度很大。在火工装置组组长杨谋祥的带领下，刚毕业不久的郝芳承担了这项工作。他们查阅了大量的文献资料，经过认真比对分析，决定立足于国内，借鉴北京空间机电研究所火工装置设计、应用技术成熟的经验，研发出自己的伞舱盖弹射分离装置。为了保证该火工装置的可靠性，他们选用了防静电、防射频、防辐射能力较强的钝感电起爆器，并采用发火元件冗余技术，提高装置的发火可靠度。考虑到要保证舱体的密封性能，因此，弹射器的使用数量应在 12 只以上。本着这些设计原则，他们对 4 种设计方案的优点和不足进行了充分论证和比较。经过多次实地调研，反复磋商，确定了最终的最佳设计方案。在试验过程中充满了艰辛。例如，1995 年 5 月，在模样阶段首次进行地面伞舱盖弹射试验中，非电传爆装置出现了一路未传爆的故障，尽管伞舱盖仍然能可靠分离并拉直了引导伞，但给神舟号飞船指挥系统和设计系统负责人心头蒙上了一层阴影；在 2001 年 8 月进行的综合空投试验中，发现返回舱内火工装置工作时产生的 CO 气体泄漏量超标。这些研制中的问题经过设计人员改进设计、完善工艺后，均使问题得到了满意的解决，保证了神舟号载人飞船伞舱盖弹射的可靠性和安全性。

（2）神舟 8 号以后神舟号载人飞船回收着陆分系统关键技术的攻关[14]~[16]

神舟 8 号以后神舟号载人飞船回收着陆分系统在荣伟、高树义等的主持下，在工程相关研制过程中，通过大量的设计分析和地面试验，攻克了许多技术难题，取得了多项创新性成果，提高了此分系统的可靠性和安全性，为确保神舟 8 号至神舟 11 号飞船飞行任务的圆满成功和航天员的安全返回作出了突出贡献，主要攻克的技术难题和取得的成果如下：

a）对分系统的方案进行了改进和优化设计，通过优化设计分系统的工作程序，降低了主伞开伞高度，改善了开伞条件，提高了分系统工作的可靠性；

b）针对特大型主伞开伞过程的特点，首次建立了大型主伞拉直开伞过程三维、多阶段、多结点的"抽鞭"现象理论模型，深入研究了"抽鞭"现象的形成机理，提出并采用伞衣保护布和顶部捆扎，以及牵顶伞与剥离带结合等抑制主伞抽打现象的技术措施，避免了出伞过程中伞衣与伞包高速摩擦以及伞衣抽打，减小了约70%的伞衣破损率，提高了主份伞系统中主伞拉直开伞过程中工作的可靠性。

c）通过对着陆反推发动机工作过程和物－伞系统动力学进行分析，并结合伽马表的调试能力，优化了着陆反推发动机的工作方案，降低了飞船的着陆速度，提高了飞船着陆的安全性。

d）基于降落伞的工作特点，提出了一种融合降落伞强度试验和系统级空投试验信息的可靠性分析与评估方法，解决了降落伞量化评估的问题，减少了空投试验次数，节约了研制经营和成本。

e）运用多体动力学理论和分层建模方法，综合分析伞衣、伞绳材料的弹塑性特征，建立了完整的降落伞回收过程动力学理论模型，解决了柔性体的非线性和大变形的建模难题，开创性地建立了飞船回收着陆过程半实物仿真系统；同时利用半实物仿真系统进行了大量的有针对性的仿真试验和性能分析，取得了满意的结果。

7.3.4 神舟号载人飞船回收着陆分系统取得的成就

神舟号载人飞船回收着陆分系统是神舟号飞船的一个重要分系统。北京空间机电研究所承担了该分系统的研制工作。2003 年中国首飞航天员杨利伟乘坐神舟 5 号飞船遨游太空，并在飞船回收着陆分系统等飞船相关分系统的圆满工作下安全地返回主着陆场。航天员杨利伟自主出舱，如图 7-38 所示，使中国成为继苏联和美国之后世界上第三个掌握载人飞船返回技术的国家，迈出了我国载人航天事业坚实的第一步。

图 7-38　我国首飞航天员杨利伟乘坐神舟 5 号飞船返回舱着陆后自主出舱

（北京空间机电研究所综合档案室董济泽提供）

2000 年北京空间机电研究所作为"神舟号试验飞船"项目的获奖单位荣获国防科技委颁发的国防科学技术奖一等奖。

2004 年北京空间机电研究所荣获中国载人航天工程突出贡献集体奖和国家科学技术进步奖特等奖。

2012 年 11 月北京空间机电研究所完成的"神舟 8 号回收着陆分系统可靠性评估与特大型伞可靠性技术研究"荣获中国人民解放军总装备部颁发的军队科技进步奖二等奖。

2017 年 12 月北京空间机电研究所完成的"航天器回收着陆辅助设计及仿真验证系统"荣获中国共产党中央军事委员会科学技术委员会颁发的军队科技进步奖二等奖。

第 7 章　参　考　文　献

[1] 邸乃庸，等．梦圆天路——纵览中国载人航天工程 [M]．北京：中国宇航出版社，2011：103 – 111.

[2] 李颐黎，戚发轫．神舟号飞船总体与返回方案的优化与实施 [J]．航天返回与遥感，2011（6）：1 – 13.

[3] 戚发轫，李颐黎．巡天神舟——揭秘载人航天器 [M]．北京：中国宇航出版社，2011：24 – 25，33 – 34，36 – 38，180 – 193，206 – 216.

[4] 戚发轫，朱仁璋，李颐黎，等．载人航天器技术 [M]．第 2 版．北京：国防工业出版社，2003：21，29，206 – 216.

[5] 戚发轫，李大耀，李颐黎．神舟号载人飞船研制工作首次取得阶段性重大突破——中国载人飞船的进展简况 [M]//王希季．20 世纪中国航天器技术的进展．北京：中国宇航出版社，2002：27 – 30.

[6] 戚发轫．载人航天技术及其发展 [J]．中国工程科学，2001：2.

[7] 李颐黎．追求大美——神舟号飞船返回总体与返回轨道技术攻关纪实 [M]//张廷新．飞天神舟——中国神舟飞船研制纪实．中国空间技术研究院，2004：49 – 52.

[8] 李颐黎．航天器返回与进入的轨道设计 [M]．西安：西北工业大学出版社，2015：120 – 140.

[9] 李颐黎．为了神舟安全飞——神舟飞船应急救生轨道与接口分析技术攻关纪实 [M]//张廷新．飞天神舟——中国神舟飞船研制纪实．中国空间技术研究院，

2004：27 – 31.

[10] 林斌．打造神舟第一伞——神舟飞船特大型降落伞技术攻关纪实［M］//张廷新．飞天神舟——中国神舟飞船研制纪实．中国空间技术研究院，2004：32 – 36.

[11] 沈祖炜．一切为了安全——神舟飞船着陆缓冲技术攻关纪实［M］//张廷新．飞天神舟——中国神舟飞船研制纪实．中国空间技术研究院，2004：43 – 48.

[12] 郝芳．难忘风雨攻关日——神舟飞船伞舱盖弹射分离装置研制纪实［M］//张廷新．飞天神舟——中国神舟飞船研制纪实．中国空间技术研究院，2004：67 – 70.

[13] 纪明兰．李惠康——大漠戈壁追心花［M］．无悔航天——北京空间机电研究所建所五十周年文集，2008：212 – 222.

[14] 李健，唐明章．神舟8号飞船主伞的改进设计与试验［J］．航天返回与遥感，2011（6）：26 – 32.

[15] 荣伟，王学，贾贺，郭奎．神舟号飞船回收着陆分系统可靠性分析中的几个问题［J］．航天返回与遥感，2011（6）：19 – 25.

[16] 荣伟，高树义，李健，林斌，雷江利，王海涛，贾贺．神舟飞船降落伞系统减速策略及其可靠性验证［J］．中国科学：技术科学，2014（3）：251 – 260.

火箭有时使用多级火箭。多级火箭由两级或多于两级的火箭组成，如图 0 - 1 所示。

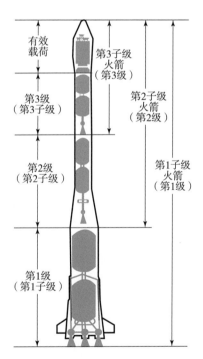

图 0 - 1　三级火箭示意图（括号外的"级"和"子级"的命名法为第 1 种
命名法，括号内的"级"和"子级"的命名法为第 2 种命名法）

本书采用"级"和"子级"的第 1 种命名法。

多级火箭工作时先点燃最下面一级，即第 1 级。第 1 级工作结束后被抛掉。随即点燃第2级，依此类推，直到带有有效载荷的末级火箭将有效载荷送到预定的轨道。在研究火箭的构造时通常用第1级、第2级、第3级及有效载荷这样分别叙述的方法。

子级的定义是：有效载荷加上第3级称作第3子级；第3子级加上第2级称作第2子级，第2子级加上第1级称作第1子级，第1子级即火箭的全箭，如图0-1所示。在研究多级火箭飞行动力学问题时，通常使用"子级"的概念，即火箭先是第1子级火箭飞行，第1级工作结束后，第1级被抛掉；随即点燃第2级，第2子级火箭飞行，第2级工作结束后，第2级被抛掉；随即点燃第3级，第3子级火箭飞行，将有效载荷送入预定轨道。

本附录的内容参考了下列图书：

中国大百科全书航空航天编辑委员会. 中国大百科全书·航空航天［M］. 北京：中国大百科全书出版社，1985：270-272.

后　记

　　我在2016年12月主动提出撰写和出版本书的申请，得到了北京空间机电研究所各级领导的大力支持。研究所科技委秘书长陈晓丽对本书的撰写提出了宝贵的意见。

　　2018年2月11日我参加了北京空间机电研究所离退休人员的春节团拜会，研究所所长陈虎、研究所时任党委书记李扬、研究所党委副书记赵小兵参加了团拜会。在会上，有的老同志说要大力宣扬北京空间机电研究所60年来对中国航天事业的贡献，李扬书记会后也对我们老同志说："要宣传我所的历史和成就，你们老同志要多做一些。"这给了我很大的鼓舞和力量。心想我虽已退休，但要写好这本书，为我们老航天人，也为航天后来者留下一部可信的历史，这是我的责任和担当。

　　2018年年初，研究所领导让各机关报所庆（北京空间机电研究所建所60周年庆典）的相关活动计划，研究所科技委将我著的这本书和另外两本书上报，得到研究所领导的批准。

　　2018年5月9日本书初稿完成，但碰到在外网录入需要先经保密审查的问题。于是，5月15日召开本书初稿保密审查会，会议由研究所保密处处长李红阳主持，参加会议的有研究所科技委秘书长陈晓丽、研究所综合档案室主任鲁文明、研究所回收着陆领域总师黄伟、研究所聘的专家陈国良、保密处工作人员王博、科技委工作人员王红杰和我。出席会议的人员发表了很好的意见和建议。会后由王博和王红杰进一步审查和提出修改意见，使本书的初稿通过了保密审查。

　　2018年5月16日，研究所科技委工作人员王盟聘请了黄浦、封宇航、郭兰杰、王大鹏4名研究生为我的书稿进行录入工作，我对录入稿提出修改意见后，王盟、王春伟、丛振江等为我的电子版书稿做了修改，由于时间紧迫，本书不能在正式出版社出版，于是 2018 年 7 月 8 日所刊编辑部陈艳霞提出了所庆图书排版要求，在所刊编辑部、印刷厂与我的紧张合作下，于 2018 年 8 月 5 日完成了本书的排版一稿。

2018 年 8 月 6 日召开了本书排版一稿的审查会，会议由研究所科技委副主任杨军主持，参加会议的有陈晓丽、荣伟（神舟号飞船副总设计师）、陈国良、王盟、王红杰、王博和我。与会同志认为本书内容翔实，同时提出了很好的修改意见。会后，我在修改本书稿的过程中得到了荣伟和沈祖炜两位专家的大力协助。

2018 年 8 月 10 日，戚发轫院士热情地为本书写了序言。所刊编辑部王丽霞对本书的内部出版稿进行了校对。

2018 年 8 月 21 日，在北京空间机电研究所召开的航天强国建设研讨会上，研究所把本书以内部出版的形式赠送给与会嘉宾，得到了各位嘉宾的好评，会后，研究所所长陈虎和研究所党委书记李扬对我著的此书作了肯定并对后续正式出版此书寄予厚望。

于是，在这次研讨会之后，我针对本书的有关章节又征求了范本尧院士、荣伟副总师和陈灼华专家的意见，他们都提供了很好的修改意见。在研究所综合档案室滕勇副主任等人的协助下，校对了相关资料，在此基础上，我又对全书做了进一步的校对、修改和补充。

2018 年 10 月 10—13 日，我参加了研究所建所 60 周年纪念活动之一，即以"不忘初心 牢记使命 寻根溯源 航天报国"为主题的党性锻炼与所史教育培训班。我和培训班的同志一起重访了上海机电设计院在上海和安徽广德现存的旧址和文物保护单位，拍摄了新的有关探空火箭的资料，并补充在本书中。另外，在研究所综合档案室滕勇副主任的指导下，董济泽为本书提供了多张珍贵的历史照片。

对于上述领导、专家、工作人员和研究生为本书编写和出版所付出的辛勤劳动和支持，表示衷心的感谢！

最后，我要感谢李红梅女士，在我著述本书的过程中，她帮我收集了大量的有价值的资料。

著 者
2018 年 11 月 30 日